영양학자가 풀어쓴

HACCP입문과 경영관리

김 미 정

창지사

프롤로그

오누이 이야기

1 이 한 장의 사진은 많은 것을 이야기하고 있다.

평범한 듯 보이는 오누이는 지인의 두 자녀인데 아이 엄마는 그들의 곁에서 일거수일투족을 지켜보고 있을 것이다. 즉 아이들에게서 눈을 떼지 않을 것이며 아이들이 알 수 없는 것을 입에 넣거나 위험한 것을 만질 시에는 "안 돼." 혹은 "하지 마." 등의 말로 막을 것이며 아이들이 무엇을 먹을지도 정해줄 것이다. 엄마가 어린 자녀를 돌보는 이런 행동을 우리는 통제라고 부른다. 아이들이 커갈수록 엄마의 통제는 점점 느슨해지면서 통제를 벗어난 관리를 할 것이고 언젠가는 독립할 것이다. 통제와 관리를 받는 아이들은 독립을 해도 부모와 좋은 관계를 유지한다. 그러나 통제를 오랫동안 받고, 관리를 받지 못하면 '마마보이', '마마걸'이 되거나 반항아가 될 수도 있다. 따라서 적절한 관리와 통제는 한 사람의 성장과 성숙에 있어서 매우 중요한 것이다.

2 4~5세 정도로 보이는 오빠는 빵을 먹고 있고, 첫돌이 지난듯한 여동생은 유아용 과자를 먹고 있는데 여동생은 오빠가 먹는 빵을 호기심 가득한 눈초리로 쳐다보고 있다. 지인에 의하면 오빠는 입에 넣어준 음식이 한참을 있을 정도로 먹는 것에 흥미가 없고 입맛이 까다롭다고 한다. 여동생은 먹는 것에 호기심이 많아 오빠가 무언가 먹을 때면 뚫어지게 쳐다보고 뺏어 먹으려고도 하고, 눈에 보이는 것을 종종 입에 집어넣으려고 한단다. 따라서 오빠는 영양부족과 감

기, 폐렴 등으로 고생하고 동생은 이물질로 인한 장염에 종종 걸린다고 하는데 이러한 것을 예방하는 것은 정리 정돈과 청결, 그리고 아이들의 개인 위생 관리이다. 아이 부모가 자녀의 먹거리에 궁극적으로 바라는 것은 좋은 영양분이 제공되어 아이들의 몸과 마음이 건강하게 잘 자라는 일일 것이다. 따라서 아이 엄마는 아이들에게 주는 먹거리를 고를 때 가능하면 첨가물이 적게 든 것, 유기농인 것, 그리고 유통기한 등을 따져가며 영양에 도움이 되는지와 안전한 식품인지를 종합적으로 판단하여 계획적으로 주었을 것이다. 이렇듯 영양학을 실제 우리 삶에 구현하는 길은 식품과 음식으로 제공하는 일이며 여기서 안전성이라는 것은 식품에 기대할 수 있는 가장 기본이 되는 가치인 것이다.

3 앞의 사진에서 이어지는 상황은 오빠가 동생에게 제 간식을 양보하는 것이었다고 한다. 아마도 동생은 오빠를 자신이 무언가 필요하면 도움을 주는 존재로 인식할 것이고, 오빠한테 배웠듯이 자신도 양보하는 법을 터득해 가지 않을까. 이러한 관계 속에서 둘 사이에는 신뢰가 형성되고 저 오누이는 사이 좋은 관계(신뢰할 관계)로 발전할 것이다. 이 사진은 지인이 자신의 부모님께 보낸 수많은 사진 중 하나로 아이들에 대한 조부모의 사랑을 위한 배려인 것이다. 사랑으로 자란 엄마가 아이들을 사랑으로 키우니 아이들도 사랑을 아는 그런 사람으로 성장할 것이다. 바로 가정이라는 이름의 조직 문화가 자라는 현장이며 이는 돈으로 살 수도 없을 뿐만 아니라 구성 요소를 갖추지 못한 경우라면 누군가 금방 흉내 내볼 수도 없는 핵심역량으로 자리 잡는 것이다.

4 저 아이들이 잘 성장해서 훌륭한 사람이 되기 위해서는 어떤 전략이 필요할까. 아이를 잘 관찰해서 하고 싶어 하는 것을 할 수 있도록 지원하는 가운데 약점을 보완하고 장점을 살리는 것이 바로 경영전략이 아니겠는가. 굳이 특정 유명 인사를 롤 모델로 삼아 강요할 필요는 없으나 모델링을 통한 발전 지향적인 태도는 분명히 도움이 될 것이다. 살아가면서 스스로 자신의 잘못을 돌아

보면서 반성도 하고 고쳐보려고 노력한다면 그러한 개선활동이 아이들을 훌륭한 사람으로 만들 것이다. 인생을 풍요롭게 하는 것은 사랑이 제일이지만 고난 역시 그에 못지않은 역할을 한다. 건강한 몸과 마음으로 외부세계와 소통하는 습관으로 신뢰를 쌓으면 그것이 바로 좋은 시스템이라 할 수 있고 고난은 오히려 훌륭한 인간으로의 성숙을 도모하는 기회가 될 것이다. 저 아이들이 사랑받고 크면서 성장을 위한 시기적절한 교육을 받고 때로는 협조하고 때로는 경쟁하는 가운데 하고 싶은 것을 이루기도 하고 포기하는 법도 배우며 살아간다면, 분명 저들의 타고난 그릇에 맞게 행복하면서 좋은 이웃, 좋은 시민이 될 것이다. 곧 성장 과정에서 몸에 밴 좋은 태도가 저 아이들의 인생을 만들 것이다.

▶ 위에서 푸른색으로 특별히 표시한 용어들은 HACCP에서 만나게 될 것이다. '관리', '신뢰'와 같은 평범한 사회인문학적 용어들이 HACCP에서도 같은 뜻으로 사용될까? 혹은 다른 뜻으로 사용될까?

▶ 유아들의 관리에서 가장 중요한 것은 아이들의 안전을 보장하는 것이다. HACCP의 식품안전성 관리와 유아의 안전 관리는 그 방법이 같을까? 혹은 다를까?

이 책을 통하여 위 두 가지 질문에 대한 답을 함께 찾아보자.

머리말

"식품안전관리인증기준"이라는 용어는 우리나라에서 이전에 "위해요소중점관리기준"이라고 번역한 HACCP(Hazard Analysis Critical Control Point, 해썹)을 가리킨다. 프롤로그에서 만난 사진 속 아이들과 엄마의 관계를 HACCP의 실천에 비유해 보자. HACCP은 종업원(오누이)을 효과적으로 통제 및 관리하는 기법이며 훈련받는 당사자(오누이)와 제공자 간(부모 또는 보호자)의 상호 존중과 신뢰가 싹틀 수 있도록 함으로써 경쟁력 있는 조직 문화를 만들어가는 기술이라고 할 수 있다. HACCP이라는 영단어 속에 "식품"이라는 것을 특정하고 있지 않은 점을 주목할 필요가 있다. 바로 HACCP은 우리 사회의 다양한 분야에서 리스크 관리를 실현하기 위해 사용되던 보편적인 방법을 식품에서 차용해서 쓰는 것이므로 식품만의 전유물이 아니라 하나의 보편적 사고방식이자 기술(테크닉)인 것이다. 이 점은 그동안 식품 관련 분야에서 HACCP을 지나치게 학문적이고 관념적으로 접근하는 데서 오는 오류와 불편을 상당 부분 해소할 수 있을 것이라 필자는 믿고 있다.

이 책은 영양학자가 풀어쓴 HACCP 이야기이다. 1장에서는 사람의 먹거리와 영양에 대해 많은 고민을 하는 집단인 영양학자의 한 사람으로서 영양과 안전성 및 식품위생의 관계, 식품위생의 필수 여건 등을 이학뿐만 아니라 인문학적 견해를 빌어 고찰하는 가운데 HACCP이 태동하는 역사적 현장까지 안내하였다. 2장에서는 야심차게 준비한 HACCP 크루즈선을 타고 "공정 관리"와 "HACCP"이라는 두 여행지를 쉽고 간결하게 소개하였다. 특히 그동안 무심코 혼용하기도 하고 모호하게 사용했던 용어들인 통제, 관리, 공정 관리, CP, CCP 등의 용어를 간결하고도 명확하게 설명함으로써 공정 관리 개념의 바른 이해가 HACCP을 쉽고 바르게 이해함에 있어 얼마나 중요한가를 전달하였다. 3장에서는 식품산업관리자를 위하여 기업 경영에 대한 개괄적인 이해를 바탕으로 경영과 식품안전성의 관련성 및 체계적 관리의 중요성에 대해 설명하였고 마지막 단원 4장에서는 식품산업관리자에게 필요한 핵심역량이라고 할 수 있는 리더십, 동기 부여, 문서화, 교육 훈련 및 검증과 개선조치에 관하여 상술하였다.

그동안 HACCP을 소개하는 국내 서적들이 앞다퉈 출판되었고 HACCP이 교과 및 비교과 프로그램을 통해 교육 현장에서 폭넓게 다루어졌음에도 불구하고 학교와 산업체 현장에서 만나는 이들이 여전히 HACCP을 어려워하는 모습을 종종 보고 들을 수 있었다. 이에 필자는 HACCP을 지루하고 어쩔 수 없어 하는 일이 아니라 재미있고 도움되는 일임을 확신하여 실천하게 하는 방법을 고민하였고 그 해법을 기존의 문헌에 대한 분석과 재조합이 아닌 실무 현장에서 벌어지는 생생한 경험의 산물로 축적된 노하우와 지혜를 빌려야겠다고 결심하였다. 따라서 식품 현장을 발로 뛰면서 HACCP 팀장, 팀원, HACCP 시공업자, 설계사무사, 냉동 전문가, 컨설팅 전문가 등 다양한 실무자들을 만났고 그들이 전하는 성공담과 실패의 역사를 귀담아 듣고 메모하는 등 나름의 열성을 쏟아 부었다. 즉 관념적인 접근법보다는 HACCP의 심장부로 바로 들어가겠다고 하는 비장한 각오를 품고서 다양한 식품제조가공 현장의 모습과 작업자의 생각과 숨소리를 옮겨보고자 하는 염원으로 이 책을 엮게 되었다 해도 과언이 아니다.

이 책의 출판이 있기까지 참으로 많은 분들의 은혜가 있었음을 전한다. 먼저 거칠고 촌스럽던 외모를 벗고 이쁘게 새단장하여 세상에 나올 수 있도록 물심양면으로 지원해 주신 창지사 김기섭 사장님과 임직원분들께 감사드린다. 무엇보다 쉬운 HACCP 길잡이 교재의 필요성에 공감을 해 주신 식품기업 경영자와 관리자, 일선 근로자, 기업에서 HACCP을 주도적으로 수행하는 품질관리자와 외부 컨설팅업체 관계자 분들께 진심으로 감사드린다. 무상으로 지원해준 현장의 사진들과 각종 문서들 덕분에 이 책에 각별한 생기(生氣)를 불어 넣을 수 있었음을 밝히며 특별한 감사를 더한다. 또한 흔쾌히 자녀들의 사진을 실을 수 있도록 허락해줘서 담담하면서도 품격 있는 프롤로그 페이지를 열도록 해준 필자의 지인 받아와 편집과 자료 검색 등 소소한 작업들을 내 일처럼 도와주신 조실장님과 실험실 식구들에게도 깊은 감사를 드린다. 무엇보다도 HACCP이라는 세계의 참맛을 보여 주고자 몸소 수많은 식품제조가공 현장 방문에 동행하시고 HACCP에 관한 난상토론을 흔쾌히 받아주셨을 뿐만 아니라 기꺼이 자신의 지식과 통찰력 깊은 견해를 공유해 주셨던 HACCP 무림(武林)의 진정한 고수(高手), 笑巖 李秉哲 선생님께 깊은 존경과 감사를 드린다. 끝으로 이 땅의 많은 전문직 여성이 너나 할 것 없이 억겁의 빚을 지고 있는 그 이름 가족! 필자 또한 이 책을 만드느라 숱한 순간을 면죄부로 대신하면서 가족들로부터 넘치는 사랑과 배려를 받았고 그 결과 작은 결실을 이룰 수 있었다.

"당신이 먹는 것이 당신(You are what you eat)"이라는 말은 우리 사회에 꽤 많이 회자되고 있다. 필자는 여기에 더하여 "당신은 당신 어머니가 먹은 바이고 당신 할머니가 먹은 바이다(You are what your mother ate and you are what your grandmother had eaten)."라는 말까지 덧붙이고 싶다. 즉 먹는 것이 삼대(三代)를 간다는 말이니 참으로 먹는 일이 소중한 것이고 먹는 일에 관여한 수많은 직업인들은 자부심과 소명감을 잊지 않아야 하겠기에……. 이 책은 필자가 인생에서 맞이한 첫 출산과 다를 바 없기에 한없이 두렵고 설레는 마음이다. 부디 많은 이들의 손끝에서 읽혀서 부족한 부분들이 보완될 수 있도록 따끔한 조언을 바라는 마음 간절하다. 끝으로 이 책이 현장의 HACCP 실무자에게 본인의 지식과 기술을 점검하고 개선하는 데 활용되기를 바라고, 학생은 이 책을 통해 익힌 HACCP의 기본기를 바탕으로 현장에서 몸으로 마음으로 익히면서 명실상부한 HACCP 전문가가 되시기를 진심으로 기원하는 바이다.

2017년 12월
저자 김미정

PART 1

식품안전성과 HACCP

1장

식품안전성의 이해

단원의 목표

1. 식품과 식품안전성의 중요성 인식
2. 식품위생 개념의 이해
3. 세균 및 세균의 증식요건 이해
4. 식품위생의 실천방법 이해
5. 융복합학문적 산물로서의 HACCP 이해

● 단원의 소개

식품안전관리 시스템에서 가장 중요한 것이 “경영자 의지”라는 말이 나오는 이유는 이윤추구를 바라는 기업의 측면에서는 식품위생의 실천 비용을 낭비로 여기는 경영자의 인식과 무관하지 않을 것이다. 그러나 식품안전은 식품업체의 이윤추구를 보장하고 리스크로부터 보호해준다. 이 장에서는 식품안전성의 중요성을 깊이 인식하도록 돕기 위하여 많은 사례들과 함께 이학뿐만 아니라 도서, 영화, 구전이야기 등 인문학적 견해를 빌어 소개하였다.

어려운 보이는 식품위생도 맥을 알면 실천하는 길이 보이는 법이니 그 맥과 길을 고찰하였다. 대부분의 식품안전성 사고는 세균의 증식과 관련이 있으므로 식품위생은 어쩌면 세균과의 전쟁일지도 모른다. 따라서 세균의 증식을 억제할 수 있는 이론적 바탕과 그 실천방법을 소개하였다. 식품안전관리인증기준(HACCP)은 이학, 공학 및 현대 경영학이 융복합된 인류지식과 과학의 산물이다. 이를 잘 알고 지식경영을 실천할 수 있도록 HACCP의 탄생과 관련된 역사적 배경을 설명하였다.

제 1 절 영양과 식품안전성의 관계

1. 식품안전성 문제의 대두

오늘날 발전된 과학은 식재료로부터 인간에게 유용한 성분을 밝혀냄으로써 우리의 먹거리를 폭넓게 변화시키는 엄청난 연구 성과를 내고 있다. 생활이 궁핍하던 과거에는 단순히 식품이 허기를 면하게 하고 몸에 좋을 것이라는 믿음만으로도 소비가 가능하였으나 이제는 식품의 영양소 함량에 대한 구체적인 정보뿐만 아니라 식품에 포함된 특정 성분이 인간의 질병에 미치는 긍정적 또는 부정적 영향 등 식품의 영양과 생리활성에 대한 정보에 소비자의 관심이 대폭 상승하였다. 또한 다양한 요리 관련 프로그램과 음식에 관한 정보가 TV, 라디오 등의 대중매체, 인터넷, 사회관계망서비스(SNS) 등의 전파력을 활용하여 일반 대중과 실시간으로 공유되는 가운데, 식품의 관능적 품질을 높이고 식품의 영양소 파괴를 최소화하여 건강에 도움이 되는 조리법에 대한 관심이 놀라운 속도로 우리 사회의 한 문화로 자리 잡아 가고 있다.

간편성과 편리성을 추구하는 현대인의 라이프스타일은 식품가공산업의 발전과 짝을 이루면서 현대인의 식생활 패턴 자체에 많은 변화를 가져왔고 현대의 인류는 과거에 비해 비만, 당뇨병, 암과 같은 만성질환으로 사망하는 비율도 증가하였다. 과거에는 식품이 가정과 같은 좁은 범위에서 개별적으로 조리되어 신속히 소비되는 경향이 높았으나 현대 사회는 핵가족화와 여성의 사회진출이 가속화되는 가운데 외식 의존도가 높아졌고 식품의 보관기술이 발전함에 따라 식품의 장기보관에 대한 가능성이 확대되었다. 이러한 사회적 변화는 외식 산업이 더욱 전문성을 띠고 대형화되는데 기여하였고 대중의 기호에 부응하고 저장성을 높일 목적으로 개발된 수많은 가공식품의 출현을 촉진하게 되었다.

대규모 급식과 외식, 가공산업의 발전은 식중독 사고의 발생과 종종 연관되었고 현대인의 생활영역이 광역화되는 만큼 식품 관련 사고 또한 양적 · 지리적으로 확대되었다. 따라서 현대인의 변모된 라이프스타일은 식품의 양보다는 질을 중시하게 되었고 그 질의 요소에는 위에서 언급한 기호와 영양뿐만 아니라 안전한 식품에 대한 요구도 중요하게 인식되었다. 현대 사회의 식품 환경을 좀 더 구체적으로 살펴보면, 과학과 기술의 발전에 힘입어 자연을 무분별하게 개발하는 과정에서 대두된 환경오염 문제, 식자재 및 사람의 빈번한 이동과 장거리 여행자의 증가, 외식과 가공식품의 증가, 식품 취급과 관련된 위생 관리 미흡, 항생제 등 약품의 오 · 남용 증가, 의도적 또는 비의도적 유해물질 혼입, 새로운 먹거리 개발과 관련된 안전성 확보 미흡, 범지구적 먹거리 유통과 먹거리 출처 불명확성, 유전자재조합(GMO)식품의 사용 증대, 방사선조사식품의 사용 등 식품의 안전성에 위협이 되는 상황 등이 대두되고 있다.

1) 환경오염

과학과 산업이 발전되는 과정에서 인류는 다양한 혜택을 누렸으나 반대로 환경오염이라는 혹독한 대가를 치르게 되었다. 재래식으로 만들어진 식품은 상당 부분 야외 작업장에서 그 공정이 이루어졌으며 식품안전성이 중요한 사회 문제로 인식되지는 않았다. 현대 사회는 대기 중 미세먼지, 자동차 매연, 지하수 및 지표수의 오염, 토양의 오염 등이 식품안전성의 심각한 위험요소로 인식되고 있다. 따라서 안전한 식재료 선별을 위한 노력, 적합한 환경을 갖춘 작업장에서 위생적인 방식으로 식품을 취급하여야 할 것이다.

사례1 과거에는 청어를 건조하여 과메기를 만드는 공정을 자연적인 바람과 햇볕을 이용하는 자연건조 방식에 의존하였다. 그러나 지금은 자연이 청어를 건조하는 조건을 인공적으로 조성

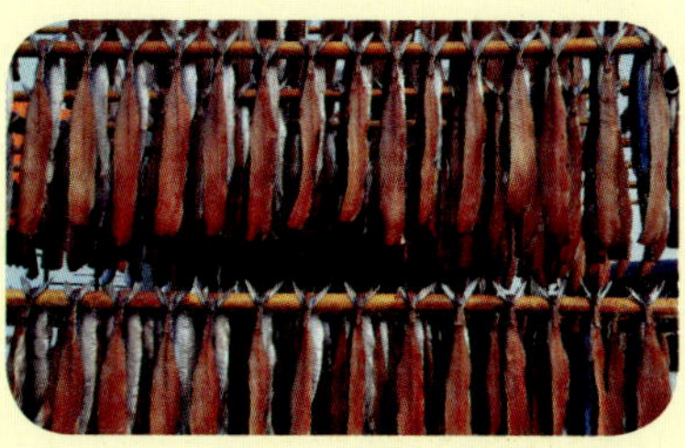

하기는 어려울 뿐만 아니라, 환경의 오염과 건조 가능한 장소의 부족 등으로 인해 외부에서의 건조는 위생적으로 적당하지 못하다.

사례2 과거에는 흐르는 계곡물에 콩을 씻고 장작불에 삶아 바람 좋은 곳에서 메주를 말리고 햇볕 좋은 곳에서 된장을 발효시켰다. 사업가 P씨는 경북 지역의 청송 깊은 골에서 재래식 된장 제조를 시도하였다가 결국 식품안전성 문제로 인해 메주 가공의 각 공정을 현대식으로 개조할 수밖에 없었다. 그 이유는 다음과 같다. 콩을 씻을 계곡물은 오염되어 있었고, 장작불로 콩을 삶는 방식으로는 위생 관리에 한계가 있었으며, 또 메주를 말려줄 바람은 황사와 미세먼지를 피할 수 없었으며, 외부에서 메주를 띄우기에는 너무나 많은 인력이 소요되는 것이었다.

메주콩 씻기 → 메주콩 삶기 → 메주 말리기 → 메주 띄우기 → 간장 된장 완성

* 신토불이(身土不二)라는 말이 과거에도 현재에도 의미 있게 사용되지만, 신토불이를 실천하는 일은 매우 어려워졌고 내 고장에서 수확한 식재료로 만든 음식을 먹는다는 것이 더 이상 흔한 풍경이 아닌 세상을 살아가고 있다.

2) 푸드마일리지, 식자재와 사람의 빈번한 이동 및 장거리 여행자 증가

많은 식재료와 식품이 우리나라 안에서도 먼 지방으로부터 공급되고 때로는 지구의 반대편에서 제공되기도 한다. 가령 상당수의 한국 사람은 흑산도에서 잡힌 홍어가 아닌 칠레의 어부가 잡은 홍어를 삭힌 것을 먹고 있으며, 저녁 밥상에 오르는 고등어는 노르웨이산일 확률이 높으며, 떡볶이의 원재료인 쌀은 미국 등지로부터 수입된 것이거나 수확된 지 오래된 정부미일 확률이 높다. 더욱이 식재료만 수입되는 것이 아니라 식품 자체도 광범위하게 수입되면서 일상의 식단을 채워가고 있다. 한편 식재료와 식품만 장거리를 이동하는 것이 아니라 교통의 발달로 사람의 이동도 빈번해졌다. 예를 들면, 직장인이 전날 저녁 부산에서 식사하고 다음 날 아침 서울로 가서 업무를 보고 식사한 다음 오후에는 광주로 내려가 저녁을 먹고 사람을 만나는가 하면, 순천의 학생들이 아침을 먹고 출발하여 대전 근교에서 점심을 먹고 강릉에서 저녁을 즐기기도 한다. 이렇듯 사람의 이동이 빈번하고 빠르게 이루어지다 보니 식중독 사고의 전파도 그만큼 빨라지고 쉬워졌다.

사례 중동 여행 중 낙타초유를 마신 60대 남성 브루셀라증 감염

낙타는 중동호흡기 증후군(메르스, MERS)를 전파시킬 수 있는 가장 대표적인 감염 매개 가축으로 알려져 있다. 질병관리본부에 따르면 A씨(63세,무직)는 쿠웨이트를 여행하던 도중 낙타 농장을 방문해 살균되지 않은 초유를 마셨다. A씨는 귀국 이후 발열, 두통, 관절통의 증상이 발생해 병원을 방문했으나, 메르스 검사 결과 음성으로 판명됐지만 양, 염소, 낙타, 소, 돼지 등 가축을 통해 전염되는 브루셀라증에 걸려 병원에서 치료를 받았다. 브루셀라증은 동물과 사람 간에 전파가 가능한 '인수공통감염병'으로 감염된 가축의 분비물 등이 피부 상처 또는 결막에 노출되거나 살균되지 않은 유제품을 섭취할 경우 주로 감염된다. 질병관리본부 관계자는 "해외여행 시 메르스를 비롯해 가축을 매개로 한 감염병을 피하기 위해 목장 방문은 삼가야 한다."며 "동물과의 접촉을 삼가고 살균되지 않은 유제품 및 생고기를 먹어서도 안 된다."고 주의를 당부했다.

출처: 한강타임즈, http://www.hg-times.com/news/articleView.html?idxno=125133, 내용 일부 편집

알아 두기

푸드마일리지

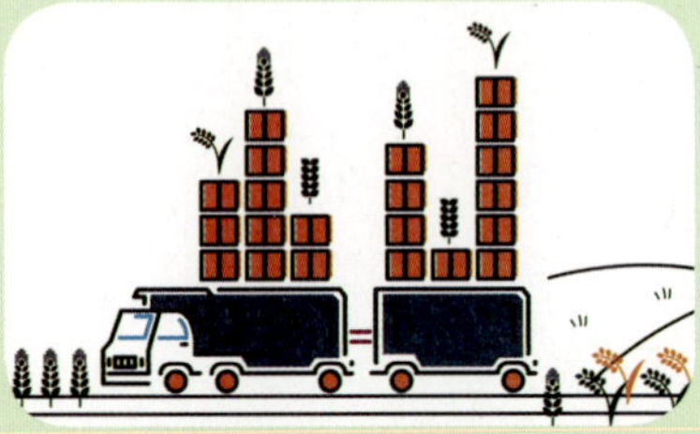

식품이 생산 · 운송 · 유통 단계를 거쳐 소비자의 식탁에 오르는 과정에서 소요된 거리를 뜻하며, 이동거리(Km)에 식품수송량(t)을 곱하여 계산한다. 푸드마일리지 값이 클수록 신선도가 떨어지고, 식품을 운반하는 선박과 비행기의 탄소배출량이 많아서 지구온난화를 가속화시킨다. 푸드마일리지를 줄이기 위하여 소비자로부터 가까운 곳에서 농작물을 생산하는 도시농업, 가까운 곳에서 생산한 식품을 소비하는 로컬푸드 구매, 도심공터나 빌딩 옥상 등에서 채소를 기르는 도시농업 활성화 등의 노력이 이루어지고 있다.

3) 식품 취급의 위생 관리 미흡

식품 취급의 위생 관리 미흡으로 인한 식품안전성 사고는 우리 사회에 비일비재하게 발생할 수 있다. 가령 식품종사자의 건강문제, 손씻기 소홀, 청결 불량, 온도 관리 미흡, 교차 오염, 제품의 신속하지 못한 처리, 유통기한 미준수 등 식품을 비위생적으로 처리함으로 인하여 식중독 사고를 포함한 다양한 위해를 가할 수 있는 것이다. 이러한 사고는 충분히 사전에 예방할 수 있음에도 불구하고 지식의 부족과 잘못된 관행, 부주의 등으로 인해 발생하는 것이다.

사례1 최근 제주도 소재의 한 특급호텔에서 장티푸스가 발생하였는데 역학 조사 결과 대기업에서 운영하는 호텔 내 구내식당이 그 원인으로 판명되었다. 구내식당에는 영양사 1명과 조리사 4명이 근무하고 있었는데 이 중 조리사 2명이 장티푸스 보균자로 드러났다. 해당 호텔은 추가 감염을 막기 위해

구내식당을 폐쇄하고 호텔 전체 방역소독을 실시했다. 구내식당에 보관 중이던 식자재도 전량 폐기하고 조리기기도 모두 교체한 것으로 알려졌다. 보균자들은 증상이 없으니 조리에 참여하였으나 조리사로 인한 식품의 오염은 다수의 식중독 사고로 이어졌던 것이다. 물론 보균자가 조리작업에 참여한 것도 문제이지만 개인 위생에 관련된 작업수칙을 지키지 않는데 중요한 원인이 있는 것이다.

출처: 제주의 소리, http://www.jejusori.net/?mod=news&act=articleView&idxno=193380, 내용 일부 편집

사례2 울산 공단 노동자를 대상으로 운영하는 작은 식당에서 저녁 식사를 한 20~30대 남성들이 극심한 복통을 호소하여 집단적으로 입원하는 사례가 발생하였다. 환자의 가검물에 대한 역학 조사 결과 시안화합물(청산가리)이 공통적으로 검출되었고 식당의 조리 재료 및 도구에 대한 분석 결과 튀김용 밀가루를 담은 통이 이전에 시안화합물을 보관하였던 용기로 판명되었다. 즉 영업주의 부주의가 낳은 식품안전성 사례의 한 예시로서 통에 잔류했던 유독물질의 농도나 양에 따라 더 큰 사고로 이어질 수 있었던 아찔한 사고였다. 더욱 안타까운 것은 60대 후반의 여성 영업주가 젊은 근로자들을 격려하는 차원에서 정성을 다해 특식으로 준비한 튀김으로 인하여 발생한 사고라는 점이다. 따라서 식품 관련 종사자는 정성을 다하는 마음도 중요하지만 식품안전성 사고를 예방하기 위해서는 어설프게 알거나 잘못 알아서 생기는 문제가 없도록 정확한 지식과 기술을 확보하는 것이 중요하다.

출처: KBS, KNN 등 방송 기사 요약, 2007년

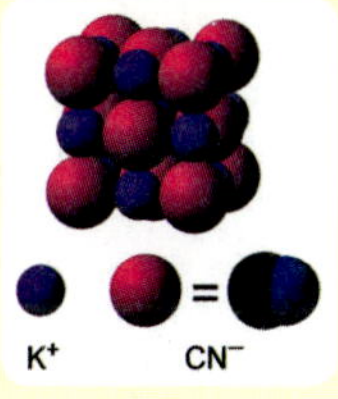

시안화칼륨(KCN, 일명 청산가리), 맹독성(치사량 0.15g)

- 설탕과 매우 유사하게 보이는 무색의 결정, 물에 대한 용해도 높음, 전기도금용 전해질로 이용

출처: 위키백과

4) 외식과 가공식품의 증대

과거 우리나라의 식품산업은 위생과 안전성이라는 관점보다는 경제적 효율성을 상대적으로 더 우선시하였는데 그 주된 이유는 식품위생과 안전문제를 우선시 하다 보면 비용이 증가되어 가격 경쟁력이 하락하는 문제가 발생한다고 보았기 때문이다. 그러나 식품의 안전 및 위생문제를 등한시하게 되면 기업의 생존자체와 소비자 건강을 위협하는 더 큰 문제를 낳게 된다. 최근 성장률이 높아지는 외식산업의 경우, 1차 산업인 농림어업의 생산부문과 2차 · 3차 산업인 식품산업과의 연계가 취약한 상태이며, 값싼 해외농산물에 의존하여 산업이 성장해왔다. 그러나 현대 사회의 소비자는 자신의 건강과 직결되는 먹거리에 대한 관심이 높은 편이며 낮은 가격보다는 높은 질(안전성과 맛)을 선호하는 쪽으로 소비경향이 차츰 변화하고 있다.

많은 사람들이 집밥을 갈구하고 특히 아이를 키우는 주부의 경우 가공식품을 불신하여 직접 조리한 것을 아이에게 제공하고자 노력함에도 불구하고, 그 편리성과 경제성 및 라이프스타일의 변화 등으로 인해 외식과 가공식품의 이용은 여전히 증가하는 추세이며 외식과 가공식품은 현대인의 식생활에 깊숙이 파고들어와 자리를 잡고 있다.

국내의 한 조사에 따르면 주부의 2/3 이상이 식품안전에 불안감을 느낀다고 하였고 식재료의 잔류농약, 보존료나 착색료 등 식품첨가물, 환경호르몬, 식중독균 등 유해미생물, 유전자변형식품 등에 특히 우려가 높은 것으로 나타났다. 또한 가공식품 구입 시에는 보존료 및 착색료 등의 식품첨가물, 유통기한, 원재료의 무농약 · 유기재배 여부 등에 관심이 높았다. 도시락, 수입식품, 패스트푸드, 햄과 소시지 등 식육가공식품, 외식, 통조림과 냉동식품 등 가공식품, 컵라면 등 인스턴트식품, 식용유, 우유 및 유제품 등은 외식과 가공식품의 범람으로 인해 소비자가 식품안전에 대해 불안감을 높게 느끼는 식품들이다.

외식과 가공식품으로 인해 위해를 입을 수 있는 대표적인 집단에는 어린이와 같은 저연령 소비자와 임산부 및 노화와 질병으로 인해 인체면역이 저하된 노년

층이 포함된다. 따라서 외식과 가공식품으로 인한 위해를 줄이기 위해서는 불량식품 근절을 위한 안전한 식품소비에 대한 사회적 관심을 높이고 학교 교육을 강화할 필요가 있다. 또한 교육을 통해 소비자의 판단력을 높임과 동시에 부정, 불량식품에 대해 비교적 관대한 사회 통념을 전환할 필요가 있으며 부정, 불량식품의 제조, 유통, 수입, 판매와 관련된 법규와 제도를 강화하고 관련 업체에 대한 감시와 감독을 강화하는 한편, 주요 식자재 원산지 표기에 대한 기준도 엄격히 적용하여 소비자의 알 권리를 확대할 필요가 있다.

생각해 보기

아마도 지금 우리나라 40대 이상의 사람들에게 있어서 어머니가 해 주시는 아침을 먹고 정성스레 싸주신 도시락으로 점심을 먹고 그리고 다시 어머니표 저녁 밥상을 받는 장면은 쉽게 상상이 될 것이다. 이처럼 어머니가 자녀에게 만들어주는 음식은 정성을 들이고 청결히 만든 음식의 대표적인 예이다. 또한 과거에 가정에서 사용하던 그 식재료들은 상당 부분 국내에서 생산하여 시장을 통해 유통되던 것들이 많았다. 요즈음 학령기 아동과 청소년은 학교 구내식당이나 외부 식당 혹은 편의점 음식으로 점심과 저녁을 먹는 경우가 많으며, 장거리 출퇴근하는 직장인이라면 하루 세 끼를 매식을 통해 해결하기도 한다. 과거에는 집들이를 하면 집에서 직접 요리하여 대접했으나 요즈음은 집들이 자체를 외식으로 하는 시대이다. 실제로 전문식당이 만들어내는 우수한 음식 맛, 식재료 대량 구매, 주부의 경제적 역할 등 외식이나 매식이 가지는 긍정적 기능이 있는 것도 사실이다. 그러나 식재료의 대량 구매 및 보관, 짧은 시간에 준비를 해서 특정 다수에게 음식이 제공되는 현재의 식품 환경, 비위생적으로 제조된 가공식재료 및 식품에서 식중독 사고 발생이 증가하는 것은 당연한 것이다.

5) 새로운 먹거리 개발과 식재료 출처의 불명확성

식재료의 부족과 기존 식재료의 활용 한계, 과학 기술의 발달, 조리방법의 개발, 정보의 교류 등으로 새로운 먹거리가 개발되고 있다. 한편 식재료의 생산이 계절과 지역에 따라 편중되는 특성으로 인해 식재료 자체의 글로벌한 교류가 활발해지고 있으며, 그러한 식재료 유통을 관리하는 국제 규범과 위생 당국의 수입검사 절차가 있음에도 불구하고 그러한 규범은 최소한의 조건을 다루는 것이므로 완벽한 식품안전성을 보장하기에는 한계가 있다.

사례1 많은 사람들이 좋아하는 쥐포는 바다생선 쥐치를 포를 뜨고 조미하여 말린 것을 여러 장 이어 붙여서 만든다. 과거에는 쥐를 닮은 이 물고기를 잡으면 동물 사료로 사용했다고 하는데 지금은 인기 있는 국민 간식의 하나이다. 대부분의 쥐포 원물은 베트남 등에서 수입하고 있는 실정인데 현지에서 이루어지는 쥐포 가공의 위생 관리 수준 및 유통과정이 어떻게 관리되고 통제되는지 일반 소비자는 알 수 없는 실정이다.

사례2 매콤하고 감칠맛 나는 아귀찜은 그 원조가 마산이다. 사람들이 아귀를 어떻게 식용으로 먹게 되었을지를 추정해 보면 먹거리가 개발되는 과정 그 자체가 흥미로운 이야깃거리가 아닐 수 없다. 어부가 낚아 올린 아귀가 그 생김새로 인해 자꾸 버려지는 것이 아까워 건조해 보았을 것이고 그냥 먹어서는 그다지 맛이 나지 없으니 콩나물 같은 채소와 매콤한 양념을 가해서 찜을 해 보니 그 맛이 일품이었다. 아귀찜의 원조인 마산에서는 여전히 건조한

아귀를 쓰지만, 마산 아귀찜을 모방한 타 지역에서는 생아귀를 사용하여 아귀찜을 만든다. 그 이유는 인구의 밀집, 대기오염 등으로 인해 안전하게 자연 건조할 수 있는 여건의 확보가 어렵고 생아귀를 이용한 아귀찜이 소비자에 대한 인식 측면에서도 유리할 것으로 추측된다. 결국 생아귀찜의 유행은 생선을 야외에서 건조하는 것을 비위생적으로 인식하는 현대인의 태도가 반영된 것이라고 볼 수 있다.

쉬어가는 페이지

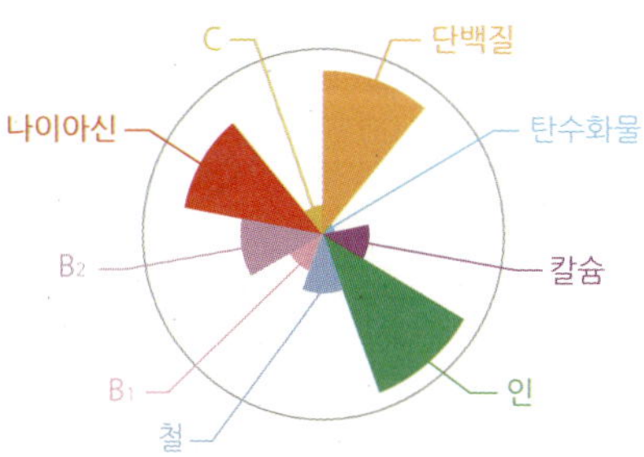

쉬치의 영양성분

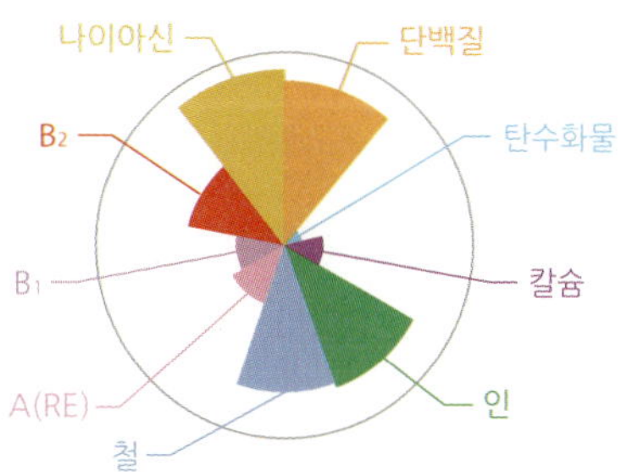

아귀의 영양성분

* * 쥐치와 아귀의 영양성분: 일일 영양권장량에 대한 영양소별 상대적 함량
출처: 농촌진흥청, 농식품종합정보시스템, 국가표준식품성분표 분석

쥐치나 아귀는 다른 생선과 마찬가지로 단백질이 주성분이고 비타민 B 중

특히 나이아신과 무기질인 인이 풍부하며 아귀는 철의 좋은 급원이기도 하다. 게다가 아귀찜은 함께 조리한 콩나물이나 미나리 등 각종 채소가 제공하는 비타민류와 식이섬유소가 풍부하니 이들 식재료와 음식이 우리 몸에 유익할 것은 당연한 일이다.

6) 유전자재조합(GMO) 식품의 사용 증가

식량의 부족으로 인하여 풍부한 농산물의 생산은 인류의 영원한 과제였다. 현대 사회에서 생명공학 및 유전공학의 발전으로 도입된 유전자재조합기술은 인류가 필요로 하는 식량을 양적으로 공급하는 측면에서는 성과가 높았다. 그러나 범세계적 유전자재조합식품안전성에 대한 찬반 논란에도 불구하고, 특히 농산물 자급자족이 충분하지 못한 국가에서는 GMO식품이 동물 사료나 식품 재료로 많이 사용되는 실정이다.

사례 우리나라는 연간 호주에서 15만 톤, 미국에서 10만 톤이 넘는 쇠고기를 수입하고 있다. 또 이들 국가에서 만든 치즈 · 분유 · 우유 및 크림 · 버터 등 유제품의 연간 수입량도 15만 톤에 육박한다. - 중략 - 야생초를 먹고 자란 소에게서 짠 우유와 분유 등은 오메가 3와 오메가 6의 비율이 적절하기 때문에 건강한 필수지방산을 섭취할 수 있도록 돕는다. GMO 옥수수 사료의 위험으로부터 아이를 지키고, 분유를 비롯한 건강한 유제품을 먹이고 싶다면, 최소한 구입 전 제품의 이력을 살펴보려는 자세가 필요하다. 즉 어떤 사료를 먹여 키운 가축이 생산한 제품인지 그리고 어디에서 생산됐는지를 일일이 따져보려는 노력이 아이를 지키는 유일한 방법이다. 이러한 이력을 공개하는 GMO완전표시제는 아직 의무화되지 않았지만, 일부 식품 회사들은 어떤 소에서 얻은 우유로 만든 가공식품인지 자발적으로 알리고 있기도 하다. 강동진 GMO없는바른먹거리 국민운동본부 사무국장은 "현재 소가 어디서 어떤 사료를 먹고 자랐는지 소비자는 알 길이 없다. GMO완전표시제가 도입되어 전 제품의 이력이 공개되어야 하는 게 맞다."며 "그렇지 않은 현재로서는 안 먹이는 것이 최선이지만, 어쩔 수 없이 먹어야 하는 경우에는 소비자가 똑똑해지고 신경을 써서 골라 먹이는 수밖에 없다."고 조언했다.

출처: 베이비뉴스, http://www.ibabynews.com/news/articleView.html?idxno=60192, 내용 일부 편집

최근 대구지역 주부 대상으로 실시한 식품안전에 관한 설문조사 결과에 의하면 방사능에 오염된 식품과 유전자재조합식품은 과학적으로 알려져 있지 않을 뿐만 아니라 통제가 쉽지 않다고 인지하였으며, 결과가 즉시 나타날 수 없는 점과 만약 문제가 생겼을 경우에는 재앙과도 같은 피해를 야기할 것이라는데 대하여 높은 우려를 표시하였다.

유럽 등에서는 GMO식품에 대한 표시 기준이 제도화되어 있으나 우리나라에서는 GMO 식재료 및 제품에 대한 표시 기준이 제도화되지 못한 상태이므로 GMO 소비와 관련한 안전성 문제의 실체는 여전히 많은 우려를 낳고 있는 실정이다.

7) 방사선조사식품의 이용

방사선조사는 HACCP 등 체계적이고 과학적인 식품안전성 기법이 출현하기 이전에 등장한 기법으로서 그 유해성에 대한 이해조차 완전히 확립되지 않았음에도 불구하고 최종제품에 대해 방사선조사를 함으로서 세균을 사멸하고 유통의 안전성을 확보하려던 기법이다. 비유하자면, 가축을 비위생적으로 사육하면서 항생제에 의존함으로써 또 다른 안전성 문제를 야기시킬 수 있는 것과 같다. 방사선조사를 위해서는 관련 설비가 요구되고, 종업원에 대한 위험성도 높은 편이다. 따라서 실제 활용도는 낮은 편이나 암환자식 등의 일부 특정 식품에는 여전히 사용되고 있는 실정이다. 방사선조사로 인해 식품의 관능적 특성이 저하되고

방사선조사에 참여하는 작업자 및 최종 소비자의 건강에도 악영향을 미칠 수 있는 점을 감안할 때 앞으로는 HACCP과 같은 사전 관리를 통해 안전성을 확보함으로써 방사선조사의 사용빈도를 줄여가야 할 것이다.

사례 식품을 방사선에 통과시키면 오래 보관할 수 있고, 살충은 물론 미생물을 제거할 수 있다. 우리나라에서는 감자, 마늘 같은 농산물을 비롯해서 면류 스프와 조미료 등 26개 제품군에 방사선 처리를 허용하고 있으나, 안전성 논란 때문에 방사선을 쬔 재료가 하나라도 포함돼 있다면 반드시 이를 표기해야 한다. 최근 국내 대형마트 판매 식품 일부가 이런 표시 의무를 위반한 사실이 드러났다. 적발된 제품은 대부분 수입품이거나 해외에서 재료를 들여온 식품들로서 라면과 우동 등 면류 스프와 조미료, 향신료, 조미쥐치포 등 132개 제품을 조사한 결과 10%가 방사선을 쪼이고도 표시하지 않았다. 특히 조미쥐치포의 경우 방사선을 쬐는 것 자체가 금지된 식품인데도 3개 제품은 이를 어겼던 것이다. 소비자원에 따르면 식품에 방사선을 쬘 경우 안전성에 문제가 있다는 연구 결과가 최근 10년 동안 계속해서 나오고 있으며 식품의 맛과 영양성분 변질은 물론 지방이 많은 음식에 방사선을 쪼일 경우 암 발생을 촉진시키는 물질이 생성된다고 하였다. 따라서 소비자원은 관련 부처에 사실을 알리고, 방사선 처리 식품 모니터링을 강화하기로 했다.

| 방사선조사식품 마크

출처: YTN뉴스, http://www.ytn.co.kr/_ln/0102_201201311427450138, 내용 일부 편집

쉬어가는 페이지

지금까지의 영양학은 주로 식재료의 성분과 그것이 인체에 미치는 영향에 관한 연구가 집중되었다고 할 수 있다. 그러나 영양학의 이론이 사람의 식욕을 충족시키거나 건강에 보탬이 되기 위해서는 결국 그 이론들이 식품이나

음식으로 구현될 필요가 있다. 다시 말하면 영양학의 이론을 바탕으로 한 레시피를 더욱 발전시키고 레시피를 공학적으로 접근하여 영양가와 맛 그리고 기능성이라는 세 가지를 모두 잡을 수 있는 방법을 고민하여야 할 것이다. 물론 식품공학과 식품가공학 분야에서 축적된 많은 지식과 경험이 영양학의 공학적 접근에 도움이 될 것이다.

2. 식품안전성의 중요성

1) 식품의 품질

간혹 우리는 살기 위해 먹는지 먹기 위해 사는지와 같은 우스개 질문을 하게 된다. 하지만 먹어야 사는 것은 확실하며 먹는 것이 내 몸을 만들고 건강을 만들고 인생을 만든다는 것 또한 사실이다. 한창 성장하고 활동이 많을 때는 돌아서면 배가 고프니 먹기 위해 산다고 해도 과언이 아니다. 또 맛집을 찾아 장거리를 달려가 한두 시간 줄 서서 기다리는 수고도 마다하지 않는 현대인이 점점 늘고 있으며, 미식을 즐기는 중에 체중이 증가하면 체중과 체지방 감량을 위해 고지방 육식을 의도적으로 끊기도 한다. 한편 연로하여 활동량이 줄어들고 식욕이 떨어지면 억지로 한술을 뜨기도 하는데 이런 경우라면 살기 위해 먹는다고 해도 틀린 표현은 아닐 것이다. 그런데 어떤 경우라도 식품을 섭취하는 사람이라면 그 식품에 기대하는 것이 있기 마련인데 필자는 그것을 음식의 품질이라는 측면에서 고찰해 보았고 그것을 단순화해 보면 [그림 1-1]과 같아진다고 하겠다.

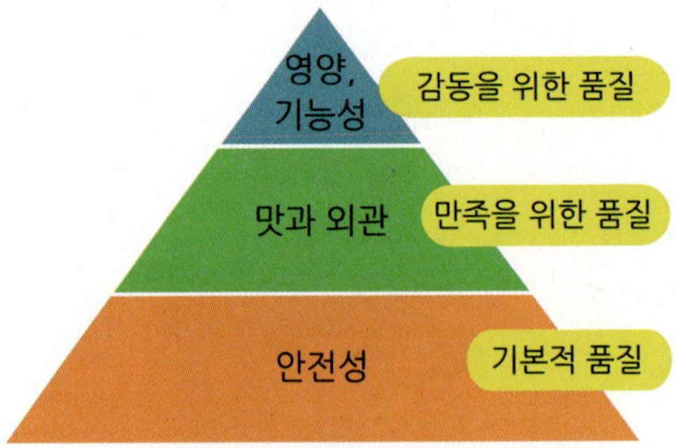

[그림 1-1] 식품의 품질 단계

대부분의 사람들은 삼시 세끼가 맛있고 나에게 필요한 영양소가 들어있기를 기대한다. 영양 요구량은 사람에 따라 다르고 동일 사람이라 하더라도 나이나 환경에 따라 달라질 수 있다. 발육기의 아이들에게 필요한 영양과 중년이나 노년의 나이에 필요한 영양이 다르다는 것은 익히 아는 사실이다. 모 스포츠 시설의 식단 관리자는 시합을 앞둔 선수에게 식단을 제공함에 있어 음식이 운동 효율성에 미치는 효과를 최대로 높이기 위하여 음식의 음양 이론과 영양학 이론 등을 종합적으로 적용하여 식단을 제공한다고 한다. 가령, 시합 일주일 전에는 돼지고기 메뉴, 하루 이틀 전에는 쇠고기 메뉴, 시합 당일에는 밥이나 국수를 제공한다고 한다. 당질이나 탄수화물이 풍부한 음식으로써 단시간에 에너지를 높여 피로를 풀고 고단백 식품으로 단백질 영양 상태를 보충함으로써 운동의 효율성을 높이고 육체의 피로를 회복할 수 있는 것이다. 이처럼 맛과 영양은 식품을 섭취하는 소비자가 기대하는 바이다. 그런데 맛이라는 것은 상당히 주관적이기에 특정 음식이 모든 사람에게 맛있다는 평가를 받는다는 것은 아마 어려울 것이다. 아래 소개한 사례는 맛의 기준이 사람마다 다를 수 있음을 보여 준다.

부산 중앙시장에서 맛있고 맵다고 소문난 A 떡볶이집: 맛집을 탐방하는 사람들로 종일 붐비고 줄 서서 기다리는 사람들로 장사진을 이룬다. 어떤 이는 좋아할 매운맛이 어떤 이는 감각이 마비되어 아무 맛조차 느낄 수 없을 만큼 부담스러울 수 있다.

목포 지방에서 유명한 홍어와 돼지고기와 김치의 만남인 삼합: 이 음식이 주는 강렬한 맛은 특징적인 세 가지 맛의 환상적인 조화라고 할 수 있으나 어떤 이에게는 발효된 홍어의 독한 맛으로 인해 아예 손을 대지 못하는 음식이 될 수 있다.

그런데 소비자에게 다양한 만족과 감동을 주는 식품일지라도 안전하지 못하다면 아무 쓸모가 없을 것이다. 그것은 식품이라기보다 쓰레기나 독에 비유하는 것이 옳을지도 모른다. 식품이 사람에게 만족감이나 감동을 주기 위해서는 무엇보다 신선해야 하며 신선한 식재료만이 신선한 식품을 만들 수 있다. 신선한 식재료는 다른 말로 '위생적인' 혹은 '안전한' 것을 의미하는 것이다. 가공이나 조리, 서빙 과정에서도 위생적으로 혹은 안전하게 취급된 식품이 맛도 좋고 영양가도 잘 보존되어 있다는 사실은 대부분의 사람이 경험과 지식의 습득을 통하여 알게 되었다. 따라서 식품이나 음식은 일차적으로 안전성이라는 품질이 확립된 위에 맛과 외관과 같은 품질을 통해 만족을 제공하고 영양의 충족과 기능성 부여와 같은 만족을 극대화하는 감동의 품질이 실현되는 것이다.

2) 식생활 패턴의 변화와 안전성 문제

현대 사회는 식재료나 완제품의 포장 상태가 식료품의 유통에 있어서 매우 중요하게 인식되고 있다. 가령, 과거의 대가족 가정에서는 대형 수박을 한 통 사면 대체로 전부 다 소비가 가능하였으나 요즈음의 핵가족 단위에선 큰 수박 한 통을 신선한 상태로 완전히 소비하는 것이 어려운 일일 수 있다. 미디어 등을 통하여 한국인의 아침 결식 증가 현상이 종종 보도되었고, 아침을 먹는 경우라 할지라도 많은 가족에 있어 아침 한 끼 외에는 식탁에서 마주치기도 쉽지 않으며 1~2인으로 구성되는 가구 수도 점차 증가하고 있다. 따라서 아무리 맛좋고 영양이 풍부한 식품이라도 소량 혹은 소포장이 아니면 판매가 어려워지는 추세이다. 여기에 더하여 현대인의 바쁜 라이프스타일은 일주일에 한 번 정도 장보기를 한 후 냉장고에 보관하면서 사용하는 소비자가 느는 데에도 일조하고 있으며, 식품의 소포장에 이어 장기보관이 가능한 포장방법의 개발이 점점 요구되고 있다.

성장기의 어린이나 청소년에게 고등어나 가자미 등 생선이 좋다는 것은 누구나 잘 알고 있다. 그러나 대부분의 주부에게 생선을 다듬고 굽는 일들은 대체로 번거롭고 피하고 싶은 작업이 되었다. 특히 환기가 어려운 폐쇄된 주방이라면 고단백 식품을 가스로 가열할 때 발생하는 미세먼지인 각종 냄새 물질과 독성 물질이 주부나 자녀에게 해로울 수 있다. 따라서 미리 조리되어 전자레인지로 재가열하면 그대로 맛과 영양을 재현할 수 있는 가공식품과 식품가공기술에 대한 필요성 또한 점점 증가하고 있다. 집밥 같은 매식, 생리기능성이 강화된 식품, 치료식과 질병예방식에 대한 일반 시민의 기대치가 점점 증가하는 것은 식품산업 관련 종사자가 관심을 가져야 할 우리 사회의 중요한 추세라 하겠다. 다음은 간편성과 건강지향성을 지향하는 소비자의 심리를 엿보기에 좋은 상황들이다.

- 늦게 귀가하여 한 끼 식사가 절실한 창준 씨는 간단한 재가열 식품들로 집밥 분위기를 내면서 즐겁게 식사 중이다.

• 씹는 일이 어려운 이유선 할머니는 저작지원 간편식으로 식사대용이 가능해지면서 먹는 일이 즐거워졌다.

• 좋은 피부를 원하는 여성 유미 씨는 콜라겐 섭취에 관심이 늘어 건강식품 정보에 열심히 귀 기울인다.

우리의 조상은 짭짤하면서도 비릿하고 쿰쿰한 냄새가 나는 생선의 맛을 즐겼다. 산지에서 소비자까지 운반할 수 있는 콜드체인 시스템도 없었고 머리에 이고 등에 져서 운송한 식재료이다 보니 자연스레 부패가 시작되어 그러한 냄새와 맛이 났을 것이고 부패를 막기 위해 소금을 많이 쳤으니 짠맛이 강할 수밖에 없었다. 식품위생이 사회 전반적으로 강조되는 지금의 기준으로 본다면 맛이나 냄새가 의심스러워서 버리는 식품들이다.

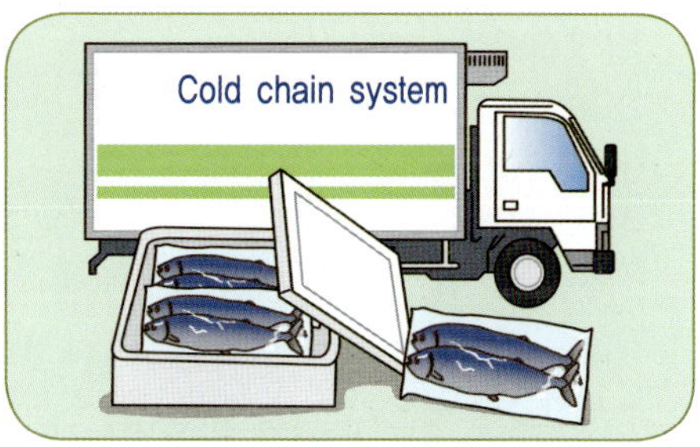

현대 사회에서 유통되고 있는 가공된 반건조 생선은 말 그대로 적당히 수분을 날려서 건조한 상태이면서 비린내 없이 생선 고유의 맛을 느낄 수 있다. 콜드체인에 의해 유통 및 보관되고 위생적으로 처리되었으며 건조도 건조기를 사용하여 짧은 시간에 진행되기 때문에 과거와 같이 소금을 지나치게 사용할 필요성도 없어졌다. 즉 식품위생과 안전성을 바탕으로 맛을 내고 있다.

그동안 언론 등을 통하여 보도된 식품안전사고는 기업에 치명적인 타격을 가하여 경영자의 자살, 구속, 매출 급감, 도산 위기 등을 야기하고 오랫동안 쌓은 명성이 하루아침에 물거품이 되고 마는데 이러한 사례는 우리 주위에서 드물지 않게 접할 수 있다. 이 중에는 정말 안전성에 문제가 된 경우도 있는가 하면 안전성에 문제가 없으나 그 입증에 실패해서 생긴 불행한 경우도 있다. 따라서 이제 우리는 어떻게 식품의 안전성도 보장하면서 맛과 영양이 풍부하고 여기에 기능성까지 갖춘 식품을 제공할 수 있을지 고민해야 할 필요가 있다. 다음은 식품안전성을 바탕으로 한 품질향상의 사례이다.

사례 **냉동 및 해동 기술의 활용: 수입산 냉동 쇠고기로 만든 육회 이야기**

육회라고 하면 갓 도축한 쇠고기로 만들어진 신선함이 생명인 음식으로 떠올리기 쉬울 것이다. 어느 고급 호텔의 뷔페에서 냉동육을 사용하여 육회를 만드는 이야기는 다음과 같다.

수입산 냉동육을 해동하여 육회 재료로 사용하려면 우선 신선한 원료육을 잘 포장하여 급속히 동결하고 -18℃ 이하에서 보관해야 한다. 이렇게 하면 자연수가 얼은 얼음덩어리가 동결 시 작고 고운 입자를 형성하게 되는데 이것을 사용 전 적당한 크기로 절단하여 냉장고에서 해동을 거치게 되면 육질의 수준을 떨어뜨리지 않으면서 해동이 이루어진다. 냉장육의 품질만큼은 못하더라도 좋은 식감을 유지할 수 있고 이에 양념을 잘해서 식감을 보완하니 맛있는 육회로 탄생한 것이다.

출처: K육가공업체 경영자 인터뷰

쉬어가는 페이지

안동 간고등어의 역사를 보며 식품안전성을 생각하다

안동은 내륙지방이라 가까운 영덕에서 해산물을 가져와 얻을 수 있는 곳이었다. 허균이 전국을 돌며 지역특산물에 대해 쓴 책인 『성소부부고』에는 안동 고등어를 칭찬하는 내용이 담겨 있으며 조선 중종 때 적힌 『신증동국여지승람』에도 영덕군의 옛 행정구역인 영해도해부에 고등어가 난다는 기록이 있다. 그 옛날, 쌀과 바꿀 요량으로 남해에서 잡은 고등어 배가 영덕으로 오면 사람이 짊어지고 태백산맥을 넘었는데 낙랑정맥을 넘어갈 때 즈음 선도가 떨어지기 시작해서 소금을 쳤을 것이다. 영덕에서 안동으로 가는 이 시간 동안에 밀려드는 햇빛과 바람에 의해 자연적으로 숙성이 되고 이동 중에 흔들리며 물기는 빠져서 간이 알맞게 되어 있는 간고등어가 탄생되는 것이었다. 이렇게 만들어진 안동 고등어는 부패하지는 않았으나 충분히 숙성되어 맛이 풍부해지고 적당히 간이 배어 있었다. 고등어 역사가 있는 안동이 간고등어로 더욱 유명해진 것에는 간잽이(고등어에 소금 간을 치는 장인)의 재능이 크게 한 몫 했을 것임을 짐작할 수 있다. 그러나 지금의 안동 간고등어는 신선하면서도 숙성된 맛에 간잽이가 소금을 쳤으니 맛은 아마도 옛 맛 그대로는 아닐 것이나, 과거의 안동 간고등어에 비하면 품질 면에서는 더 우수해졌을 것으로 짐작된다.

출처: 경북매일신문, http://www.kbmaeil.com/news/articleView.html?idxno=406268, 내용 일부 편집

KEY POINT

- 현대 사회는 환경오염, 식품의 생산과 유통 및 취급에 관련된 제반 문제, 외식과 가공식품 소비 증대, 신먹거리 개발, GMO식품과 방사선조사식품 증가 등으로 인하여 식품안전성 문제가 사회적 이슈로 대두되었고 국가·사회·소비자의 안전한 식품에 대한 요구는 점점 증대되고 있다.
- 식품의 품질은 안전성을 바탕으로 하며 맛과 외관, 영양과 기능성 등이 부여됨으로써 품질의 향상이 될 수 있다.
- 현대 사회는 식품산업이 안전성을 보장하지 못한다면 생존하기 어려운 여건이며 더욱 중요한 것은 식품의 품질은 안전성을 바탕으로 한다는 점이다.

제 2 절 식품위생과 식품안전성

1. 식품에 관한 단상(斷想)

"닭이 먼저냐 알이 먼저냐."와 같은 깊이의 질문은 아닐지라도 "먹기 위해 사는가, 살기 위해 먹는가."라는 말도 드물지 않게 들어본 말일 것이다. 어떤 말이 더 정확할까? 개인에 따라 받아들이는 뉘앙스가 다를 것이니 논쟁해 보아야 답은 없을 듯하다. 그런데 살기 위해서는 먹어야 하고 또 먹기 위해서는 살아야 하니 결국 그 말이 그 말이다. 지금은 부대찌개라는 이름으로 진화하였지만 그 음식의 원류는 미군부대에서 나온 잔반(음식쓰레기)이었다. 지금을 사는 젊은 세대의 조부 혹은 부모 세대는 그 잔반을 폭폭 삶아 '꿀꿀이죽'이라 부르며 살기 위해 먹었고 또 그 죽값을 벌기 위해 힘들게 일했던 것이다. 불과 50~60년 전 이 땅에서 벌어진 일이다. 식품에 대해 공부해가는 여정에서 부대찌개 이야기는 식품이 얼마나 중요한 것인지 생각하게 하는 가까운 역사의 한 페이지가 아닐 수 없다.

사람이 살아 있다는 것은 신진대사를 하는 것이고 쉽게 표현하면 먹고 배설하는 생명활동인 것이다. "민심이 천심이다."라는 말은 동서고금을 통한 정치의 가장 귀중한 격언이다. 조선 선조 때 토정 이지함 선생은 상소문에서 "왕은 백성을 하늘로 삼고, 백성은 밥을 하늘로 삼습니다(王者以民爲天 民以食爲天)."라고 하였다. 밥을 하늘에 비유한 것은 의미심장하게 보아야 할 구절이며 기아의 고통과 결말이 얼마나 처참한지는 수많은 역사가 생생하게 증명해 보여주고 있다. 아래에 소개하는 영화는 그런 의미에서 한 번 정도 관람해 볼 만한 명작이다.

쉬어가는 페이지

2009년에 소개된 러시아 영화 '레닌그라드: 900일간의 전투'

우리는 제2차 세계대전하면 미국의 시각에서 보는 미국과 영국의 전투를 떠올린다. 그러나 독일군의 70%는 동부전선 즉 소련과의 전쟁에 투입되었고, 연합국의 승리는 소련의 대독 전쟁의 부산물이라 해도 그리 잘못된 표현이 아닐 것이다. 주력을 모스크바로 돌리자 소련 남부의 곡창과 유전, 공업지역의 중심인 레닌그라드는 독일군에 의해 봉쇄된다. 독일은 이곳에서 강력한 저항에 부딪히자 직접 공격보다 봉쇄에 의한 아사 작전을 펼치게 되고, 레닌그라드는 900여 일간의 고통스러운 포위(1941~1944)를 견디며 수십만의 아사자와 사상자를 발생시키면서도 끝내 독일군에게 점령되지 않았다. 그런데 히틀러가 이 전투의 작전통제관으로 임명한 이는 영양학자이다. 사람을 살리기 위해 연구한 칼로리와 생명의 이론을 그는 사람을 죽이는 것에 적용한다. 그리고 그의 지식은 여느 정치가나 장군의 전략보다 유용하였으니…. 전쟁영화이면서도 굶어 죽어가는 인간의 이야기를 사실적으로 잘 담아내고 있는 이 영화는 만약 아사를 체험하고자 한다면 꼭 한번 볼만한 영화이기도 하다.

식품의 소중함은 위에서 소개한 이야기와 같이 식품의 철저한 부족이나 단절과 같은 상황을 통해 더욱 잘 체감할 수 있으며 식품에 종사하는 사람이라면 스스로 얼마나 중요한 일을 하는 사람인지 되새겨 볼 만한 대목이 될 수 있을 것이다. 지구상에 수십만 가지의 직업이 있지만 그중에서 가장 귀한 직업은 사람에게 식품을 제공하는 일이고, 직업에 구조 조정을 한다면 마지막까지 생존할 수 있는 직업이 식품 관련 업종이 될 것이라고 필자는 믿고 있다. 오늘도 우리는 먹고살기 위해 일하고 공부하면서도 막상 식품의 소중함은 간과하지 않았는지 한번쯤 돌아볼 일이다.

2. 식품위생의 의미

1955년 WHO의 환경위생전문위원회는 "식품위생"을 "식품의 생육·생산·제조로부터 최종적으로 사람에게 섭취될 때까지 전 단계에 있어서 식품의 안전성·건전성 및 악화 방지를 확보하기 위한 모든 수단"이라고 정의하고 있다. 식품으로 인한 건강 장해는 단기적으로는 소화기 전염병, 기생충병, 식중독 등이 있고, 장기적으로는 식품첨가물, 포장용기, 잔류 농약, 수질 및 토양 오염과의 관계로 생기는 발암성이나 만성적 독성과 유전적 장해까지 포함할 수 있다.

食品衛生 = 食品 + 衛生

식품위생(食品衛生)은 말 그대로 식품과 위생이 합쳐진 말이다. 한자어인 食品衛生을 풀어보는 과정에서 그 속에 깃든 뜻을 유추해 보는 것은 의미 있는 일이다. 먼저 식품(食品)을 살펴보면, 食이란 사람 인(人) 자 밑에 좋을 량(양, 良) 자가 있는 형태다. 良이란 글자는 지금은 민속박물관에나 있겠지만 필자의 부모세대에서도 널리 사용된 곡류 선별기의 형태와 유사하다. 위에 나락을 넣고 바람을 일으키면 좋은 것만 밑으로 떨어지는 형태인데 지금도 이런 원리가 이물 선별에 많이 사용되고 있다. 따라서 食이라는 글자는 사람의 바탕이 되는 것이 良이라는 것을 드러내는 글자로서 아주 옛날부터도 자연에서 좋은 것만 골라 식품으로 사용했음을 엿볼 수 있는 글자라 하겠다.

다음은 위생(衛生)이란 글자를 살펴보자. 衛生은 글자 그대로 생명을 지킨다는 의미이다. 위는 가죽이나 특정구역 즉 경계를 뜻하는 위(韋)에 좌우로 바삐 움직이는 행(行)이 양 옆에 있는 형상이다. 인류의 조상은 추위를 막기 위해 짐승 가죽으로 옷을 만들어 입기 위해서도 부지런해야 했고, 노숙을 피해 동굴에서 혹은 움막을 짓고 집단생활을 시작하면서도 부지런해야 했을 것이다. 따라서 위(衛)는 위(韋)에 행(行)이 합해져서 '지킨다'의 개념으로 발전한 것으로 추측된다. 사람 사는 것이 어떻게 보면 쓰레기 만드는 일인데 부지런하지 않으면 오물과 쓰레기 더미에서 살아야 했을 터이니 부지런을 피워서 쓸고 치우고 하면서 생명을 질병에서 보호하는 것이 위생의 개념인 것이다.

쉬어가는 페이지

쇼핑과 백(bag, 가방)은 식품위생의 기원

왜 여성의 감성이 남성보다 뛰어나고 언어능력이 우월할까? 지금으로부터 일만 혹은 이만 년 전쯤으로 거슬러 올라가 신석기 시대 초기, 야외생활을 하던 인류가 동굴 같은 곳에서 함께 기거하게 되었을 때의 이야기이다. 남성의 기능은 사냥이니 해 뜨면 동굴 밖으로 나가서 이리 뛰고 저리 뛰어다니니 말로 하는 소통보다는 그저 지시하고 따르기만 하면 되었고 필요한 것은 감성보다는 힘이었을 것이다. 반면 여성들은 좁은 곳에서 자녀를 키우면서 서로 어울려 지내려니 소통을 위한 감성과 언어가 필요했을 것이다. 그 소통은 아마도 배설물이나 쓰레기 처리의 필요와 식품의 안전성이나 질병에 대한 경험의 교류 등이었을 것임은 미루어 짐작할 수 있다. 그렇다면 쇼핑과 백의 기원이 식품위생임을 말할 수 있는 근거는 무엇일까? 지금을 사는 우리는 백을 쇼핑하지만 원래는 쇼핑한 것을 담아 운반하는 것이 백의 기능이다. 남성들이 사냥 다닐 때 여성은 주거지 근처에서 먹거리를 채집하였다. 지천에 있는 열매, 소채, 곡류 등에서 좋은 것만 고르는 것이 쇼핑의 원조이고, 그것을 담아 가자고 하니 보따리나 바구니가 필요했을 것이다. 따라서 쇼핑과 백을 식품위생의 원조라고 하는 말은 상당 부분 수긍이 되는 것이다.

현대의 남성은 대체로 이동수단인 차에 관심이 많고, 여성은 쇼핑과 백에 유난한 애착을 보이는 것도 어쩌면 우리 인류의 역사 속에 그 답이 있을지도 모를 일이다. 쇼핑과 백이 식품위생에 그 기원을 두고 있음을 깊이 음미할 수 있다면, 우리가 머무는 곳을 한 번 쓸고 닦는 것이 명품 가방보다 행복을 준다는 깨달음에 닿을지도 모를 일이다. 왜냐하면 위생은 건강하게 살 수 있는 환경을 만드는 것이고, 건강이 인생에서 가장 소중한 것은 누구나 알고 있는 것이기에.

출처: 부산에 사는 어느 잡학의 대가에게 듣다

3. 식품위생과 질병

사람이 먹어야 생명이 유지되니 식품은 곧 생명이며 또한 식품으로 인해 각종 질병이 생기니 식품으로부터 생명을 보호해야 한다. 따라서 식품위생은 식품으로부터 생명을 지키고 보호하는 활동이라고 할 수 있을 것이다. 즉, 식품 자체는 생명을 유지시킬 수 있는 대자연의 기운과 영양소를 함유하고 있는 생명의 근원이며, 위생은 생명을 지킨다는 의미였으니 식품위생이란 식품을 잘못 취급하여 질병에 걸리는 일이 없도록 생명을 지키고 보호하는 것이고 식품위생이 실천됨으로써 식품 본래의 기능을 발휘하도록 하는 것이다.

간단히 요약하면, 식품위생은 식품으로 인해 질병에 걸리지 않도록 하는 것

을 의미한다. 그러면 먼저 질병이 무엇인지 살펴보자. 질병(疾病)이라는 한자어를 살펴보면 "疾"자와 "病"자가 모두 병들어 기댈 녁(疒) 자를 두르고 있다. 아파서 자리보전하고 있는데 지인이 병문안을 오니 힘이 없어 제대로 앉지도 못하고 벽에 기대어 손님을 맞고 있는 형상이니 아픈 모습이 눈에 잡히는 문자이다. 그런데 질(疾)은 잃을 실(失)이 들어 있고, 병(病)은 따뜻할 병(丙)이 들어 있다. 질은 타고난 원래의 건강을 잃은 것이니 고혈압에 의한 당뇨, 중풍 등을 말한다. 병은 열이 나고 아프니 독감이나 몸살, 식중독 혹은 염증 등에 해당된다. 처음엔 질이나 병으로 아프지만 증세가 심해져서 면역력이 떨어지면 질이 병으로 가고 병이 질로 가서 결국 질병이 하나가 되니 다양한 합병증으로 설명될 수 있는 것이다.

疾病 = 疒 + 失 + 疒 + 丙

식품으로 인해 발생하는 대표적인 질병은 암(癌)이라는 이름으로 대표될 수 있다. 인류가 밝혀낸 암의 종류만 해도 수없이 많은 것을 보면 암이라는 질병은 여느 질병과는 분명 차별점이 있다. 그러면 암은 무슨 뜻일까? 물론 우리가 암이라고 일컫는 악성종양은 여러 가지 이유로 인하여 세포의 유전자에 변화가 일어나 비정상적으로 세포가 변화하고 불완전 성숙과 과다 증식의 특징을 보인다. 암세포는 주위 조직 및 장기에 침입하고 정상 세포를 파괴할 뿐만 아니라 다른 장기로 퍼져 나가는 특징이 있다. 그런데 암을 왜 암이라 하는지 한자를 한번 살펴보자. 질병과 마찬가지로 역시 병들어 기댈 녁(疒) 자가 바깥을 두르고 있다. 그 안에 있는 것은 물건 품(品)과 뫼 산(山) 두 글자가 붙어 있으므로 품이 산같이 쌓였다는 형상을 보여 주고 있다. 우리 몸속, 더욱 구체적으로 세포 안에 배출되지 않은 물질(발암물질)이 축적되면 그 세포가 암세포가 된다. 왜냐하면 세포 내에 다른 물질(침입자)이 누적되어 있으니 영양소가 제대로 공급될 수 없을 것이고 결국 세포는 면역력이 떨어져 바이러스에 정복당하고 바이러스는 그 세포를 숙주로 복사를 반복하니 그것이 바로 암인 것이다. 품(品)은 글자가 만들어지던 시대에는 암을 일으키는 요인이 대부분 식품으로 유입되었을 것이나 현대는 환경으로부터도 유입되고 있다.

생로병사(生老兵死)라는 말은 태어나 늙고 병들고 죽음을 의미한다. 즉 사람의 일생에서 보편적으로 겪는 것으로 이해할 때, 나이 들어서 암에 걸리는 것은 어느 정도는 이해될 수도 있겠으나 요즘은 어린 아이와 젊은이들이 암에 걸리는 사례가 늘어나는 현실이므로 더욱 안타까운 일이다. 암이라는 글자 속의 품(品)자는 탄 물질, 방부제, 착색제, 색소, 선도가 떨어진 식품의 세균 증식에서 나온 독소, 농약 잔류물, 중금속 등이라고 할 수 있다. 현대의 식품이 온갖 종류의 品에 노출되어 있으며 특히 어릴 때는 대체로 저항력이 약하고 본인의 의지로써 안전한 식품을 골라 섭취하기 힘든 환경이므로 이런 비극이 더 많이 발생하고 있는 것이다.

쉬어가는 페이지

발우

식품은 먹지 않아도 잘못 먹어도 생명에 크고 작은 지장을 준다. 불교의 창시자인 석가모니 부처는 대장장이의 아들 쭌다(지금으로 치면 철강기업주의 2세 정도로 해석)가 올린 부드러운 돼지고기 요리를 드신 후 돌아가셨다고 전해지고 있다. 이와 같이 정성껏 만든 음식으로도 사고가 날 수 있으니 식품을 바르게 알고 취급하는 것은 매우 중요하다. 흔히 모르고 하는 행위는 죄가 아닌 듯 생각하는 경향이 있는데 실제로는 알고 저지른 잘못보다는 모르고 한 것이 더 큰 문제가 될 수 있다. 왜냐하면 알고 저지른 잘못은 양심의 가책이라도 느껴 함부로 죄를 짓지 못하지만, 모르고 하는 잘못은 반복될 수 있기 때문이다. 얼마나 많은 식품 사고가 무지에서 비롯되었으며 지금도 아까운 생명을 질병에 노출시키고 생명을 앗아가고 있는지를 생각한다면 식품을 바르게 아는 것이 생명을 지키는 일에 있어 중요한 실천 사항인 셈이다.

출처: 대반열반경, http://nikaya.kr

* 발우: 탁발(출가수행자가 음식을 얻는 일)의 도구(밥그릇). 발우는 가사(옷)과 함께 승려의 두 가지 필수품으로 바리때라고도 불림

4. 식품안전성

앞에서 언급하였다시피, 식품은 생명을 유지하는 영양원이니 식품의 가치는 영양에 있음은 두말할 가치도 없다. 또한, 식품은 섭취가 용이해야 하니 맛을 포함한 관능적인 부분도 충족해야 한다. 그러나 아무리 영양가가 우수하고 맛이 좋아도 위생적이지 못한 식품은 아무런 가치가 없다. 엄밀히 말하면 맛이 전혀 없는(無) 식품은 있을 수 없으며 영양적 가치는 소비자가 제대로 모를 뿐, 없다고 할 수 없는 것이다. 먹어서 건강에 부정적 영향만 미치지 않는다면 그 식품의 맛과 영양은 우리가 조리하고 이용하는데 달린 것이니 식품의 가치는 안전성이 기본이면서 어쩌면 전부라 해도 과언이 아니다. 따라서 [그림 1-2]와 같이 식품의 가공이나 조리의 목적은 두 가지로 요약될 수 있다. 첫째, 그 식품의 안전성을 보장하는 것이다. 둘째, 영양적 가치를 살리면서 먹기 좋게 하는 것이다. 안전성과 영양과 맛, 이 둘은 가공이나 조리의 두 축으로 설명되지만 서로 대립된 개념이 아니고 안전성이 맛과 영양의 바탕이라고 하는 것이 타당하다.

[그림 1-2] 식품조리 · 가공의 목적 개념도

식품위생을 논하다 갑자기 식품의 안전성(혹은 안전한 식품)이라는 용어가 등장하였다. 식품의 안전성이란 식품을 섭취했을 때 건강상 부정적 영향이 없는 것 혹은 질병과 상해를 유발하지 않는 것으로 정의할 수 있다. 식품위생은 식품의 안전성을 위한 일련의 활동들을 말하고, 식품안전성은 식품위생의 목적이라 볼 수 있다. 그러나 식품위생은 모든 경우에 적용된 포괄적이고 일반적인 내용이므로 시대의 필요에 따라 특정 식품별 안전성을 보장하는 방법론이 대두되니 HACCP은 이러한 맥락에서 이해할 수 있는 것이다.

KEY POINT

- 食品(식품): 안전한 것만 고른다는 식품안전성의 개념이 포함되어 있다.
- 衛生(위생): 부지런히 움직여 생명을 지킨다는 의미가 담겨 있다.
- 식품위생: 식품으로부터 생명을 지킨다는 의미로서 포괄적이고 일반적인 개념이다.
- 식품안전성: 특정 식품을 섭취하였을 때 건강상 부정적 영향이 없는 것으로 안전한 식품을 의미하며 식품위생의 목적이다.
- 식품가공과 제조의 목적은 식품의 안전성을 보장하고 관능적 요소와 영양(기능성)을 추구하는 것이며 이들은 식품의 품질을 결정짓는 핵심 요소이다.

쉬어가는 페이지

얼마 전 인도에서 Mohammad Akhlaq 라는 한 무슬림이 소를 잡아먹었다는 오해를 받아 힌두교 주민들에게 맞아 죽은 사건이 발생했다. 안타까운 사고였지만 힌두교도의 소에 대한 관습을 극명하게 보여 준 사건이었다. 인도의 힌두교 신봉자들은 소를 신성시하고 깊은 존경을 표한다. 힌두교의 신 중 땅을 관장하는 한 여신은 소의 형상으로 묘사되며 인도 전역에 있는 소의 숫자는 약 4,490만 마리에 이르며 늙고 병든 소를 돌보는 Gaushalas care라는 기관이 300개가 넘는다는 통계도 있다. 그들은 식량이 없어 굶어 죽을지언정 소는 잡아먹지 않는다. 풍속이자 문화인 것이다. 그런데 도대체 왜 이런 패러다임이 형성되었을까? 우선 그 더운 곳에서 소를 도축하고 나면 어떤 일이 발생할지를 상상해 보면 다소 이해가 간다. 고기의 양이 많아 한꺼번에 먹을 수 없으니 더운 기후에서 곧 부패가 시작될 것이고, 그 부산물은 바로 상해 버리니 온통 벌레가 들끓고, 풀을 먹을 소가 줄어드니 잡초는 무성하고 등등…. 아주 옛날 그들의 조상도 소를 잡아먹은 다음 끔찍한 재앙을 경험하였을 수도 있으리라. 인도에서 소는 잡초도 제거해 주고 귀중한 땔감을 공급해 주고 매일 아침 식탁에 우유, 크림, 버터, 요구르트와 치즈를 올려주는 원천이며 성질도 온순하므로 모성의 상징처럼 여겨지는 것이다.

한편 무슬림은 "할랄"이라는 문화가 있다. 할랄은 아랍어로 '허용된 것'이라는 뜻으로 무슬림이 먹고 쓸 수 있는 제품을 총칭하는 말이다. 반대로 "하람"이라고 하여 종교적 · 윤리적 · 도덕적 금기사항을 뜻하는데 '돼지고기'가 대표적인 금지식품이다. 한국에 사는 무슬림을 가장 괴롭히는 것이 돼지고기일 것이다. 할랄이 식품위생이라는 것은 잘 알고 있지만 왜 맛

있고 영양가 좋은 돼지고기를 먹지 못하게 금기시하는지 한번 짚어 보자. 무슬림의 선각자들은 생명이 먹는 식품이 그 생명을 만들고 몸과 마음이 둘이 아니라 생각하여 좋은 식품을 먹으면 좋은 사람이 된다고 생각했다. 그래서 허용되는 가축은 풀을 먹는 것들이고, 육식을 하는 것은 식품으로 허용하지 않는다. 돼지는 잡식성이니 무엇을 먹었는지 알 수 없어 안전한 식품으로 적절치 않다고 본 것이다. 대신 대다수 무슬림은 닭고기를 좋아한다고 알려져 있으므로 그들은 닭 가공식품의 거대한 시장이다. 수입 닭을 사용하여 고부가 식품으로 가공해서 다시 무슬림에 수출한다면 어마어마한 시장이 창조될 가능성이 있는 것이다. 그런데 명심할 것은 그 가공 기술의 바탕은 바로 식품안전성이라는 점이다.

조선시대 초기 한양의 인구는 약 20만으로 추산한다. 집집마다 거의 똥개를 키웠다. 이것 역시 위생과 밀접한 관계가 있다. 다른 곳에서는 사람의 대소변을 비료로 사용했지만 한양에서는 그렇게 하기에는 제한이 있었다. 위 사진에서처럼 한양의 거리는 똥천지였다고 한다. 개를 키우는 목적은 똥을 치우기 위해서였다. 똥의 약 40%는 개가 먹고, 나머지 중 반은 청계천 등 하천으로 흘려보내고 다른 반은 비료로 사용했다고 추정한다. 당시 조선인의 평균 수명은 30세 정도로 알려져 있으나 현재는 80세를 거뜬히 넘기면서 장수하고 있다. 그 이유가 의학의 발전보다는 위생수준의 개선에 더 기인한다는 것은 많은 문헌에서 입증되는 내용이다. 즉 위생은 예방의 차원이며 의학은 사후관리의 개념인 것이다.

제주에는 똥돼지가 유명하다. 예로부터 제주도는 토양이 척박하여 농사지을 땅이 부족했으며 화산섬으로 물이 부족하고 하천이 없으니 사람의 인분을 처리하는 것도 쉽지 않은 여러모로 척박한 환경이었다. 따라서 돼지에게 먹이를 주는 것이 여의치 않아 '돗통시'라는 공간을 만들어 인간의 변을 돼지가 먹도록 하는 문화를 탄생시켰다. 돼지의 이점은 아무것이나 잘 먹으니 먹다 남은 음식으로도 키울 수 있는 점이다. 지금의 깨끗한 제주 지표수를 있게 한 데는 돗통시의 기여가 있었으며 또

한 돼지는 인분을 먹음으로써 공중보건을 지켜주는 긍정적인 역할도 담당하였다. 하늘을 보고 향긋한 바람 냄새를 맡으며 즐기는 배설의 기쁨이 배고픈 축생에게는 즐거운 식사가 되었던 것이다. 실로 기막힌 자연과 사람 그리고 가축의 공존인 셈이다. 그런데 이러한 공존은 위생과 먹거리 확보를 위한 노력이었던 것이다.

출처: 서울시민연대(2015), 위키백과, 제민일보[제민포럼](2009), BBC News(2015), Devi, S.M., Balachander, V., Lee, S.I., & Kim, I.H.(2014), https://themuslimvoice.net

제 3 절 식품위생과 세균

1. 세균의 이해

눈에 보이지 않지만 분명히 존재하고, 미미하지만 증식하여 세력을 키우는 생명체가 있으니 우리는 이들을 미생물이라고 한다. 미생물의 종류에는 세균, 바이러스, 효모와 곰팡이 그리고 기생충이 있으나 대부분의 식품위생 사고는 세균에 의한 것이다. 그래서 식품위생은 다른 말로 '세균과의 전쟁'이라고 해도 맞는 말이다. 식품위생이 세균과의 전쟁이라면 '知彼知己(지피

지기)' 하여 '百戰百勝(백전백승)' 하여야 할 것이다.

세균이 눈에 보이지 않는 생명체라 했으니 먼저 생명체가 무엇인지부터 살펴보자. 생명체의 사전적 정의는 "생명체는 생물체, 유기체라고도 부르는 것으로 생물은 자기증식능력, 에너지변환능력, 항상성 유지능력이라고 하는 3가지의 능력을 가지고 있으므로 무생물과 구분되는 것"이라고 한다. 쉽게 말해 생물은 생명을 가지고 스스로 살아가는 것이고 생명의 특징은 신진대사하고 증식하는 것이다. 신진대사는 간단하게 말해서 먹고 배설하는 것이며 이는 동식물 모든 생명체의 특성이다. 현대인의 생활 패턴을 엄청나게 변화시킨 스마트폰은 배터리 충전만 하면 마치 살아 있는 것처럼 온갖 기능을 해내지만, 생명체가 아닌 이유는 자기증식을 통해 번식하지 못하기 때문이다.

그렇다면 생명체는 왜 먹어야 하는가? 우리는 먹는 것을 영양분이라 한다. 몸이 세포로 구성되어 있고, 세포는 수명이 무한하지 않아서 각 세포의 생명 즉 재생 주기에 따라 짧게는 몇 시간 또는 며칠, 길게는 몇 달 혹은 몇 년의 주기로 계속 새로운 세포를 만들어야 하니 세포를 만들기 위해서는 먹어야 한다. 한편 먹고 소화하기 위해서는 세포로 구성된 몸의 각 구성 요소가 움직여야 하니 칼로리가 필요하다. 그래서 식품은 생명체의 영양원이 되어 새로운 세포를 만들고 그 세포가 작동하는 칼로리를 제공하는 것이다.

세균은 어떤 식품을 선호할까? 사람마다 민족마다 선호하는 식품과 조리 방법이 다 다르듯이 세균도 그러하다. 그러나 공통점은 대부분의 세균이 단백질을 좋아한다는 것인데, 고단백 식품은 빨리 부패하므로 우리는 이를 고위험 식품으로 분류한다. 세균이 단백질을 선호하는 것은 어린이와 젊은이가 고기를 좋아하는 것과 같은 이유이다. 빨리 증식하기 위하여 몸에서 세포의 주된 구성 성분인 단백질을 원하기 때문이다. 미국 FDA와 CFSAN에서 제시한 잠재적으로 위험한 식품의 예시는 [표 1-1]과 같다.

[표 1-1] 잠재위해식품(PHF), 미국 FDA와 CFSAN

잠재위해식품(PHF: Potentially Hazardous Foods)
• 날것 또는 익힌 동물성 식품: 육류(쇠고기, 돼지고기, 양고기 등) 가금류(닭고기, 오리고기 등), 해산물(생선, 패류, 갑각류 등) 난류, 우유 및 유제품(치즈, 사워크림 등) • 익힌 식물성 식품: 밥, 익힌 감자, 익힌 콩, 익힌 채소, 두부, 대두단백식품 • 양념 및 소스: 다진 파, 마늘 양념, 마늘-오일 소스 등 • 기타: 메론(슬라이스), 토마토(날 것, 슬라이스), 싹(순, 종자발아식품)

출처: 양일선 외(2016)

상하거나 부패한 식품을 섭취하면 식중독을 유발할 수 있음은 잘 알려져 있다. 그렇다면 세균이 즉식한, 즉 선도가 떨어지거나 부패한 식품은 왜 건강에 해로운가? 세균도 먹고 나면 배설물을 만들고 증식 및 사멸하니 세균의 사체가 겹겹이 쌓인다고 생각하면 이해가 될 것이다. 세균이 식품을 섭취했으니 식품의 세포막은 손상되어 영양분이 손실된다. 부패하면 물이 생기는 것은 세균의 대사과정으로 인해 영양분이 소모 및 손실되는 것이고 변색되고 냄새가 나는 것은 세균의 분비물과 사체 때문이다. 흔히 식중독을 분류할 때 감염형은 식품에 증식된 다량의 균이 침입하여 다량의 분비물과 사체를 발생시키는 것이며, 독소형은 식품에 오염된 균이 증식하면서 생성하는 독소에 의해 일어난다. 따라서 식품에 세균이 증식하여 선도가 떨어지면 영양가도 없고 독만 되는 것이다.

쉬어가는 페이지

세균은 눈에 보이지 않는 미미한 생명이다. 맨눈으로는 볼 수 없지만 현미경으로 500배쯤 확대하면 보이는 단세포 생명이다. 일반적인 세균의 몸은 아래와 같이 구성되어 있다.

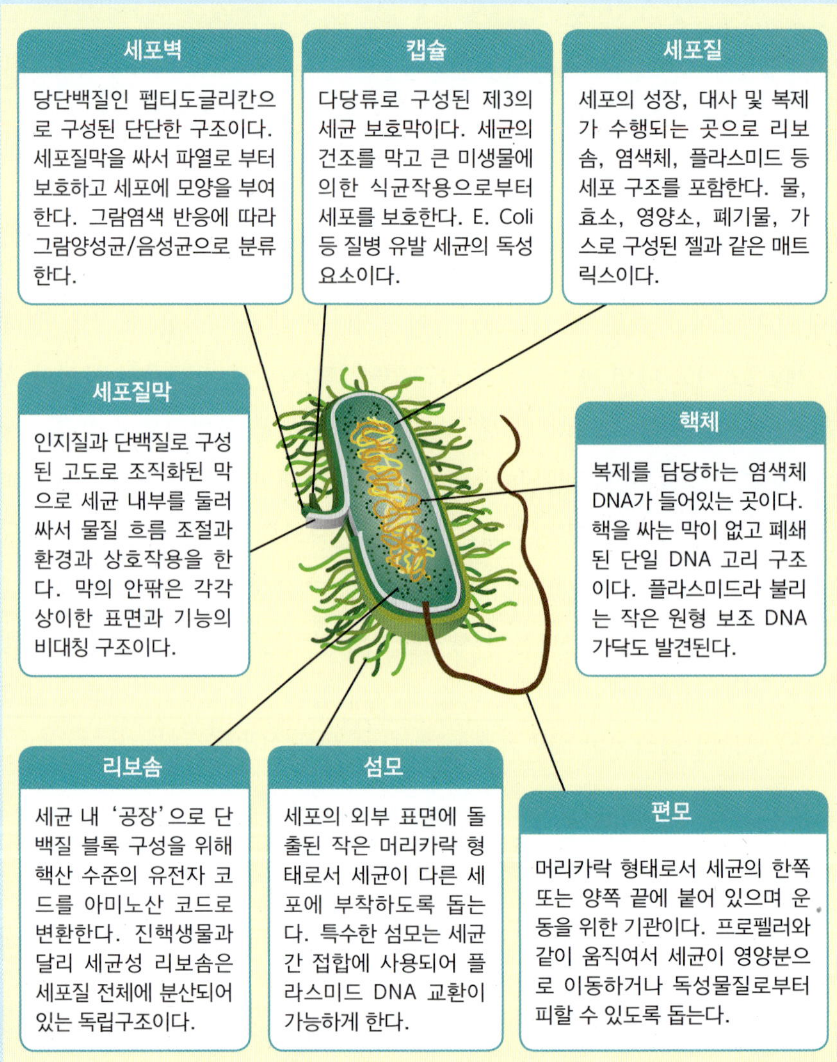

세균의 구조

생명의 계통발생 분류

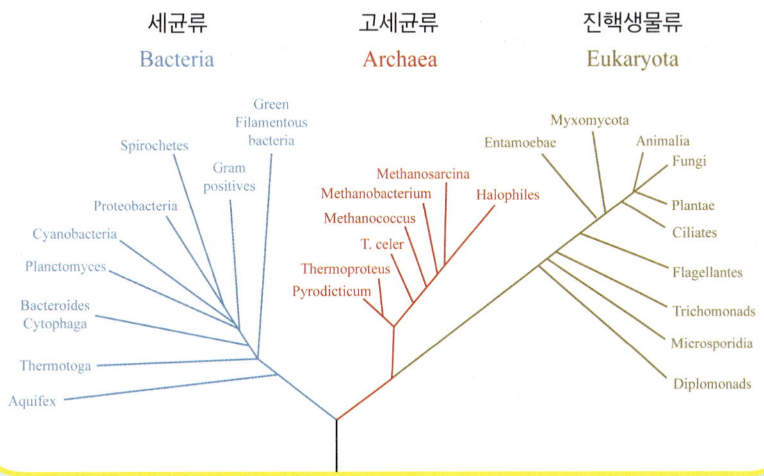

최근 자료에 의하면 체중 100Kg 남성의 신체는 약 30~40조 개의 세포로 이루어져 있으며 중량으로는 약 200g에 불과하나 38조 개에 달하는 세균이 인체에 함께 존재한다고 추정하였다. 진화생물학자의 계통발생론에 따르면 유기체는 세포단계에서 볼 때 고세균류(Archaea), 세균류(Bacteria), 진핵생물류(Eukaryota)의 세 종류로 구분할 수 있다. 인간을 포함하는 다세포동물, 단세포 동물, 남조류를 제외한 식물, 및 진핵균류가 진핵생물류에 해당된다. 고세균류와 세균류는 원핵생물류(Prokaryota)를 구성하는 두 영역으로서 공통적으로 단일 세포로 구성된 유기체이다. 원핵생물은 잘 정의된 핵과 세포막에 결합된 기관이 없으며 하나의 폐쇄된 DNA 고리로 구성된 염색체를 가지고 있다. 고세균류는 박테리아보다 더 오래된 것으로 추정되는데 주로 고열, 고염, 유황분출 화산, 산성수, 남극 빙하 등 극한의 환경에서만 서식하는 작은 원핵생물로서 약 40억 년 전에 공통조상에서 세균류와 분리되어 진화하였을 것으로 설명되기도 한다.

단일세포의 진화에 따른 인간의 탄생 개념도

그동안 과학계는 인간의 기원에 대하여 다양한 추정을 내놓았는데 지구상에 존재하는 모든 생물의 종은 35억 년 전에 출현한 단세포 생물에서 진화하였다고도 하며, 세균과 고세균의 피상적인 유사성에도 불구하고 진핵생물이 고세균류에서 분화되었을 가능성과 고세균류의 한 종류로서의 진핵생물의 출현을 설명하기도 하였다. 과학계의 추론을 종합해 보면 우리 몸의 세포도 35억 년 전에는 세균처럼 단세포에서 시작하였을 것으로 추정되며 어떤 것은 독자적으로 진화하고 어떤 것은 집단을 이루고 기능을 나누어 진화하여 현재의 인간과 같은 복잡한 유기체로 발전하였을 것으로 보인다. 인체는 수많은 세균의 거주지로서 인간의 삶은 매 순간 세균과 공유하고 있다고 해도 과언이 아니며 세균류는 지구상에서 인간의 삶에 필수적으로 연결되어왔다. 혈액응고인자인 비타민 K 합성에 관여하거나 각종 발효에 관여하는 등 인간에게 유익한 균, 충치나 흑사병, 각종 식중독을 유발하는 유해균, 아직 그 유익성과 무익성이 규명되지 않은 균 등 그 존재와 규모는 과학계가 추정할 뿐 아직 정확한 사실은 완전히 알려지지 않았다. 이처럼 세균이 인류의 건강과 관련한 중요한 열쇠가 될 것임을 잠정적으로 믿고 있으나 과학계가 아직 온전히 풀어내지 못한 거대한 과제임엔 틀림없다.

출처: 두산백과, 정담 편집부(2013), Harvard university: National Geographic Society(2014), medicalnewstoday(2017), https://micro.magnet.fsu.edu

생명체의 특징은 신진대사하고 증식하는 것이고 우리는 각자 부모가 증식한 증거이자 결과물이다. 세균은 습기가 없는 곳에서는 증식하지 못하고 습기가 있으면 어디든지 증식하는 습생적 특성을 지녔다. 쉽게 설명하자면, 습생은 짝짓기 없이 증식이 가능한데 생물학적 용어로는 이를 무성생식이라고 말한다. 무성생식이란 식품 등 환경이 적절하면 몸집을 키웠다 두 개로 나누어지고, 또 다시 몸집을 키워 나누어지는 것을 반복하는 것이다([그림 1-3] 참조). 마치 환경 좋고 돈벌이 좋은 곳에서는 모여서 북적거리며 살고, 먹을 것도 귀하고 환경이 좋지 못한 곳에는 정말 단단한 사람들 소수가 살아가듯이 세균도 좋은 환경이 제공될 때 분열하며 살아가는 것이다. 재미있는 사실은 일부 극단적인 환경에서 생존하는 미생물을 제외한 대부분의 세균이 증식하기 좋은 조건은 사람이 살기에도 좋은 조건이라는 것이다.

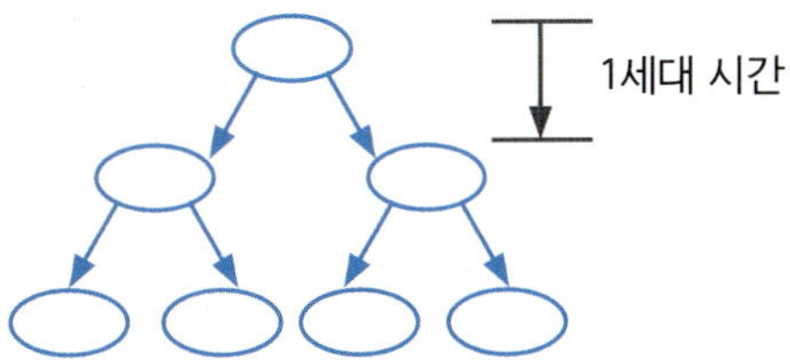

[그림 1-3] 이분법에 의한 세균의 증식

출처: 이병철 외(2014)

쉬어가는 페이지

꼬마가 정원에서 놀고 있고 큰 개가 지켜보고 있다. 저 정원에는 아이와 개, 꽃창포, 천리향 등이 보인다. 꽃창포가 핀 연못에는 금붕어가 나니고 꽃이 고우니 벌도 있을 것이다. 우리는 이 모든 생명체를 동물과 식물로 분류한다. 모든 동물과 식물은 공통점이 있는데 그 몸체가 "지수화풍(地水火風)" 4개 요소(이하 4대)로 구성되어 있다는 점이다. 地는 근육을 이루고, 水는 땀, 눈물, 콧물, 소화액 등을 만들며, 火는 열을 내어 체온을 유지하고, 風은

몸을 움직이게 하는 기운이다. 이것을 원소에 비유하자면 地=질소(N), 水=수소(H), 火=탄소(C), 風=산소(O)로 풀어낼 수 있다. 또한 지수화풍을 영양소에 비유하자면 地=단백질, 水=지방, 火=탄수화물 그리고 風=비타민으로 풀어볼 수도 있다. 다소 비약적이라 논란의 여지는 있겠으나 네 종류의 영양소를 구성하는 최소 단위인 아미노산, 지방산, 포도당, 각종 비타민의 분자 구성을 확인해 보면 해당 원소가 더 많이 들어 있는 것을 볼 수 있으니 궤변이라 부르기에는 그럴듯한 면이 없지 않다. 가령, 비타민의 기능은 에너지를 얻기 위해 영양소의 탄소를 태우는 불쏘시개의 역할을 하는데, 호흡으로 마신 공기의 산소가 비타민과 결합하여 그 기능을 하는 것으로 유추할 수 있다. 따라서 체내에 산소 공급이 중단되면 산소를 많이 소모하는 곳, 즉 칼로리 소비가 많이 요구되는 뇌부터 손상이 오게 된다.

사람이 地水火風 4대로 구성되어 있다는 생각은 서양에서도 있었다. 성경의 창세기 편에 의하면 창조주가 흙을 구어 인간을 만들었다고 한다. 흙과 그 반죽을 위한 물, 굽기 위한 불, 마지막엔 호흡으로 생명을 불어넣어 주었으니 바람이다. 뤽 베송이 감독하고 브루스 윌리스가 주연한 프랑스 영화 「제5원소」에 지구로 향해 오는 거대한 행성을 막아내는 에너지가 흙, 물, 불과 바람을 합치고 사랑을 더하니 지구의 파멸을 막아낸다는 내용이다. 이 감독이 그 아이디어를 성경에서 힌트를 얻었는지 동양에서 가져왔는지 모르겠으나 영화는 흥행을 이루어냈고 사람들에게 생각거리를 남겨 주었다.

현대인의 비만, 특히 아동과 청소년의 비만을 언급할 때 단순당의 과잉 섭취로 인한 잉여 에너지가 지방으로 전환되어 비만이 된다는 말이 자주 등장한다. 또한 근육과 달리 '물살'이라고 부르는 체지방에 대한 감소 방안이 결국 비만의 해소와 같은 맥락으로 풀어진다. 위에서 지방을 수소(H) 원소와 물(水)에 비유한 부분은 우리가 물살이라고 부르는 것과 연관하여 생각해 볼 만한 내용이다. 즉 탄수화물은 주로 에너지원으로 쓰이는데 에너지를 만드는데 사용하는 산소와 탄소를 빼고 나면 수소가 많이 남으니 체지방으로 형성될 때 물이 포함되는 이유로 설명될 수 있다. 물론 복잡한 인체의 신비와 관련된 영양학을 이렇게 단순한 원리로 설명하는 오만을 범하고자 하는 것이 아니라 내가 먹는 식품이 곧 내 몸을 만들고 내 몸이 곧 내 운명을 만드는 것이니, 식품 관련 직업에 종사하는 우리는 알게 모르게 남의 운명에 관여할 만큼 중요한 일을 하고 있다는 것을 다시 한번 새겨보자는 취지이다. 모든 것을 넘어서서 다양한 식품군을 골고루 적당량 먹는 것이 동서고금에 두루 통하는 건강 지침임에는 이견이 있을 수 없는 것이다.

▶ HACCP의 태동은 패러다임의 전환이다. 귀납적 사고를 바탕으로 하는 이하적 접근법으로는 HACCP을 이해하기 어렵다. 하나의 현상을 다른 방법으로 풀어내려는 시도, 즉 패러다임의 변화가 중요하다(자료 제시 의도).

* 위에서 언급한 지수화풍과 관련된 내용은 주역, 한의학, 현대 영양학 등을 두루 공부한 재야 학자로부터 들은 얘기의 요약임

2. 세균의 증식 요건

앞에서 식품위생은 대부분 세균과의 전쟁이라고 하였다. 따라서 식품위생을 잘하기 위해서는 세균과의 전쟁에서 이기기 방법을 알고 실천해야 한다. 세균은 조건만 좋으면 증식하는 생명체이므로 증식하기 좋은 조건이 무엇인지 알아 그것을 거꾸로 하면 증식을 막을 수 있다. 즉 세균의 증식에 관한 모든 조건이 식품위생의 핵심 이론이 된다. 세균을 포함한 미생물의 생존 요소는 [그림 1-4]에 나타낸 바와 같이 식품, 산도, 온도, 시간, 산소, 수분의 여섯 가지로 압축된다.

F: Food
A: Acidity
T: Temperature
T: Time
O: Oxygen
M: Moisture

[그림 1-4] 세균의 증식요건(FATTOM)

1) Food(식품)

모든 생명체가 살아가는 것은 결국 먹는 일이다. 세균도 먹어야 산다. 그렇다면 세균은 무엇을 먹을까? 사람이 먹는 것을 먹는다. 축산물, 수산물, 채소 등 못 먹는 것이 거의 없고 사람이 소화하기 힘든 식품은 세균도 잘 먹지 못한다. 사람도 개인 취향에 따라 혹은 몸 상태에 따라 입맛이 다르듯 세균도 종류별로 선호하는 식품에 차이가 난다. 우리가 섭취한 식품이 영양소가 되어 쓰이는 곳의 종착점이 각 세포이고, 세포는 영양소를 이용하여 새로운 세포를 만들거나 에너지를 얻고 면역력을 유지하여 세포 속의 DNA를 외부의 침입자인 세균이나 바이러스로부터 보호하는 역할을 한다. 그래서 어린이나 젊은이는 성장을 위해 세포분열을 많이 해야 하니 세포의 주 구성성분인 단백질이 많이 든 고기를 좋아한다. 노인도 고기를 포함한 단백질 급원을 적당히 섭취해야 세포의 재생력을 높여 건강을 유지할 수 있다.

물론 소는 풀만 먹어도 쇠고기를 만드는데 채소나 밥에도 소량이지만 단백질이 함유되어 있기 때문이다. 사람이 소처럼 다량의 풀을 섭취할 수 없으니 양질의 동물성 단백질을 섭취해야 하는 이유가 일부 설명이 되는 것이다. 사람이 좋아하는 식품은 먹기 좋게 잘 가공된 식품이다. 식이섬유가 풍부한 거친 식품이 몸에 좋다고는 하나 먹기 힘든 것이 사실이며 세균도 거친 식품은 싫어한다.

거친 식품이란 덜 가공되었거나 섬유질이 풍부한 식품이다. 결론적으로 말해 세균이 좋아하는 먹기 좋은 식품은 잘 부패하는 성질을 가진 식품이다. 이들을 고위험 식품이라고 부르며 식품위생에서 중점적으로 관리해야 할 식품도 당연히 고위험 식품이다.

고위험 식품의 종류

1) 고단백 식품: 쇠고기, 돼지고기, 닭고기, 오리고기, 생선, 오징어, 우유 등
2) 먹기 좋게 가공된 식품: 삶은(데친) 야채, 밥 등
3) 고단백이고 먹기 좋게 가공된 식품: 삶은 콩, 두부 등

출처: 이병철 외(2014)

2) Acidity(산도: pH)

산도(pH)란 물질이 가지는 산의 세기를 말한다. 식품의 산도(pH)는 미생물이 증식하는 데 있어 중요한 요소로서, 산과 알칼리의 정도에 따라 0부터 14까지의 범위로 존재한다. 0은 가장 강한 산, 14는 가장 강한 알칼리, 당연히 7은 중성이다. 모든 영양분이 충족되어도 식품의 산도가 적합하지 않으면 미생물의 증식이

억제되고 생존이 불가능해진다. 생명체는 대체로 중성을 선호한다. 왜냐하면 자연계는 오랜 세월을 중성을 유지해 왔기 때문에 중성에서 살기 좋게 진화한 것이다. 세균도 pH 6.6~7.5 사이의 중성을 대체로 좋아한다. 그러나 호산균과 호염균과 같이 중성을 벗어난 산도를 선호하는 세균도 있다. 가령, 유산균은 약산성에서도 잘 자라는 호산균이며, 비브리오균은 pH 8 이상의 해수에서 잘 자라는 호염균이다. 식품의 변질과 부패에 관여하는 대부분의 세균은 높은 산도(pH 4 이하)에서 증식이 어렵다. 식초에 절인 오이피클이나 김치의 저장성이 좋은 것은 발효 중에 생성된 유기산에 의해 pH가 낮기 때문이다.

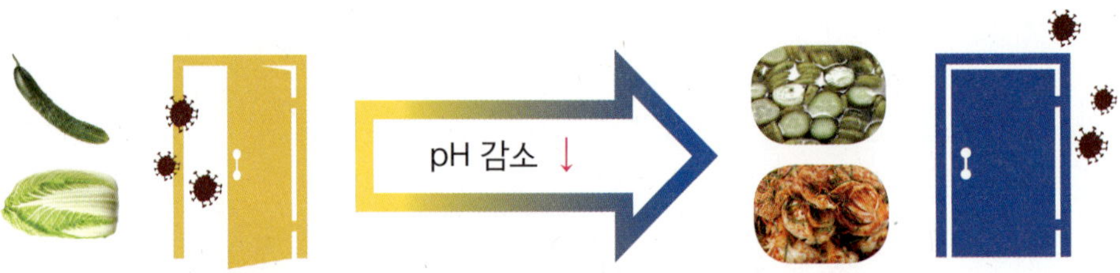

또한 도축장에서 초산이나 젖산 용액에 지육을 수세하는 공정을 거치면 총균수를 떨어뜨려 도움이 되는데 미생물의 생육 조건 중 산도를 활용한 예이다. 그러나 산도가 높은 발효식품임에도 불구하고 곰팡이가 번식하여 식품을 변질시키는 이유는 세균과 달리 곰팡이는 pH 5~9, 효모는 pH 2~9 범위에서 생육이 가능하기 때문이다. 신선한 육류나 우유 등 대부분의 자연식품의 액성은 중성에 가까운 산도를 가지므로 부패 세균의 먹잇감이 되기 쉬운 것이고 따라서 주의를 요하는 것이다. 일부 식품의 pH를 [그림 1-5]에 나타내었다. 증류수의 pH는 7로서 중성의 대표적인 물질이며 라임, 피클, 식초는 pH는 2로서 강한 산성이고 쇠고기, 양고기, 돼지고기 등의 육류는 pH 5 정도로 약산성에 해당한다. 탄산음료 및 과자류는 pH 8.5의 약 알칼리성이며 달걀의 대표적인 단백질인 알부민은 pH 9이다. 이 중 세균의 증식이 가능하거나 선호하는 pH 범위인 4.6~7.5의 산도를 가진 식품은 취급 시 주의를 요한다.

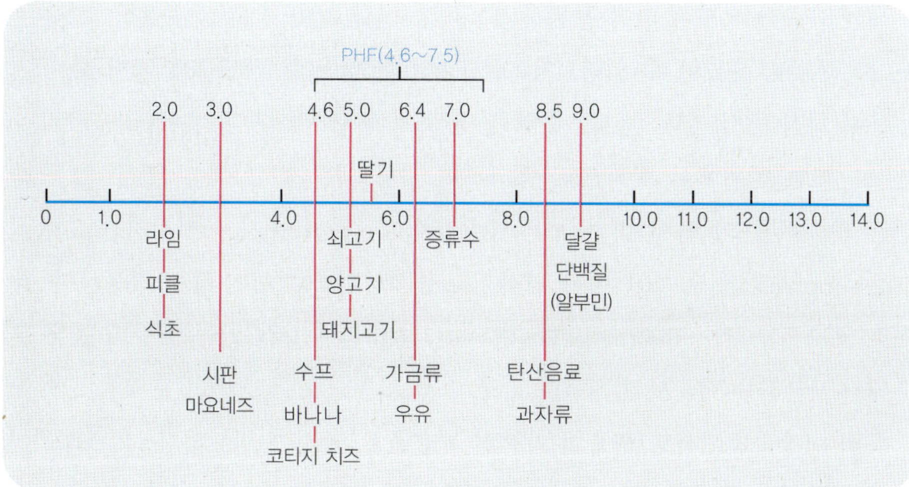

[그림 1-5] 일부 식품의 pH

출처: 배현주 외(2012)

3) Temperature(온도)

우리나라 사람은 통상 23~25℃ 정도의 온도에서 가장 편안함을 느끼고 야외 활동도 왕성해진다. 그런데 이 온도는 사람의 평균 체온 36.5℃를 유지하기에 가장 좋은 온도이다. 체온이 38℃를 넘으면 고통스럽고, 39℃를 넘으면 심각해진다. 그런데 이 온도는 심장 가까운 곳에서 측정한 것이고, 손이나 발 등 심장과 떨어진 부위는 조금 낮다. 한편 외부 온도가 30℃를 넘으면 한국에서는 적정 체온을 유지하기가 힘들어 고통스러워지며 외부 온도가 체온을 넘어서면 위험해질 수 있으니 생존을 위해서는 체온을 낮추는 일이 최우선이다. 체온이 40℃가 넘으면 신체의 장기가 손상되고 해당 장기의 세포가 사멸하게 된다. 우리가 춥다 덥다 하는 것은 결국 피부의 세포가 외부와 접촉한 것을 뇌가 판단한 것이니 피부의 세포는 센서이며 뇌는 모니터이다.

그런데 세균은 인간보다 훨씬 오래 전부터 자연계에서 적응해 왔으므로 100℃ 가까운 온천수 같은 환경에서 생존할 수 있는 세균, 5℃ 정도의 저온에서 활발히 활동하는 세균 등이 출현하였다.

세균을 증식 온도에 따라 분류하면 [그림 1-6]과 같이 저온균, 중온균, 고온균, 초고온균으로 분류할 수 있다. 저온균(Psychrophiles)은 −5~20℃에서 증식 가능하며(최적 증식: 15℃ 정도) 주로 심해 등지에 서식한다. 중온균(Mesophiles)은 20~45℃ 범위에서 최적으로 증식하며 사람 체온(37℃)에서 알 수 있듯 병원균 및 대부분의 인체 내 세균은 중온균이다. 온천 등지에 서식하는 고온균(Thermophiles)은 50~60℃에서 최적으로 증식하며 80℃까지 증식 가능하다. 끝으로 초고온균(Hyperthermophiles)은 80~110℃에서 증식 가능하며 더 높은 온도에서 생존하는 세균도 존재한다.

특히 냉장상태에서도 생육이 가능한 저온균은 주의가 필요하다. 리스테리아는 식육업체의 환경에서 분리되어 식중독을 일으키기도 하였고 면역이 약한 숙주에게 뇌막염을 일으키기도 한 저온균으로 5℃ 이하에서도 생육이 가능하며 이밖에 여시니아균과 캠필로박터균도 저온균으로 알려져 있다. 통상적으로 식중독을 예방하기 위해서는 식품 생산 공정이 위험온도 범위인 5~60℃에 식품이 최단 시간 동안 노출되도록 해야 한다.

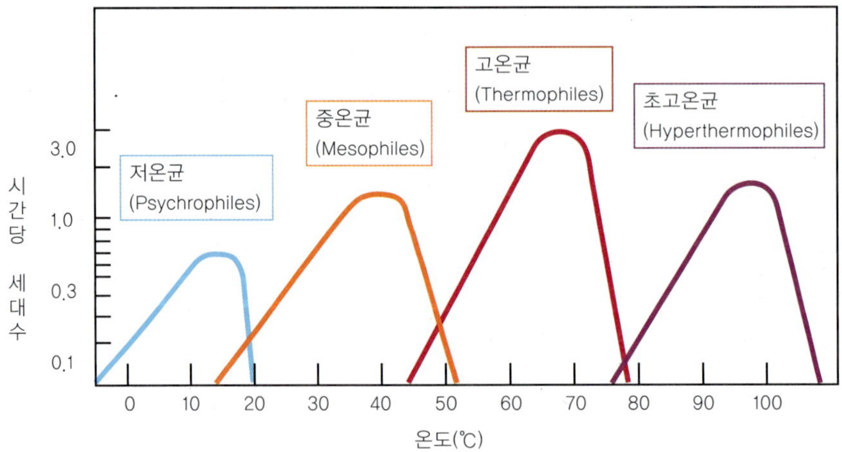

[그림 1-6] 증식 온도에 따른 세균의 분류

출처: 이정훈 외(2016), 내용 일부 수정

쉬어가는 페이지

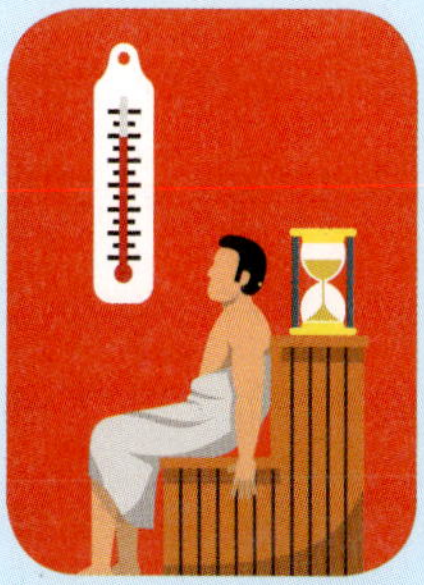

사람이 살기에 좋은 온도는 미생물이 생육하기에도 대체로 좋은 온도이다. 세균을 포함한 대부분의 미생물은 통상 우리의 체온과 유사한 37℃ 부근(37±2℃)을 가장 좋아하므로 이 온도대에서 가장 빨리 증식한다. 온도가 더 높아지면 활동력이 떨어지다 사멸하는데 이를 사우나에 비유하면 이해가 쉬울 것이다. 가령 사우나실 내부 온도가 60℃ 정도 되면 30분도 버티지만, 70℃에서는 10분 정도, 80℃가 넘으면 겨우 몇 분 정도 있다 나오는데, 물론 이때 사우나 온도는 사람의 체감온도가 아니며, 땀을 흘려 온도를 조절하는 것이다. 세균은 60℃ 정도에서는 대략 30분, 70℃에서는 약 3~4분, 80℃가 넘으면 몇 초만에 사멸하게 된다. 그 이유는 아마도 세균이 인간 세포에 비하여 열에 약해서가 아니라, 사람과 같이 피부의 체온 유지 기능이나 땀을 흘려서 온도를 조절하는 기능이 없기 때문일 것이다.

저온균을 제외한 세균은 대체로 10℃ 이하에서는 활동력이 현저히 떨어지고 냉장상태에서는 세균이 서서히 증식하므로 식품의 단기보관이 가능하다. 온도를 계속 떨어뜨려서 식품의 온도가 -2℃ 이하로 내려가면 식품 내부의 자유수가 얼면서 세균이 수분을 사용할 수 없으므로 생존은 가능하나 증식은 할 수 없게 된다. 따라서 식품의 장기보관을 위해서는 냉동하여야 한다.

냉동은 식품의 자유수가 얼음 형태이면서 품온이 -18℃ 이하로 유지된 상태이고, 동결은 식품을 냉동 상태로 만드는 조작이다. 대부분의 식품 중에 존재하는 수분은 -1~-2℃에서 얼음결정이 생성된다. 이때 20분 이내에 품온이 -2℃까지 떨어져야 제품의 품질을 저하시키지 않는다. 신속하게 동결할수록 자유수의 결정이 작아져서 해동 시에 세포막 손상을 막을 수 있어 품질 저하가 방지되는 것이다. 공업용 냉동고가 아닌 일반 가정용 냉동고로 냉동을 하게 되면 자유수가 천천히 얼게 되므로 그 결정이 커져서 해동 시 세포막을 많이 손상시키게 되고 식품의 품질 저하 또한 쉬워진다.

해동은 동결된 식품의 자유수를 녹여서 식품을 이용할 수 있는 상태로 돌리는 조작이다. 해동의 핵심기술은 자유수의 얼음결정이 식품의 세포막 손상을 최소화하는 것이다. 같은 조건의 냉동물이면 가능한 한 낮은 온도에서 진행함으로써 미생물 증식은 막고 세포막 손상을 최소화해야 한다. 중요한 것은 냉이 빠져 나가고 자유수 결정이 녹아야 하므로 0℃가 가장 좋으나 이런 경우 시간이 너무 많이 걸리므로 통상 피부가 손상된(절단된) 축산물은 냉장 상태에서, 피부가 손상되지 않은 수산물 같은 경우는 10℃ 정도에서 해동하면 적절하다.

해동 시 추가로 고려할 사항은 해동과 함께 숙성도 이루어져야 한다는 점이다. 사후에 바로 동결된 제품은 미생물 증식을 최소화함으로써 선도 유지에는 도움이 되지만 사후 경직으로 인해 육질이 질겨지는 단점이 있다. 따라서 가능한 한 천천히 해동하면 해동 중 사후 경직이 풀리는 숙성이 이루어지게 되어 제품의 맛이 좋아진다.

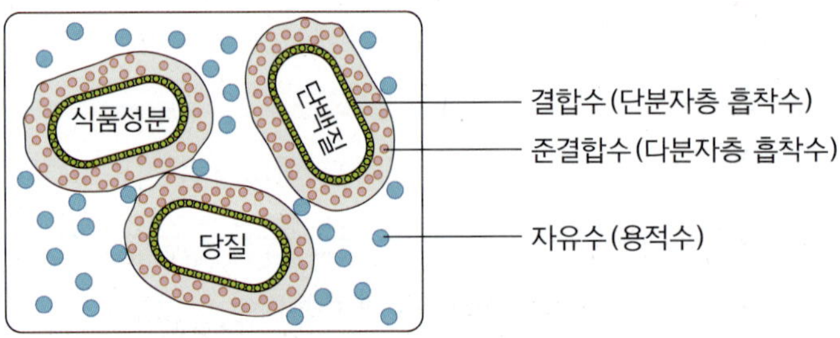

아래의 두 사례는 해동과 관련하여 참고가 될 만하다.

① 냉동 수산물을 해동조에 담아 온수를 분무하고 회전시키면서 20분 내로 해동한 결과, 수산물의 맛이 현격하게 떨어져 그 장비를 쓰지 못하게 되었다.

▶▶ 높은 해동 온도로 인하여 품질 열화가 진행되었으므로 수산물 해동수의 온도 준수가 중요하다.

② A호텔에서 질 좋은 쇠고기를 냉동으로 구매하여 0℃ 정도의 냉장고에서 5~7일간 천천히 해동한 결과 원육의 품질을 거의 손상하지 않으면서 숙성이 이루어졌고 육회로서 공급이 가능하였다.

▶▶ 조리한 육고기가 질기고 맛이 떨어지는 이유는 대부분 잘못된 해동에 그 원인이 있으므로 과학적인 해동이 중요하다.

쉬어가는 페이지

생채소는 잘 쉬지 않지만 그에 비해 삶거나 데친 채소는 금방 쉬어 버린다. 생채소는 껍질이 세균의 침투를 막으니 세균이 이를 먹을 수 없어 쉬어지지 않는 것이고 삶거나 데친 채소는 껍질이 파손되어 세균이 쉽게 침투할 수 있다. 쉬운 예로 조리를 하다가 화상을 입으면 화상 부위에 얼음이나 흐르는 물을 접촉시켜 열기를 뽑아낸 뒤 이차 감염을 예방해야 하는데, 이차 감염이란 벗겨진 피부로 인해 세균에 감염되는 것을 말한다. 따라서 소독과 항균 성분의 연고를 바르고 피부 역할을 대신하도록 거즈 등을 붙여주는 것이다.

4) Time(시간)

세균은 세대 시간이 짧아서 조건만 좋으면 15~20분이면 이분법으로 증식을 하므로 앞에서 언급한 위험 온도 범위(5~60℃)에 식품을 두거나 부득이하게 이 온도 범위를 통과해야 할 때는 가능한 신속하게 처리해야 한다. 무성 이분열 번식이니 1마리가 대략 20분 후에 2마리로, 40분 후에 4마리로, 60분 후에 8마리로 증식하여 2시간 후는 64마리가 된다. 즉 좋은 조건에서 1시간이면 8배, 2시간이면 64배로 증식한다는 말이니, 한여름에 생선이나 육류를 1~2시간 동안 실온에 방치하면 부패가 시작되기에 충분한 시간이라는 의미이다([그림 1-7] 참조).

축산물이나 수산물은 고단백 식품으로서 대표적인 고위험 식품이다. 그런데 냉장제품보다 냉동제품의 식중독 사고의 위험이 더 높다. 그 이유는 냉장식품은 선도가 떨어지면 표시가 나지만 냉동물은 선도를 알기가 어렵기 때문이다. 통상 식품의 세균 수 한계는 1g당 10^6인데 이를 넘어가면 부패의 징후인 변색이나 진물 흐름 혹은 악취가 발생하기 시작한다. 그런데 제품의 균수가 10^2인 것이나 10^6인 것이나 냉동된 상태에서는 외관상 별 차이가 없음을 알아야 한다. 후자의 경우는 소비자가 취급 시 바로 부패로 진행된다. 따라서 고위험 식품은 작업을 신속히 진행하는 것이 매우 중요하다. 냉동제품인 경우는 동결고 입고까지, 냉장제품인 경우는 냉장고 입고까지를 신속하게 진행하여야 한다.

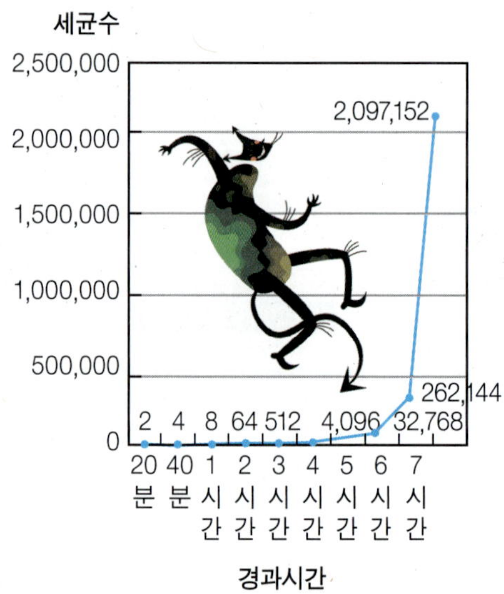

[그림 1-7] 시간에 따른 세균수 증가

출처: 양일선 외(2016)

읽어 보기

다음은 고위험 식품인 축산물이나 수산물 가공 시 작업 시간이 길어져 제품의 선도가 떨어진 사례들인데 시간이 미생물 증식에 미치는 영향을 잘 이해할 수 있다.

① 도축 중 내장이 적출되었고 내장이 파손된 제품을 처리하느라 다음 작업이 지연됨
② 다량의 수산물을 한꺼번에 작업대에 쌓아 놓고 작업함으로써 작업 시간이 길어짐
③ 오전에 작업 중이던 제품을 점심시간 동안 작업대에 쌓아두고 방치함
④ 동결 대차가 너무 커서 동결을 위해 동결 대차에 적재하는 시간이 20분을 초과함

출처: 위 사례를 경험한 식품업체 경영자 및 품질 팀장 인터뷰

쉬어가는 페이지

울릉도 오여사가 품고 있는 비장의 무기

우리나라에서 휴대폰이 가장 먼저 대중화된 곳이 울릉도이다. 1998년쯤 울릉도를 방문한 지인이 들려준 이야기이다. 아직 육지에서는 일부 사람만 사용하는 고가의 휴대폰이 이곳에서는 거의 모든 성인이 다 사용하고 있었다. 울릉도 여인들은 품에 칼을 품고 휴대폰을 지참하고 생활하였다. 그러다 오징어배가 입항한다는 연락이 오면 가장 빠른 시간에 달려가 날렵한 솜씨로 칼질을 하는 것이다. 이렇게 울릉도 여인의 손끝에서 신속하게 처리된 오징어는 바람 잘 통하고 햇볕 좋은 곳에서 건조하여 국민들의 반찬거리, 술안주로 변신하는 것이다.

5) Oxygen(산소)

사람은 산소가 없으면 결코 생존할 수 없으나 세균은 산소에 따라 생존 여부가 몇 가지로 구분된다. 호기성 세균은 산소가 있어야 증식 가능한 균이고, 혐기성 세균은 산소가 없어야 증식 가능한 세균이다. 통성혐기성 세균은 산소의 유무에 상관없이 증식이 가능한 세균이다. 우리가 식품위생의 대상으로 상대해야 할 대부분의 세균은 호기성이므로 산소를 차단하면 증식이 억제되어 유통기간이 늘어난다. 참고로 곰팡이는 대체로 호기성으로 산소가 없으면 생존이 불가능하지만, 산소가 없는 조건에서는 포자 상태를 유지하며 생존이 가능하다. 식품개발에서 포장의 핵심 기술은 바로 산소의 차단에 있다. 탈기하여 진공 상태로 만든 진공포장에서도 실제로는 얇은 몇 겹의 포장지 사이로 미세한 공기 흐름이 생기므로 완벽한 산소 차단은 되지 못하며, 이러한 포장 기술에 의해 유통기간을 좀 더 늘리는 효과가 있는 것이다. 진공 포장에 비해 일부 산소를 이산화탄소나 질소 가스로 대체한 가스치환포장(MAP)이 훨씬 효과적이라고 알려져 았다.

장기간 보관에 있어 최적의 포장공정은 제품을 통조림으로 가공하는 것이다. 통조림으로 가공하면 진공을 완벽히 함으로써 산소 유입을 완벽히 차단할 수 있다. 그런데 통조림은 혐기성균이 문제가 될 수 있는데 대표적인 원인균은 클로스트리디움 보툴리눔균과 같은 편성혐기성 세균으로 완벽한 진공 상태가 보장되는 통조림에서 증식이 가능하기 때문이다. 클로스트리디움 보툴리눔균은 독성이 매우 강하기도 하지만 아포를 형성하는 균이므로 특별히 주의를 요한다. 아포란 아포를 형성할 수 있는 세균이 생존조건이 어려워질 경우에 조건이 좋아질 때까지 버티기 위해 몸이 필요로 하는 에너지를 최소화해서 보호막인 아포를 쓰는 것을 말한다. 아포가 형성되면 소독제를 처리해도 사멸되지 않고 120℃ 고온에서도 10여 분 동안은 사멸되지 않는다. 병조림이나 통조림을 제조할 때 불충분한 열처리로 인해 클로스트리디움 보툴리눔균 같은 혐기성균이 사멸하지 않고 잔존하면 산소가 있는 상태에서는 아포의 형태로 연명만하고 있다가 조건이 좋아지면 발아하여 분열 증식하여 식중독을 유발하는 것이다. 따라서 통조림 제조는 고압 멸균이 필수이다. 참고로 식중독 유발균 중 아포를 형성할 수 있는 균은 클로스트리디움균과 바실러스균이다.

쉬어가는 페이지

일반적인 기압상태에서는 물을 100℃까지만 온도를 올릴 수 있으나 고압에서는 120℃까지 온도를 올릴 수 있다. 고압멸균이란 통상 120℃에서 20분 정도로 멸균하는 것을 말한다. 고압멸균의 특성이 이러하다 보니 통조림 식품에서 좋은 영양이나 맛을 기대하기가 어렵고 과거만큼 통조림 식품을 선호하지 않는 것이다.

과학은 주로 전쟁을 거치면서 급속히 발전한다. 퓰리처상을 수상한 세계적 석학 재레드 다이아몬드(Jared M. Diamond)의 역작 『총 균 쇠』는 인류의 문명이 만들어지는 과정을 제목의 세 가지로 간단명료하게 설명하고 있다. 거의 전쟁에 관련된 내용들이다. 많은 식품이 그러하듯이 통조림도 전쟁을 통해 개발되었다. 그도 그럴 것이 일상생활에서는 제철에 나는 신선한 식품을 사용하면 되므로 장기간 보관하는 식품이 절실히 요구될 리가 없다.

| 나폴레옹
[알프스를 넘는 나폴레옹]
1800~1081, 자크 루이 다비드

| 니콜라 아페르
[니콜라 아페르의 초상화]
1841

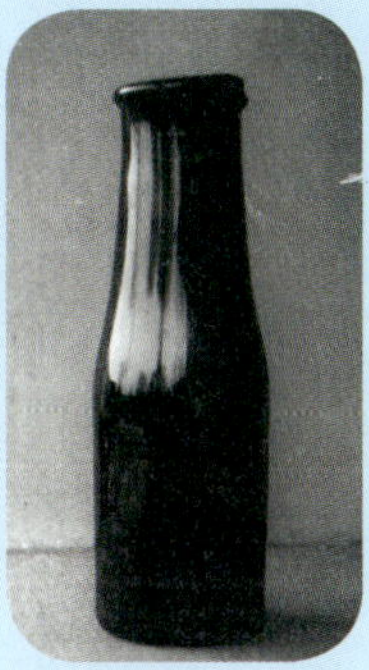

| 병통조림

나폴레옹 시대 프랑스인 N. 아페르에 의해 식품의 장기보관 방법으로 최초로 발명되었던 병 통조림에 영감을 받아 영국의 함석 기술자 피터 듀란드가 1810년에 캔 통조림을 개발한 것을 계기로 캔 통조림은 제1차 세계대전을 거치면서 활발히 보급되었다. 영화를 보면 서로 트렌치(참호)를 파고 대치하고 있는데 고개만 들면 저격수의 탄환이 날아오는 상황에서 트렌치에서 먹고 자며 지내는 병사들이 무슨 얘기를 나누었을까? 그들의 공통된 대화는 아마도 음식이었으리라. 가장 먹고 싶은 음식, 엄마가 해주셨던 비프스테이크 등등. 그 병사들에게 비프스테이크를 트렌치에서 먹을 수 있게 해 준 것이 바로 통조림이다.

| 부산 부평시장

부산의 부평시장에는 깡통시장이 유명하다. 그 유래는 미군부대에서 흘러나왔거나 선원들이 가져온 통조림 식품을 판매하던 것에서 이름이 유래되었다. 통조림이 진귀한 식품으로 취급되던 시절이 불과 몇 십 년 전의 이야기인 것이다. 참고로 트렌치에서 입은 채로 자면서 체온을 유지해 주던 그 옷은 옷깃을 여밀 수 있고 무릎까지 내려오는 코트였는데 후에 어느 디자이너가 이 군복을 모티브로 디자인한 옷을 트렌치코트라 이름 붙였다. HACCP의 선행요건프로그램에서 다루게 되는 트렌치(배수구)는 식품 작업장의 위생 관리에서 가장 중요한 기능을 한다.

출처: 재레드 다이아몬드(2005), 해군장교 출신 HACCP 컨설팅 전문가 인터뷰

곰국을 저어가면서 식혔던 한국인의 지혜

통조림을 만들지 않았던 우리 선조들도 클로스트리디움 보툴리눔균에 의한 식중독 사고를 경험했던 것인지 곰국을 끓이고 나면 저어가면서 식힌다. 곰국을 끓일 때 아래 부분에서는 진공이 형성되니 아포형성균은 아포를 벗고 증식할 수 있는 상태로 변한다. 그 후 냉각하는 동안 증식하고 이 균의 대사산물로 독소를 생산한다. 그러나 저어 주면서 산소가 곰국의 전체에 유입되게 하면 클로스트리디움 보툴리눔균은 증식할 수 없다. 요즘은 단백질 성분이 들어가고 팔팔 끓이는 식품은 강제 냉각을 신속히 함으로써 보툴리눔균이 증식할 시간을 주지 않는다. 이 균은 60~80℃ 사이에서 활발히 증식하니 이 온도 범위를 신속히 통과해야 한다.

출처: 이병철 외(2014)

6) Moisture(수분)

옛사람들은 습기만 차면 썩거나 곰팡이가 피니 그것이 무엇이든 생명을 지닌 것이라 보고 습생(濕生)이라 했다. 정말 대단한 혜안이라 아니할 수 없다. 우주 천문학자들이 지구 밖의 생명을 찾을 때 가장 먼저 하는 것이 수분의 징후를 확인하는 것이다. 그래서 2600년 전 그리스의 철학자 탈레스는 물 없이는 생명이 살 수 없으니 만물의 근원은 물이라고 했다. 인체의 구성성분 중 70% 정도를 수분이 차지하고 식품도 정도의 차이는 있으나 수분이 높은 비율을 차지한다. 세균도 우리 몸의 세포와 마찬가지로 수분 없이는 증식할 수 없고 단백질과 지질, 물 및 기타 성분으로 구성되어 있다.

식품의 수분함량을 표시하는 방법에는 수분율과 수분활성도가 있다. 수분율은 쉽게 측정이 가능하여 흔히 사용되고 있으나 이 수치는 미생물 증식과의 연관관계를 정확히 나타내지 못한다. 왜나하면 수분율은 현재의 수분 정도만 나타내며, 식품이 공기에 노출될 때 공기 중 수분을 흡수하는 능력을 고려하지 않았기 때문이다. 가령, 건어물이나 육포의 경우 얼마나 건조해야 실온에서 유통이 가능할까? 혹은 수분함량이 어느 정도일 때 동결하여 냉동 유통이 요구될까? 이를 알기 위해서는 수분활성도의 개념이 요구된다.

수분활성도(Aw, Water Activity)란 "어떤 임의의 온도에서 식품에 나타나는 수증기압에 대한 그 온도에 있어서 순수한 물의 수증기압의 비"로 정의한다. 가령, 마른 나무와 물기가 거의 없는 스폰지의 수분율은 각각 49%, 15%쯤 될 것이다. 그런데 마른 나무는 물이 묻어도 수분율이 별로 올라가지 않지만, 스폰지는 80~90%까지 수분이 변할 수 있다. 수분활성도는 식품 속에서 이동할 수 있는 수분함량을 나타낸 것으로, 현재의 수분율과 대기의 수분을 흡수할 수 있는 정도를 합한 것으로 이해하면 된다. 당연히 수분활성도가 높으면 미생물이 증식하기 좋은 여건이 될 것이다. 자유수가 적은 건조식품이라도 상대습도가 높은 환경에 방치하면 공기 중 수분이 이동하여 눅눅해지므로 미생물 증식이 쉬워지며, 수분활성도가 큰 식품을 건조한 환경에 방치하면 식품의 수분이 증발하여 식품의 표면이 마르게 되어 품질 열화를 초래하기도 한다.

곰팡이가 핀 다락방의 모습이다. 벽지를 바를 때 사용했던 풀이 미생물의 식품이 되고, 이곳에 빗물이 스며든 모양이다. 그러면 왜 세균은 증식하지 않고(풀이 썩는 냄새가 나지 않는다) 곰팡이만 피는 것일까? 곰팡이는 세균이 살 수 있는 곳은 다 살 수 있으나 세균이 곰팡이보다 우점종이므로 세균이 판을 짜면 곰팡이는 증식할 수 없기 때문이다. 세균이 증식할 수 없는 여건에서 곰팡이는 증식할 수 있으나 역시 수분은 있어야 한다.

수분활성도는 0~1 사이의 값으로 표시하는데, 0은 금속 같이 물기가 전혀 없는 상태, 1은 증류수 같은 순수한 물의 상태이다. 미생물의 종류별 수분활성도의 하한선을 살펴보면 [표 1-2]와 같다. 식품의 수분활성도가 높을수록 미생물 증식이 쉬우며 미생물의 증식이 가능한 최저 수분활성도는 통상 세균이 0.91, 효모 0.88, 일반 곰팡이는 0.8이며, 내건성 곰팡이 또는 내삼투압성 효모는 더 낮다.

[표 1-2] 미생물 종류와 수분활성도

미생물	수분활성도
세균	0.91
효모	0.88
보통 곰팡이	0.80
내건성 곰팡이	0.65
내삼투압성 효모	0.60

출처: 배현주 외(2012)

▶ 수분활성도 정보에서 얻을 수 있는 것은 미생물 중에서 세균이 가장 우점종이라는 것이다. 세균이 생존할 수 없는 악조건이 되면 곰팡이가 증식하기 시작한다.

[그림 1-8]은 일반적인 식품의 수분활성도를 나타내고 있다. 순수한 증류수의 수분활성도는 1에 해당하고 육류와 가금류의 수분활성도는 0.98로 가장 높고, 생과일과 연질치즈는 0.95, 베이컨과 절인 고기는 0.92 정도이다. 이들은 세균의 증식에 있어 한계선인 0.91보다 높으므로 세균 증식이 용이한 식품에 해당하는 조건이다. 따라서 이들은 미생물 증식이 유리한 특성을 가진 식품이라 할 수 있다. 밀가루, 사탕류의 수분활성도는 0.67로서 세균의 증식은 불가하지만 내건성 곰팡이 및 내삼투압성 곰팡이는 생육이 가능하다. 달걀가루, 국수류 등은 수분활성도가 0.5이므로 미생물의 생육에 있어 불리한 조건에 해당한다.

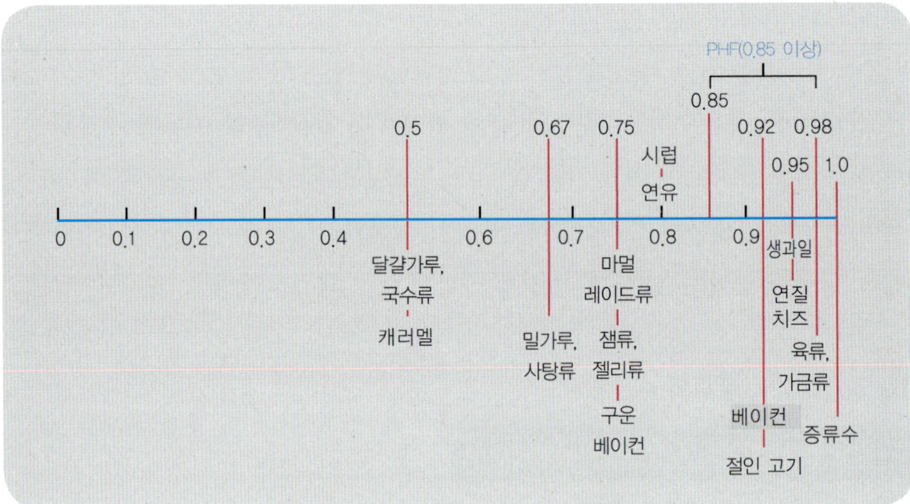

[그림 1-8] 일부 식품의 수분활성도

출처: 배현주 외(2012)

KEY POINT

- 대부분의 식품안전성 사고의 원인인 세균은 이분법으로 증식하며 그 증식요건은 FATTOM으로 요약된다.
- F(Food): 고기, 생선, 달걀, 우유, 콩 등의 고단백 식품과 삶은 채소, 밥 등의 먹기 좋게 가공된 식품은 세균이 가장 선호하는 먹이이므로 관리에 주의를 요한다.
- A(Acidity): 대부분의 세균은 중성 부근의 산도를 선호하며 pH 4 이하의 높은 산도에서 증식이 어렵다. 다만 곰팡이는 pH 5~9, 효모는 pH 2~9 범위에서 생육이 가능하다.
- T(Temperature): 세균은 사람의 체온 정도의 온도에서 가장 증식이 활발하며 세균의 증식을 막기 위해서는 5~60℃ 온도에 식품의 노출을 최소화해야 한다. 단, 리스테리아 등 저온균은 냉장 온도에서도 생육이 가능하므로 특별한 주의를 요한다.
- T(Time): 세균은 이분법으로 증식하므로 통상 4시간 후에는 기하급수적으로 증가한다. 축산물, 수산물 등 고위험식품, 냉동식품의 동결과 해동 시에 특히 주의를 요한다.
- O(Oxygen): 세균은 산소요구도에 따라 호기성, 혐기성, 통성혐기성으로 분류하며 대부분의 식품위생의 대상은 호기성 세균이다. 단, 통조림 제품은 클로스트리디움 보툴리눔균 등의 혐기성 세균이 문제가 되므로 고압멸균으로 처리한다.

▶ M(Moisture): 수분활성도(Aw)가 높을수록 세균의 증식이 활발해지며 통상적으로 세균의 증식을 위한 최저 수분활성도는 0.91 정도이다.

제 4 절 식품위생의 실천과 사례

식품위생이란 식품으로부터 생명을 보호하는 활동이고, 식품위생의 주 대상인 세균을 관리하는 방법은 세균이 증식하기 좋은 요건인 FATTOM(Food, Acidity, Temperature, Time, Oxygen, Moisture)을 잘 통제하여야 한다. 무엇보다 세균은 생명이므로 식품이 있어야 증식하며, 식품을 위생적으로 취급하기 위해서는 먼저 환경이 위생적이어야 한다. 위생적 환경은 세균의 먹이가 되는 음식물의 찌꺼기나 오물이 없는 청결한 상태이니 위생의 실천은 청결에서 시작된다. 식품에 유입된 세균은 증식을 억제하도록 온도와 시간을 관리하는 것이 일반적인 방법이다. 물론 산도, 산소 및 수분 관리도 식품의 안전한 보관에 중요한 분야이지만 식품위생에 문제를 야기하는 모든 세균에 공통적으로 적용되는 것은 아니므로 이들은 제2장의 2절, HACCP 관리에서 주로 다루기로 하고 여기서는 청결, 온도 관리와 신속이라는 식품위생의 3원칙을 중점적으로 살펴보겠다. 제조, 가공 및 조리와 같이 식품이 취급되는 환경이라면 어떤 것일지라도 식품의 올바른 취급은 결국 "청결한 환경에서의 온도와 시간의 기술"이라 해도 과언이 아니다. 즉 식품을 취급하는 시간과 온도를 세균의 증식에 유리하게 사용하면 식품위생의 다양한 문제를 야기시키는 것이다. 반대로 시간과 온도의 기술이 식품가공이나 조리의 명인을 만나면 식품이 예술로까지 승화할 수 있음을 종종 보게 된다. 따라서 청결한 환경과 온도 관리 및 신속의 원칙들은 식품 취급에 있어서 반드시 실천해야 할 요건들이다.

1. 청결

청결이란 눈에 보이는 오물이 없이 깨끗한 상태이다. 청결한 환경에서 식품을 청결히 취급하면 청결한 식품이 나온다. 세균이 증식하기 위해서는 식품이 필수적으로 필요한데 깨끗하면(오물이 없으면) 세균이 증식할 수 없기 때문이다. 청결은 위생의 실천에서 그 시작점이라 할 수 있다. 청결을 위해 가장 요구되는 기술은 다름 아닌 청소하는 기술이다. 따라서 청소하는 기술에서 위생이 시작된다고 할 수 있는 것이다.

본인이 생활하는 방을 청소한다고 가정해 보자. 대충 볼 때는 몰랐는데 자세히 보니 먼지가 엄청 많다는 것도 보일 것이고, 구석구석 청소해 보니 너무 힘들고 시간도 많이 소요된다. 대체로 그 이유는 침대 밑, 책장 위, 옷장 뒤, 창문 틀 사이 등 청소가 어려운 곳이 많고 여기 저기 옷, 책, 화장품, 장식품 등 조그만 물품들이 어지럽게 늘어져 있기 때문이다. 따라서 청소를 잘 하기 위해서는 청소를 잘 할 수 있는 여건을 갖추는 것이 우선이다.

1) 정리 정돈(整理 整頓)

청소를 잘 하려면 먼저 정리 정돈이 잘 되어야 한다. 이는 단지 청소뿐만 아니라 인생사 모든 일에 다 해당되는 일이다. 공부 잘하는 학생이나 일 잘하는 직장인이나 씀씀이를 잘 관리하여 저축을 늘려가는 주부나 인간관계 속에서 자기관리 잘 하는 사회인이나 모두 공통점은 정리 정돈을 잘 하는 것과 결코 무관하지 않다. 다음은 정리와 정돈을 차례대로 살펴보자.

**정리(整理): 불필요한 것을 없애서 바로잡음의 의미로서
필요 없는 물건을 치우는 것**

작업장을 살펴보면 지금 당장 필요 없는 것이 눈에 많이 띈다. 이전에는 작업에 사용했으나 지금은 사용하지 않는 것과 작업에 자주 사용하지 않는 것이 우선적으로 치울 대상이 된다. 앞으로 쓸 것이라도 지금 사용하지 않는 것은 치웠다가 다시 비치하는 것이 좋다. 그런데 마땅히 작업장 외에는 보관 장소가 없다면 깨끗이 청소해서 잘 싸서 보관함으로써 재차 청소해야 할 일을 줄여야 한다. 위생(衛生)이라는 어휘 속에 부지런하게 움직인다는 의미가 들어 있음을 다시 한번 상기할 필요가 있다. 체계적으로 작업한다는 것은 작업 전에 원부자재와 장비 및 용기를 모두 준비하고 작업이 종료된 후 사용한 장비나 용기를 치우고 청소하는 것이다. 정리가 무엇인지 아는 것은 쉬운 일이나 실천은 습관화하는 것을 요구하는 행위이므로 노력이 수반되어야 하는 것이다.

정돈(整頓): 물건을 가지런히 정해진 장소에 배치하는 것

정돈은 물건을 가지런히 정해진 장소에 배치하는 것을 말한다. 이는 식품위생뿐만 아니라 생산 관리, 종업원 안전 관리 등 대부분의 분야에서 공통으로 다루는 문제이다. 정돈을 청소에 적용해 볼 때 정돈되지 않아서 빚어지는 문제에는 다음과 같은 것들이 있을 수 있다.

- 빗자루와 쓰레받기 둔 곳을 몰라서 찾느라 한참을 헤맨다.
- 다른 종업원에게 물어봐도 모를 경우도 많다.
- 함께 찾느라 시간을 더 많이 소비한다.
- 찾는 중에 종업원끼리 부딪쳐서 안전사고의 위험도 생긴다.

따라서 청소 용구함을 만들어 청소 도구의 보관 장소를 정해두고 사용 후에는 지정된 자리에 보관하도록 해야 위에서 언급한 물품을 찾느라 허비하는 불필요한 시간을 줄이고 교차 오염도 방지할 수 있다. 특히 같은 작업장에서 사용하는 용기의 경우 작업 중에 세척 및 소독할 수 없다면 작업 후 세척 및 소독 시까지 반드시 사용 전과 후를 구분하여 보관해야 한다.

관리되지 않는 작업장의 특징은 물건들이 여기저기 방치되어 있는 것이다. 예를 들면 라벨이 붙어 있지 않은 통은 용도가 부산물, 쓰레기 또는 폐기물 수거통인지 장갑이나 행주의 회수통인지 알 수가 없으므로 종업원이 혼란스럽거나 실수할 수 있다. 따라서 도구에 용도를 표시해 두는 것은 정돈을 하는 좋은 방법이 된다. 조리 작업장에서 칼, 도마, 앞치마, 장갑 등을 색상 등으로 용도 구분하여 사용한다면 잘못 사용하는 일을 방지하고 교차 오염도 차단할 수 있다.

쉬어가는 페이지

어린이와 큰 개의 공동생활 전략: 청소와 소독

송아지만큼 큰 개가 집안에서 생활하고 있다. 흔히 쓸데없는 일이나 행동을 비유할 때 “개털 된다”는 말을 쓴다. 그만큼 쓸데없고 성가시기만 한 것이 개털이다. 골든 레트리버가 털을 홀랑 깍인 것을 보면 개털 때문에 어지간히 애를 먹었음이 짐작된다. 어른은 윗 공기를 마시니 좀 낫지만 자기 몸집보다 큰 애완견과 같이 잠자고 있는 어린이는 마룻바닥에 뒹굴고 아래의 공기를 마시니 개털이나 피부 각질에 훨씬 많이 노출될 것이다.

위생문제의 징후는 냄새가 가장 먼저일 수 있는데 놀랍게도 이 집의 경우 애완견 특유의 냄새가 나지 않는다고 한다. 위생 관리가 골치 아픈 이론이 아니라 실생활에서 그대로 적용되는 생활의 일부임을 알기 위해 골든 레트리버와 어린이가 실내에서 함께 지내는 비법을 들어 보자.

(1) 배변 관리

다행히 2층의 지정된 곳에서만 배변을 한다고 하며 가족은 누구 할 것 없이 애완견이 변을 보는 즉시 치우는 것이 습관화되어 있다고 한다.

애완견 분변 관리 순서

분변을 휴지에 싸서 변기에 넣고 물을 내림 ▶ 물과 세제를 타서 바닥에 뿌리고 지정된 솔로 바닥 닦기 ▶ 물을 뿌려 바닥 세척 ▶ 락스를 농도에 맞게 타서 바닥에 뿌림 ▶ 창문을 열어 환기하고 바닥 건조

(2) 개털관리

- 개털을 자주 깎고 빗질해 줌
- 집안 청소: 매일 2회(아침과 오후) 진공청소기와 밀대 걸레 등을 사용하여 청소하며 개털이 눈에 띨 때마다 수시로 진공청소기로 제거
- 개가 출입할 수 있는 구역(일반구역)과 침실, 서재 등 출입할 수 없는 구역(청결구역)으로 구분하여 청결구역에 개가 들어오면 혼을 냄

(3) 개의 청결관리

- 외출 후 집안으로 들어 올 때 발을 씻기고 1주에 1회 목욕시킴

▶ 위 이야기는 HACCP의 위생 관리와 같은 개념이자 같은 원리이다. 다만, 그 여건이 다르므로 방법에 약간의 차이가 있을 뿐이다.

2) 청소 및 소독

(1) 청소 및 소독의 중요성

청소를 잘하기 위해서는 우선 작업장 내부를 청소하기 용이하도록 마무리를 해야 하고 정리 정돈이 되어야 한다. 그리고 청소 시간을 정해서 정기적으로 수행하고 필요할 때마다 청소를 해야 한다. HACCP 관리의 핵심은 종업원이 좋은 행동을 습관화하도록 하는 것인데 그 습관 중 가장 기본적이면서 중요한 것은 청결을 유지하는 습관이다. 청결의 수준을 올리는 것은 종업원의 청결에 대한 눈높이를 올리는 것이기 때문에 이렇게 되기까지는 확인하여 지적하고 훈련하고 개

선하는 일이 반복되어야 한다. 청결을 유지하는 수준이 어느 정도 궤도에 오르면 종업원 스스로 청결하지 못한 것을 개선하게 되며, 위생점검을 통하여 종업원의 위생활동을 확신할 수 있다. 이 수준에 도달하면 확인은 잘 하는 것을 확신하는 활동이 될 것이다.

(2) 청소 대상 및 주기

제품에 오염을 야기할 수 있는 모든 곳은 청소의 대상이 되는데 작업장과 부대시설, 보관 및 운송 설비의 내부 등이며 필요하다면 공장 부지까지도 포함된다. 다만 청소하는 주기와 청소 방법에 차이가 있을 뿐이다. 가령 작업장의 천장은 6개월 혹은 연 1회 청소하고 먼지와 이물만 제거하면 충분할 것이나 바닥은 매일 청소하고 소독해야 할 것이다. 주기를 잡을 때는 항상 최소한의 기간을 명확히 정하여야 한다. 가령 바닥 청소의 경우 '매일 일과 후 또는 필요시'라고 명시해야 하며 그냥 '필요시'라고 하면 안 된다.

소독의 대상은 식품접촉구역이나 특별히 오염이 심한 곳인데 가령 바닥이나 배수구 등이 그 예이다. 식품접촉구역은 원료나 제품이 직접 닿는 작업대, 용기, 칼, 도마, 이송 컨베이어 그리고 작업자의 손 등이다. 소독 주기는 원료나 제품의 청결 정도에 따라 결정한다. 가령 단체급식에서 돼지불고기를 예로 살펴보면 가열 전의 도구보다는 가열 후에 식품에 접촉하는 도구나 손은 더욱 청결해야 할 것이다.

(3) 청소 및 소독 방법

청소와 소독은 호텔, 식품작업장, 단체급식 주방 등 어떤 곳에서든지 아래의 방법을 기본적으로 지켜야 한다. 단 제품이 액상으로 관을 통과하는 경우나 습기관리를 해야 되는 경우 또는 환경의 제한으로 인해 오폐수를 줄일 목적으로 물을 사용하지 않고 청소해야 하는 경우 등도 원리는 같으나 여건에 맞게 응용하여야 한다.

청소 및 소독 순서

- 전 단계: 이물 제거(먼지 털기, 작업대 위나 장비 사이의 식품 부스러기 털어내기, 빗자루로 쓸거나 진공청소기 등으로 이물 흡입하기 등)
- 1단계: 물에 세제를 풀고 솔, 수세미, 걸레 등을 사용하여 오물 닦아내기
- 2단계: 물로 세제와 오물을 헹구어 내고 물기 제거
- 3단계: 소독하기
- 후 단계: 건조하기

(4) 청소 및 소독제의 종류와 사용방법

식품이 취급되는 현장에서 사용되는 세제의 종류와 농도를 [표 1-3]에 제시하였다. 작업자에게 세제에 관한 교육훈련 시에는 업체에서 사용하는 실제 제품에 대한 정확한 사용법 훈련과 함께 물질보건안전자료에 대한 위생교육도 필요하다.

[표 1-3] 세제의 종류와 농도

종류	용도
일반세제 (비누, 합성세제)	• 손세척, 기물 및 식기세척, 청소작업 등 거의 모든 세척용도에 사용
솔벤트 (용해성 세척제)	• 기름기 많은 오물에 사용 • 가스레인지나 싱크대의 묵은 기름때 제거에 사용 • 식품과의 직접 접촉은 피함
산성세제	• 세척기의 광물질(scale), 세제 찌꺼기를 제거할 때 사용 (단, 기구나 설비에 손상을 줄 수 있으므로 산성 내구성 확인 후 사용함)
연마세제	• 단순 세척만으로 제거되지 않는 찌든 때와 바닥, 천장의 오염물질을 제거할 때 사용(단, 플라스틱 제품에는 부적절함)

출처: 곽동경 외(2014), 양일선 외(2016)

다음은 식품 취급 현장에서 종종 사용되는 소독법의 종류와 대상 및 구체적인 소독방법 및 주의사항에 대하여 [표 1-4]로 나타내었다.

[표 1-4] 소독의 종류 및 방법

종류	대상	소독방법	비고
자비소독 (열탕소독)	식기 행주	• 열탕에서는 77℃, 30초 이상 • 증기소독: 100~120℃에서 10분 이상 • 재질에 따른 방법 - 금속재: 70℃에서 5분, 80℃에서 1분 - 사기·토기: 80℃에서 3분 - 천류: 70℃에서 25분, 95℃에서 10분	그릇을 포개어 소독할 때에는 끓이는 시간 연장
건열소독	식기	• 60~80℃에서 30~45분간 소독 • 식기 표면 71℃이상	식기소독고 활용
자외선 소독	소도구 용기류	• 살균력이 가장 강한 2,537Å의 자외선에서 30~60분 조사 • 가구 등을 포개거나 엎어서 살균하지 말고 자외선이 바로 닿도록 배치	자외선은 빛이 닿는 부분만 살균됨
화학소독	손 작업대 기기 도마 생채소 과일	• 용도에 적합한 '기구 등의 살균소독제'를 사용 • 염소 용액 소독 - 생채소, 과일의 소독: 100ppm 이상의 염소 용액에 5분간 침지 - 발판소독조: 200ppm 수 초간 - 식품 접촉면의 소독: 200ppm 1분 이상 • 요오드 용액 소독(기구, 용기): pH 5 이하, 24℃ 이상, 요오드 25ppm이 함유된 용액에 최소 1분간 침지 • 70% 또는 75% 에틸 알코올 소독(손, 용기 등): 분무하여 건조	소독수 침지 시는 세척, 식품 접촉면 분무 시는 건조

출처: 곽동경 외(2014), 양일선 외(2016), 식품업체 다수 전문가 인터뷰

쉬어가는 페이지

드라이키친(작업장 바닥의 건조)의 실현, 다 함께 생각해 봅시다

일반 가정의 부엌은 바닥에 물을 뿌리지 않는 드라이키친이 가능한데 왜 학교, 병원, 공장 등의 단체급식 조리작업장은 드라이키친이 적용되지 못하는가? 우리는 이 문제에 대하여 진지하게 고민하고 그 해법을 찾을 필요가 있다. 가정에서는 바닥에 물을 일부러 뿌리는 경우도 없겠거니와 혹시 떨어지더라도 걸레로 즉시 닦으며, 물을 이용한 대청소 후에는 재빠르게 마른 걸레 등으로 건조시켜 쾌적한 환경을 유지시킨다. 단체급식 작업장에서 드라이키친이 되지 못하는 이유를 살펴보면 다음과 같이 세 가지 정도로 요약될 수 있다.

- 단체급식 조리작업장은 일반 가정의 부엌과는 달라서 드라이키친이 결코 될 수 없을 것이라는 작업자의 의식과 태도
- 밥솥, 국솥 등 대형 조리 기구 전용 트렌치가 충분히 확보되지 못한 시설 설비 문제
- 가정에서는 결코 하지 않는 행동인 조리작업장 바닥에 물을 뿌리고 신속히 건조하려고 노력하지 않는 잘못된 관행을 고치려고 하지 않음

작업장을 건조하고 쾌적하게 유지하는 것은 식품위생의 측면에서 매우 중요하다. 바닥의 물기는 제품의 부패를 촉진하고, 작업장 구석에서 오물을 부패시키고 곰팡이 증식이나 바퀴벌레 서식에 유리한 환경이 된다. 또한 각종 대형 주방 기기나 기구가 녹스는 원인을 제공하고 종업원의 건강에도 해를 끼친다. 따라서 작업 중에도 작업장 바닥은 마른 상태를 유지해야 하고 청소 후에는 반드시 물기를 제거하고 바닥을 1~2시간 내에 건조시켜 다음 날

작업 시작 시에는 바닥이 완전히 말라 있어야 한다. 드라이키친의 완전한 성공을 위해서는 건축 설계, 시설 및 설비 분야와 주방 기기의 선정 등도 관련되어 있으므로 좀 더 다각도의 노력이 요구된다.

2. 온도 관리와 신속

온도 관리는 크게 식품의 온도 관리와 작업장의 온도 관리로 구분할 수 있다. 식품의 온도 관리는 냉장제품과 냉동제품을 각각 냉장고와 냉동고에 보관하는 것인데 이때 주의할 점은 식품에 냉기가 잘 전달되도록 하여야 한다. 또한 선입선출(FIFO: First In First Out)이 가능해야 하는데 이를 위해서는 적재량을 공간의 45% 정도만 해야 한다. 그리고 냉기가 잘 통하게 바닥에는 팔레트를 깔고 벽과는 약간 간격을 두며 제품들 간에도 간격을 두고 적재해야 한다. 작업 중에는 식품의 온도 관리가 어렵다. 특히 축산물과 수산물 등은 품온이 10℃를 넘지 않도록 해야 한다. 이를 위하여 축산물은 작업장 온도 관리가 특히 중요하며 공업용 쿨러를 사용하여 작업장 온도를 15℃ 이하로 유지하고 신속히 작업해야 한다. 수산물의 경우, 상업용 에어컨을 최대로 작동해도 실내 온도가 21℃ 미만으로 내려가지 않으므로 작업장의 온도를 21~22℃로 기준을 잡으면 적절하며, 작업하기에 적절한 작업장 온도를 유지하는 대신 필요하다면 얼음이나 냉각수를 사용하여 식품의 품온을 유지하는 것이 바람직하다. 온도에 영향을 받지 않는 제품은 종업원이 작업하기에 편한 온도를 유지하면 되므로 통상 24℃ 정도로 정하면 된다.

신속히 작업하는 것은 온도 관리에 있어 영향을 미치므로 신속한 작업의 목적은 공정 중 식품의 품온을 적절히 유지하기 위함이다. 차기 공정에 투입되기 전에 해동실에서 대기하는 원료의 경우 쿨러를 사용하여 해동실 온도를 10℃ 이하로 유지하거나 얼음을 사용하여 식품의 온도를 낮게 유지하여야 한다.

알아 두기

식품업체에서 작업장에 비치된 냉동고를 사용하여 얼음을 얼리고자 한다면 상수도를 사용해 소독된 용기에 담아서 얼려야 한다. 이때 유의할 점은 낮은 온도에서 얼린 얼음은 얼음결정이 작아서 빨리 녹는다는 점이다. 실제 얼음 제조는 -7℃ 정도의 온도에서 약 3일간 서서히 얼리므로 얼음결정이 커져서 천천히 녹는다.

출처: 냉동설비 전문가 인터뷰

쉬어가는 페이지

작업자의 작업 관리기법 중 주기적으로 사진을 찍어 관찰하는 방법이 있다. A식품업체 작업자의 작업 장면을 CCTV로 관찰한 결과 식품을 직접 취급하는 동작보다 이동하는 동작이 더 많은 것으로 나타났다. 이동하는 이유를 살펴보니 작업에 필요한 원·부재료, 도구 등을 가져 오려고 움직이는 동작이었다. 이후에 불필요한 동작을 없애도록 작업 환경을 정돈한 결과 종업원의 생산성을 올리고 작업자의 직무만족도도 향상되었다. A업체 경영자의 말에 의하면 능숙한 작업자와 숙달되지 않는 작업자의 생산량은 약 3배 정도 차이가 난다고 하며 생산성 향상은 직무만족도 향상과 더불어 이직률 감소로도 이어지는 효과가 있다고 하였다.

출처: A식품업체 대표 인터뷰

3. 식품위생과 안전성 사례

다음은 식품위생을 바르게 실천함으로써 식품의 안전성을 보장하고 기업 경영에도 기여한 사례들을 소개하고자 한다.

1) 청결과 온도 관리로 냉장육 유통기한을 2배로 늘린 사례

문제 K업체는 지육으로 포장육을 생산하는 육가공 업체로서 정육 백화점 체인과 대형 식당으로 유명하다. 지금으로부터 약 10여 년 전, 작은 2층 건물에서 육가공과 판매를 하면서 쇠고기 고급육은 포장육으로 가공하여 백화점에 납품하고 있었다. 문제는 이 고가의 냉장육이 진공포장을 하고 냉장온도를 잘 맞추어 취급함에도 불구하고 약 5~6일만 지나면 변질의 징후가 나타나 냉동으로 전환해야만 했다. 유통기한을 며칠만 연장하여 냉장으로 전량 판매만 한다면 수익 창출에 큰 도움이 될 터인데 아무리 해도 그 해법을 찾지 못하다가 외부 전문가의 도움을 받아 유통기한을 2주 이상 연장할 수 있었다. 어떻게 해결하였던 것일까?

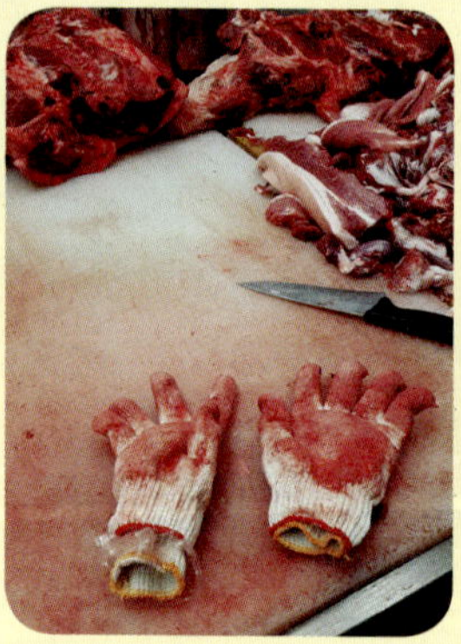

▶▶ 외부 전문가는 2가지 문제를 지적했다. 첫째, K업체가 하루에 작업하는 소는 10여 마리였는데 오전에 반입된 지육을 예냉고에 보관하지 않고 하루 종일 작업장에 걸어 놓고 작업을 한 점이다. 오전에 일찍 가공을 완료한 제품이야 문제가 없겠지만 오후가 되면 이미 지육에서 세균이 충분히 증식한 상태가 되는 점을 주목한 것이다. 둘째, 도마나 칼, 작업자의 손에 대한 청결이 이루어지지 않았던 점이

다. 도마는 물로만 청소했기 때문에 기름기가 두껍게 끼여 있었고, 도마와 도마 사이는 전혀 청소가 이루어지지 않아 지육의 부스러기가 부패하여 역한 냄새를 풍기고 있었다. 또 작업자가 낀 목장갑은 하루에 하나씩만 제공되고 있었다.

해결 해결방법은 의외로 간단하였다. 우선 예냉고를 신축할 수 있는 여건이 되지 않았으므로 지육을 운송한 4.5톤 탑차를 가동해 지육을 그곳에 보관하고 한 마리씩 꺼내서 작업을 하도록 조치하였다. 작업장과 작업자의 청소 및 세척을 강화하고 목장갑은 충분히 공급하여 수시로 교체할 수 있게 하였다. 당시는 이러한 청결, 온도 관리, 신속한 작업공정 관리가 적용되기 위해서는 발상의 전환이 필요할 만큼 큰 변화였으나 지금은 당연한 것으로 받아들여지고 있다.

알아 두기

지육이란 도축장에서 가축을 실신시켜 즉시 방혈하고 도체는 박피하여 내장을 적출하고 두부, 사지단, 꼬리 부분을 제거한다. 이 시점의 도체를 지육이라 칭하며 지육은 척추의 중심선에 따라 좌우로 나누어 냉각한다.

2) 완제품 온도 관리를 통해 어묵의 선도를 잡은 사례

문제 P업체는 수도권 지역에서 유명한 어묵업체인데 5월만 되면 서서히 증가하는 반품 요청 때문에 골머리를 앓고 있었다. 주위에 어묵 업체가 없어 수송비를 낮출 수 있는 이점으로 인해 판매할 수 있는 여건은 괜찮은 편인데 기온이 상승하면 늘어나는 반품 요청으로 인해 제품의 신뢰도가 떨어지고 실패로 인한 비용도 적잖은 부담이 되고 있었다.

▶▶ 외부 전문가는 해당 업체가 개선할 위생 문제는 여러 가지가 있었으나 가장 결정적인 실수는 오후 5시경 시작되는 운송을 위해 포장 완료된 어묵 제품이 하루 종일 실온의 포장실 내에서 대기한다는 것임을 지적하였다. 작업자들은 당일 생산 당일 운송이니 별 문제가 없다고 생각해왔던 것이었다. 오후에 생산된 제품은 그렇다 해도 오전에 생산된 제품은 길게는 6시간까지 실온에 방치되는 상황이었다. 즉 이 시간동안 세균이 충분히 증식하였고 유통되어 매장에서 판매되는 동안에는 선도가 급격히 저하되었던 것이다. 또한 식품 취급 장소에서 기본이라 할 수 있는 냉장고조차도 추가 비용으로 여기고 투자를 하지 않았던 영업주의 안이한 생각을 지적하며 위생은 미래를 위한 투자임을 강조하였다.

해결 해결방법은 포장실 옆에 컨테이너 냉장고를 비치하고 포장 후 20분 이내에 냉장고에 입고 보관한 후 냉장 탑차로 운송하도록 하였고, 그 결과 반품 물량이 대폭 감소하였다.

3) 염지통 오염 방지를 통한 진공포장 계육의 반품을 줄인 사례

문제 C사는 가공하여 동결시킨 닭고기를 구매하여 염지한 후 3마리씩 포장하여 대형마트에 납품하는 업체이다. 염지한 닭고기를 납품받은 마트에서는 오븐에 구워 즉석식품으로 판매하고 있었다. 5월이 되면 유통기한이 불과 3일임에도 불구하고 반품이 늘어나게 되어 해당 제품의 생산을 중단할 지에 대한 고민이 깊었다.

▶▶ 외부 전문가는 전체 공정을 돌아본 후 염지통 청결 문제를 지적하였다. 대형 염지통을 사용하여 1일 4회 정도 염지를 하였고 1회 염지는 2시간 정도가 소요되었는데 염지통을 하나만 사용하면서 청소 및 소독과정 없이 그대로 하루 종일 사용을 하고 있었다. 따라서 오후에 진행되는 염지 작업 중에는 염지통 내부에 세균이 증식하여 제품을 오염시킬 가능성이 높았다.

해결 해결방법은 염지통을 하나 더 준비하여 한 번 사용 후에는 세척 및 소독을 반드시 거친 후에 사용하니 반품 요청 물량이 대폭 감소하였다.

4) 순대 자숙 공정에도 감소하지 않는 세균수를 선행요건 관리로 해결한 사례

문제 J사는 순대를 가공하는 소규모 업체로서 HACCP을 적용하기로 하고 외부 컨설팅업체의 도움을 받아 HACCP 인증을 준비하고 있었다. 생물학적 위해요소를 제어하는 것이 중요하였기에 증숙 공정을 중요관리점(CCP)으로 결정하였다. 끓는 물에 넣어 심부 온도 85℃에서 3분 이상 가열하는 증숙 공정을 제대로 거치면 세균수를 허용 수준 이하로 충분히 감소할 수 있을 것으로 예상하였으나 검사 결과 일반 세균과 대장균이 허용기준 이상으로 많이 검출된 것이었다.

▶▶ 외부 전문가가 점검한 결과 위생의 3대 원칙인 청결, 온도 관리와 신속이 제대로 지켜지지 않고 있다고 판단하였다. 돼지고기 분쇄기를 분해해 보니 찌꺼기가 묻어 있었고, 한번에 많은 양을 분쇄해서 여러 번 나누어 사용하고 있었다. 또한 청소 후 소독을 실시하지 않는 것으로 드러났다. 위생교육을 받았으나 오랜 관행과 시간이 없다는 핑계 및 경영자의 의지 부족으로 인해 현장에서의 기본적인 위생 실천이 제대로 이루어지지 않았던 것이다.

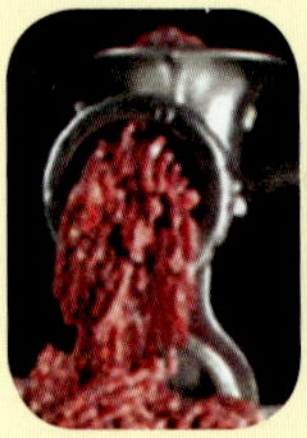

해결 해결방법은 돼지고기 분쇄기는 사용 후 분해해서 깨끗이 세척 후 소독하였고 돼지고기는 사용 전에 당일 분만 분쇄해서 사용하도록 하고, 청소 후 식품 접촉표면과 바닥은 소독하고 강제 환기를 작동해 작업장을 충분히 건조시켰다. 그 결과 증숙 후 일반세균 수도 10^3 수준으로 감소하고 대장균과 대장균군은 음성으로 판명되었다. 이 사례는 위생 관리가 제대로 되지 않는 환경에서 취급된 돈육 분쇄육은 순대를 만드는 공정에서 증식한 균과 돈육이 완전히 뒤섞이게 되므로 증숙과 같은 살균 공정을 통하여 충분한 수준으로 세균을 제어할 수 없었다는 점이다. 따라서 위생 관리를 통한 좋은 원재료 사용이 최고의 방법이라 하겠다.

*** 이 사례에서 증숙 후 미생물 검사를 실시하는 것을 유효성 평가라 한다.**

5) 올바른 위생 관행 확립을 통해 조미오징어 반품을 줄인 사례

문제 H사는 국내 지명도가 높은 조미오징어 가공업체이다. 지금으로부터 10여 년 전 H사는 거의 매일 조미오징어 제품에 대한 반품이 생겼고, 영업 담당자는 해당 시청에 가서 고객과 행정당국 및 기자들을 수습하는 것을 주요 업무로 여길 정도였으나 대부분의 관리자와 종업원은 제품 특성상 어쩔 수 없는 문제라고 여기고 있었다. 그런데 미국 수출 건이 걸려 반품율을 줄이는 것이 당면 과제였다.

▶▶ 외부 전문가는 당시 오징어 가공 환경이 상당히 열악하여 전반적인 개선이 요구되었으나, 수출을 위해 시급히 개선할 사항을 다음과 같이 제시하였다.

- 바닥에 앉아 하는 작업을 작업대 위에서 할 것
- 작업장에 방충망 보수할 것
- 화장실 사용 후 손을 세척하고, 작업 시 모자를 착용할 것
- 작업장 청소를 기준에 맞게 할 것

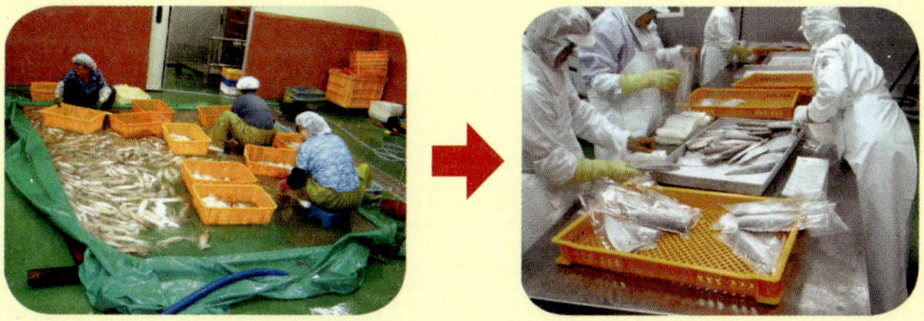

해결 바닥작업에 익숙한 종업원의 반발이 아주 극심했음에도 불구하고 관리자는 수출 기한을 맞추기 위해 최대한 종업원을 설득하고 노력한 결과 시정 요구사항을 모두 개선하였다. 그 결과 일시적으로 하락한 생산성도 두어 달 만에 오히려 상승세로 돌아섰고 반품도 줄어들기 시작했으며 6개월 후에는 반품이 완전히 사라졌다. 현재 H사는 현대식 공장에 위생 관리도 매우 잘 이루어지고 있다.

6) 냉각기 청소로 제품의 곰팡이를 잡음

문제 K사는 여러 종류의 과자를 생산하는 업체로 존득한 식감의 제품이 어린이 간식이나 성인의 술안주용 등을 주로 생산한다. 그런데 제품에 생긴 곰팡이 때문에 반품 요청 사고가 자주 발생하였다. 그러던 중 과자가 HACCP 의무품목으로 지정되게 됨에 따라 HACCP 적용을 추진하면서 이 문제를 해결하고자 한다.

▶▶ 외부 전문가가 점검한 결과 문제가 되었던 제품은 원·부재료를 혼합하여 성형기에 넣어 사출하면 그 압력으로 인해 제품의 온도가 120℃까지 상승하였고 그 이후 공정은 밀폐된 설비에서 건조와 냉각이 진행되었는데 건조는 상단에서 냉각은 하단에서 이루어지는 구조를 취하고 있었다. 점검을 토대로 다음 사항을 지적하였다.

첫째, 작업자 중 그 누구도 이 냉각·건조 설비를 분해해서 청소를 하지 않았다.
둘째, 해당 설비가 청소를 할 수 없는 구조는 아니지만 내부가 눈에 뛰지 않으므로 청소를 해야 한다는 생각 자체를 하지 않았다. 즉 청결에 대한 개념과 실천 의지가 부족하였다.

해결 해결방안은 냉각·건조 설비 내부를 청소 및 소독하였고 그 결과 제품에서 곰팡이가 검출되지 않았다. 위의 사례와 마찬가지로 이 업체의 경영진 역시 청소는 작업이 아니라 낭비라는 생각을 가지고 있었고, 경영진과 종업원 모두에게 청소는 부담스러운 일로 여겨지고 있었던 것이 사실이다. 그런데 청소에 관한 관행을 바꿈으로써 곰팡이 문제가 해결되는 것을 경험한 이후부터는 건조기를 주기적으로 분해해서 청소하는 일뿐만 아니라 청소도 작업의 중요한 일부라는 생각을 가지게 되었다.

KEY POINT

▶ 청결, 온도 관리, 신속만 실천해도 세균에서 기인한 식품안전성 사고는 예방할 수 있다.

쉬어가는 페이지

한 어르신은 정말 죽도록 일을 해서 돈을 많이 벌었다. 그런데 살만해지니 평생을 고되게 살면서 몸은 돌보지 않은 것이 원인이 되어 병석에서 노후를 보내게 되었다. 다행히 벌어놓은 돈으로 좋은 치료는 받았으나 그 돈으로 여행 한 번 할 수 없었고 지인들과 즐겁게 식사 한 번 할 수 없었다. 또 다른 어르신은 돈을 벌기 위해 일은 하였으나 무리하지 않았고 쉬어야 할 땐 쉬면서 일을 했다. 돈을 크게 모으지는 못했으나 은퇴 후 여행도 하고 손주도 돌봐주면서 살아간다. 건강하니 크게 부유하지 않아도 살아가는데 불편을 못 느끼는 것이다.

식품위생도 마찬가지이다. 청결을 낭비로 여기고 오로지 생산에만 전념한 업체는 한 번의 식품안전사고로 모든 것을 잃는다. 그러나 청결을 계속 일하기 위한 투자로 생각한 업체는 지속적으로 수익 활동을 할 수 있는 것이다. 우리 주변에서 있을 법한 이 이야기는 현대 경영학이 주장하는 '지속가능한 경영'을 위한 실천을 생각하게 한다.

▶ 예방 = 실패의 방지 = 지속가능한 경영

제 5 절 식품위생, 식품안전성 그리고 HACCP의 탄생

식품위생의 역사는 유구하다. 인류의 역사를 식품위생의 역사로 볼 수도 있다. 食(식)이라는 글자 속에 이미 식품위생의 의미가 포함되어 있음을 앞에서 설명하였다. 아프리카에서 시작된 현생 인류가 왜 그 먼 길을 떠나 남미까지 갔을지 생각해 보면 살기 위해서는 먹어야 한다는 것이 잘 이해되는 대목이다. 구석기와 신석기의 차이는 돌을 다듬어 도구로 사용하게 되었다는 것임은 누구나 다 아는 이야기이며 그 돌은 농사를 짓거나 사냥을 위한 도구로 만들어졌다. 농사나 사냥으로 먹거리가 확보되면 다음은 식품위생 문제가 대두된다. 구석기 시대는 현생인류 이전의 원시인류 시대를 포함하여 약 백만 년간 지속되지만 신석기 시대는 불과 오천 년 정도이다. 구석기 시대의 인류는 끊임없이 안전한 식품을 찾아 이동하였지만 신석기 시대는 식품위생의 지식과 함께 정착생활이 가능해진다. 언어는 신석기 시대에 접어들면서 식품위생의 경험을 서로 공유하기 위해 발전해 나간다. 인류의 역사가 식품위생의 역사라는 말이 좀 과장되었다고 생각되면 산에 들어가 홀로 사는 사람들의 이야기를 들어보라. 그들이 생존하기 위해서 제일 먼저 배워야 할 것은 먹는 것과 먹지 못하는 것을 구분하는 것이다. 그것을 배우지 못하면 그는 평생 자급자족하지 못하고 남의 신세를 져야 하는 것이다.

그런데 현대 사회는 식품산업의 발전에 힘입어 가공식품과 외식이 놀라운 속도로 증가되었다. 악화된 환경에 의한 식재료의 오염이 심각해졌고 이전에는 사용하지 않았던 다양한 물질이 식재료로 활용되고 심지어 옷감을 염색하는 염료까지 식용색소로 허용되는 현실이다. 지구를 한 바퀴 이상 돌아온 식재료의 대이동, 유전자재조합기술을 사용한 식재료와 식품, 방사선조사식품 등 식품을 취급하는 환경은 엄청나게 변하였으나 식품을 취급하는 식품위생의 태도는 그 변화를 따라가지 못하였으니 식품의 안전성 문제가 사회적 문제로 대두될 수밖에 없는 것이다.

식품위생은 식품으로부터 사람을 지키는 포괄적이고 일반적인 행위이다. 식품안전성은 식품위생의 목적으로 사람이 식품을 섭취했을 때 건강상 부정적 영향이 없는 것이니 그러한 식품을 안전한 식품이라 한다. 그래서 식품의 안전성은 식품을 나와 내 가족이 먹는 것이 아닌 판매의 대상이 되면서 생긴 개념이다. 그래서 식품안전성은 김치, 통조림식품 등 특정 식품별로 접근해야 의미가 있다.

1. 우주식 개발에서 대두된 식품의 안전성 보장

제2차 세계대전이 끝나니 세계는 두 진영으로 나누어지고, 두 강대국이 자웅을 가르는 냉전시대가 시작되었다. 이후의 세계는 원자폭탄을 상대국에 투하하는 기술의 보유가 앞으로의 전쟁에서의 승패를 좌우할 것이다. 그리고 우주 개발 전쟁이 시작되었으니 우주 개발은 앞으로 지구의 패권을 차지하는 제일 중요한 기술이 될 것이라는 것을 우리는 북한의 로켓 발사에 세계가 비상한 관심을 갖는 것을 보아도 미루어 짐작할 수 있다. 구소련은 독일의 패망 후 로켓 전문가를 대거 자국으로 데려갔으며 우주 개발에서 구소련이 미국을 앞서고 있었다. 초조해진 미국은 우주개발을 국가 제1아젠다로 삼고 NASA를 설립한다. 우주 개발은 거대한 프로그램이었으며 이 프로그램에서 개발된 것들이 지금 우리생활에 많은 영향을 미치고 있다. 예를 들면, 메이저리그에서 홈런을 치는 야구 방망이 재질도 이때 개발된 것을 일본에서 야구 방망이로 상용화한 것이다.

우주개발 프로그램에서 가장 중요한 것 중의 하나는 우주인의 식량인 우주식 개발이다. 우주인들의 한 끼 식사가 얼마의 가치일지 정확히 모르긴 해도 지구인 중에서 가장 비싼 식사를 하는 사람은 아마도 우주인이 아닐까. 그 우주식의 개발은 미 육군의 식품연구소에서 시작하였고 생산은 지금은 다국적 기업이 되어 있는 필스버리(Pillsbury) 사에서 맡았다. 우주식을 NASA에 납품하기 전에 품질검사를 실시하였는데 당시 식품의 품질관리는 최종제품 검사 방법을 사용하였다. 그런데 다품종 소량 생산한 이 우주식을 엄격한 규격에 따라 검사를 하려고 하니 샘플의 양도 많았고 무엇보다 부적합품이 많이 나왔다. 우주식과 같은 엄격한 규격의 제품을 만들어 본 경험이 없었으니 다수의 부적합품은 어쩌면 당연한 결과였다. 따라서 사용자와 개발자 그리고 생산자가 모두 모여 해결 방안을 위해 고민하기 시작한 것이다.

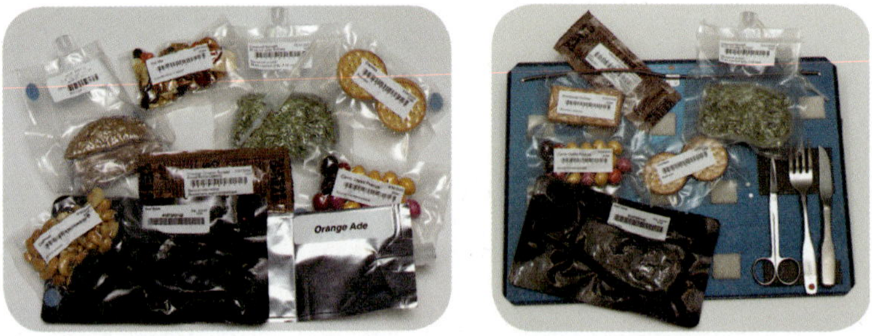

[그림 1-9] 우주식

출처: 위키백과

제2차 세계대전으로 세계는 초토화되었지만 미국은 세계의 공장으로 호황을 누렸고, 전쟁 후에는 이류 국가에서 명실공히 초일류 국가가 되었다. 전쟁에 기여한 미국인의 자부심은 대단하였고 이 중에 품질 학자들도 있었다. 미국의 품질 학자들은 자신들이 개발한 통계적 품질관리기법에 의한 검사로 우수한 군수품을 전쟁에 제공하였다고 믿었다. 그들은 군 작전에서 가장 중요한 장비인 통신기에 대하여 통계적 방법으로 그들의 공헌을 검증해 보았는데 그 결과에 경악할 수밖에 없었다. 철저히 검사를 통해 품질관리를 했건만 작동되었던 통신기는 겨우 30%에 불과했고, 나머지는 고장 중이거나 수리 중이었던 것이다. 따라서 그들은 최종제품 검사로는 제품의 품질을 보장할 수 없다는 것을 깨우치고 사전에 공정을 관리하는 방법을 찾게 된다. 이때가 1950년대 초반이니 우주식 개발이 이루어지던 때는 미 육군에서 이미 공정 관리를 채택한 지 10년이 지난 때였다.

NASA에서도 FMEA(Failure Mode and Effects Analysis)라는 공학적 기법이 우

주선 개발의 실패 관리 기법으로 적용되고 있었다. 쉽게 말해 우주선 발사에서 실패요인이 무엇이고 그 실패를 예방하려면 어떻게 해야 하는가 등을 규명하는 것으로서 최종제품의 검사뿐만 아니라 제작과정까지 규명해서 만들도록 하는 기법인 것이다. 이렇게 최종제품의 규격을 규명하고 그 목적에 도달하기 위해 제작과정의 기준을 정하여 준수하는 것을 "품질보증"이라고 하며 바로 좋은 제품을 보장한다는 의미이다.

따라서 우주식 개발을 위해 함께 머리를 맞댄 즈음은 NASA는 FMEA 기법을, 미 육군은 '사전공정관리'를 이미 적용하고 있었기에 우주식이라는 식품제조에 위험을 예방하는 공학적 기법이 최초로 도입되었던 것이다. 그러나 우주식에 사전공정관리 기법으로 도입한 방법들이 특별한 것은 아니다. 그 이유는 우리가 앞에서 살펴본 위생의 실천사항들을 살펴보아도 알 수 있고 4절에서 언급한 식품위생실천 사례에서도 엿볼 수 있다. 가령, 가열 공정에서 충분히 가열하는 등 실패를 예방할 수 있는(위해요소를 차단하는) 공정에서는 강화된 관리를 하였고 그 결과는 확실히 효과가 있었다. 결론적으로, 이상과 같은 시대적 배경을 바탕으로 우주식 개발을 성공리에 완수하였고 우주를 향한 여정을 시작할 수 있었다는 이야기이다. HACCP이 우주식 개발에서 유래되었다고 하는 것은 HACCP을 부각시키는 효과적인 스토리텔링이기도 하다. 다만 기존의 귀납적 사고에서 벗어나 발상의 전환을 한 것이라는 점과 이미 다른 산업에서 도입하던 기법을 식품분야에서 차용한 것 또한 기억할 점이다.

2. GMP(Good Manufacturing Practice, 적정제조기준)의 시대

우주식 개발을 성공리에 마치자 식품업계는 그 때의 경험을 정리하여 식품 제조 및 가공의 안전성 관리에 적용하도록 법규화하였는데 그것이 미국의 GMP (CFR Title 21 Part 110)이다. 1960년대 초에 도입되어 지금도 적용하고 있다. 그 내용을 간추려 보면 다음과 같다.

1) GMP의 핵심 내용

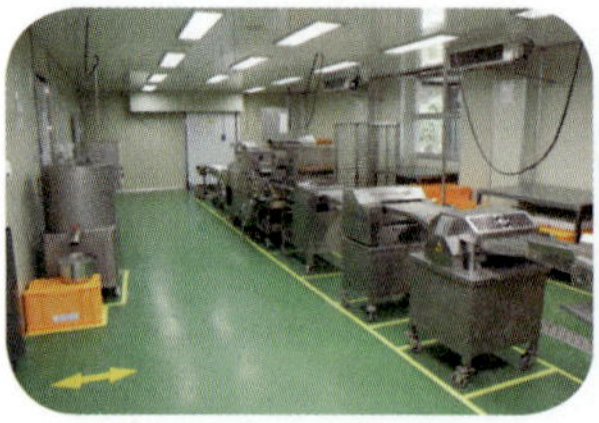
① 적합한 작업 환경 (시설과 설비)

② 종업원의 교육 훈련

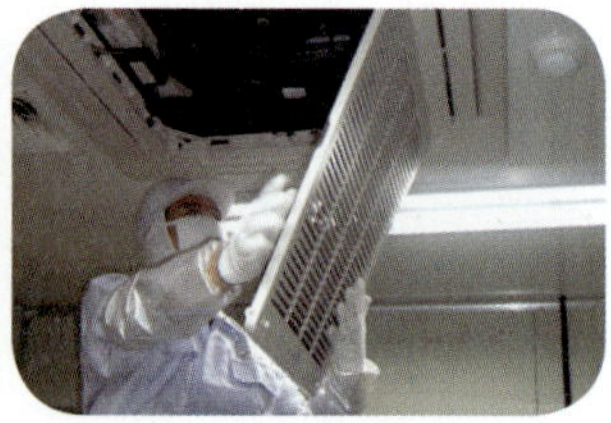
③ 청소 및 소독

④ 검 · 교정

GMP의 핵심

⑤ 해충의 유입 방지

⑥ 승인된 공급자

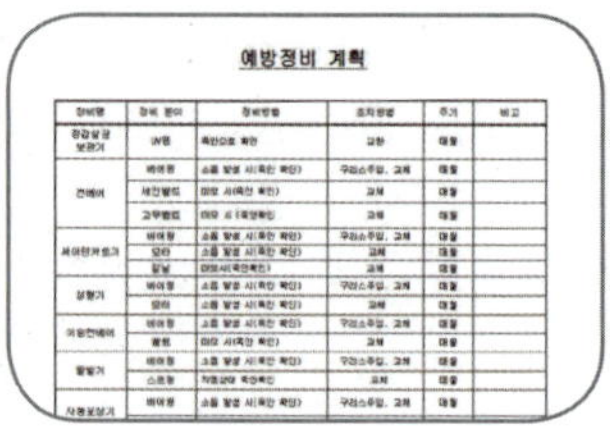

⑦ 예방정비

⑧ 제품 식별 및 추적성

또한 위생 관리를 요구하고 있으며 그 핵심 내용은 다음과 같다.

2) 위생 관리 핵심 내용

① 물 및 얼음의 안전성

② 식품 접촉 표면의 재질 및 형태

③ 교차 오염의 방지

④ 개인 위생 및 위생 설비

⑤ 식용불가 물질의 유입 방지
⑥ 화학물질의 적절한 보관, 라벨링 및 사용
⑦ 종업원의 건강 관리
⑧ 방충 · 방서 관리

식품의 GMP가 발전하여 의약품 제조에도 적용되었고, 태평양을 건너 한국에서는 가장 먼저 제약에 적용되었다. 즉 한국에서 제약에 적용된 것이 KGMP, 건강기능성 식품에 적용된 것은 FGMP, 화장품에 적용된 것은 CGMP이다. HACCP이 GMP와 SSOP의 선행요건프로그램 위에서 작동한다는 것은 미국의 사정에서 나온 내용인 것이다. GMP에는 위생을 준수할 것을 요구하고 있지만 미국의 HACCP 관련 최초의 규정인 Seafood HACCP regulation(CFR Title Part 123)에는 SSOP(Sanitation Standard Operating Procedure, 위생표준작업절차)를 별도로 작성하여 위생 관리를 하도록 규정하고 있다. SSOP를 작성하는 것은 그 핵심내용을 업체에 적합하도록 육하원칙에 의해 작성하여 체계적 관리를 하라는 것이다.

3. HACCP의 정책화

1980년대 미국 사회의 큰 이슈 중 하나는 적자투성이의 의료보험이었다. 복지축소의 보수정권에서 국가의 부담을 기업에 넘기는 HACCP은 명분도 좋고 매력적인 정책이었다. 미국 "식품미생물기준자문위원회(NACMCF: National Advisory Committee on Microbiological Criteria for Foods)"는 우리나라의 식품공전의 규격을 만드는 위원회 같은 것인데 식중독 사고 후 사후약방문식으로 규격을 제정하는 것에 한계를 느낀 석학들이 예방에 충실한 방법에 눈을 돌렸을 것으로 생각된다. 이미 세상은 그러한 예방적 방법이 모든 산업체와 심지어 서비스 분야나 관공서에서도 활용되고 있었다.

미군에서 시작된 공정 관리의 품질 표준, 일본에서의 TQC, 영국의 BS5770, 국제표준화기구(ISO)의 ISO 9000 시리즈, TQM의 등장으로 예방적이고 체계적인 사전공정관리를 통한 최종제품의 품질보장은 전 지구촌의 경향이 되었으니 식품업계도 이런 좋은 시스템을 차용하여 식품안전성사고를 감소해야 한다는 당위성은 당연한 시대적 요구라 할 것이다. NACMCF에서 기존의 GMP를 바탕으로 위생은 체계적으로(SSOP를 작성하여) 관리하고, 중대한 위해요소는 확실한 제어를 위해 강화된 관리를 하는 7원칙을 제정하였고, 미국 정부는 정책으로 이를 채택하였다. 결과는 단기적으로도 식중독 사고가 감소하였으니 치료비, 병으로 인한 간접 손실까지 고려하면 국가는 좋게 받아들일 수밖에 없었을 것이다. 게다가 HACCP 적용 업체는 자비로 제삼자 검증 업체에 의뢰해 HACCP 인정을 받았으니, FDA 입장에서는 더 리스크가 많은 업체(가령 신뢰성 있는 제삼자의 인정을 받지 못한 업체)에 관심을 집중할 수 있었다.

이렇게 미국에서 성공한 HACCP은 이웃국가 캐나다, 호주 그리고 EU로 전파되었고, 드디어 UN 산하의 FAO와 WHO의 국제식품규격위원회(CAC: Codex Alimentarius Commission)에서 "Hazard Analysis And Critical Control Point(HACCP) System And Guidelines For Its Application"(1997)을 제정한다. 우리나라는 OECD 회원국이니 UN의 정책을 적극 수용하여 1997년 「식품위생법」에 의해 채택하였다. HACCP의 원조는 미국이나 국제 표준은 Codex 지침이고 지금은 미국도 이 지침이 자국법의 근거로 사용되고 있다.

알아 두기

- Codex의 "Hazard Analysis And Critical Control Point(HACCP) System And Guidelines For Its Application"(1997)이 원조인 미국의 HACCP 방법을 거의 그대로 차용하였으나 약간 수정하였다. 예비 단계에서 경영자 의지를 HACCP팀 편성으로, 7원칙 중 문서화 및 기록 유지가 6번에서 7번으로,

검증이 7번에서 6번으로 바뀐 정도이다.

- 미국 FDA는 HACCP을 적용함에 있어 인증서 발급을 직접 하지 않고 감독관(inspector)이 식품업체를 방문하여 업체의 HACCP과 SSOP가 적절하며 잘 준수되는지를 평가하는 것이 일반적인 감독활동이었다. 또한 미국의 HACCP 법규는 미국으로 수입되는 식품은 미국 HACCP 규정과 같은 방식으로 생산될 것과 미국 HACCP 규정을 준수한다는 것을 제삼자 검증기관에 의해 입증하도록 요구하고 있다. 국제표준화기구(ISO)와 그 기구를 대표하는 각국의 인정기관(Accreditation Body, A/B)은 물론 각 A/B의 감독하에 제삼자 검증을 통해 인증서를 발행하는 인증기관(Certification Body, C/B)은 모두 민간의 영역이다. 한국은 식품의약품안전처의 감독을 받는 식품안전관리인증원이 출발하였으니 한국에 수입되는 식품을 중심으로 인증원 HACCP의 국제적인 제삼자 검증기관으로 발전하기를 희망한다.
- 현재 한국의 지방 식품의약품안전청이 HACCP 사후 관리를 하는 것이 미국 FDA가 식품업체를 감독하는 방식이다.

KEY POINT

- ▶ HACCP은 이학, 공학, 경영학이 융복합된 인류지식과 과학의 산물이다.
- ▶ HACCP은 실패를 예방하기 위한 사전공정관리이다.
- ▶ Codex의 HACCP 지침은 전 세계적인 식품안전 관리의 표준이며, 한국도 Codex 지침에 따라 HACCP을 적용하고 있다.

제 1 장 요약

1 현대인의 라이프스타일과 식품산업의 발전은 일반식품과 가공식품의 안전성을 위협하고 있는 실정이다. 대표적인 원인으로는 환경오염의 증가, 식자재와 사람의 빈번한 이동 및 장거리 여행자 증가, 푸드마일리지 증가, 식품취급의 위생 관리 미흡, 외식과 가공식품의 증대, 새로운 먹거리 개발과 식재료 출처의 불명확성, GMO식품과 방사선조사식품의 사용 증가 등이다.

2 식품이 맛과 외관 등의 관능적인 요소에 영양소와 기능성까지 갖추었다 하더라도 안전하지 못한 식품이라면 사람에게 전혀 유익하지 못하다. 따라서 식품의 안전성은 식품의 품질적 측면에서 만족 또는 감동을 주기 이전의 가장 기본이 되는 품질인 것이다.

3 식품위생에 관한 다양한 학술적 정의도 가능하겠으나 "식품으로부터 생명을 지킨다."는 것으로 짧게 정의할 수 있다. 식품안전성은 특정 식품을 섭취하였을 때 건강상 부정적 영향이 없는 것으로서 안전한 식품을 의미한다. 따라서 식품위생의 목적은 식품안전성을 확보하기 위함이며 식품위생의 실천은 그 안전성을 보장하려는 과정이다.

4 식품위생에서 가장 중요한 미생물은 각종 세균이며 세균은 생명체(유기체)로서의 다양한 특성을 가진다. 식품위생과 관련된 대부분의 세균은 호기성세균 및 중온균에 해당하지만 리스테리아 등의 저온균과 클로스트리디움 보툴리눔 등의 혐기성균도 있으므로 세균에 대한 깊은 이해는 식품위생에서 매우 중요한 분야이다.

5 미생물 증식을 위한 주요 요소는 FATTOM으로 나타낼 수 있고 각각 식품(먹이), 산도, 온도, 시간, 산소, 수분을 의미한다. 고단백질 식품 및 가공을 통해 섭취가 용이한 식품은 고위험식품이며, 대부분의 세균은 호기성균이며 pH 7 부근의 중성과 5~60℃ 범위, 높은 수분활성도 조건에서 증식이 활발하므로 주의를 요한다. 특히, 리스테리아 등 저온균, 클로스트리디움 보툴리눔 등 혐기성균은 특별히 주의를 요한다. 식품 취급 시 청결과 신속한 처리는 가장 중요한 실천사항이며 식품의 위험온도 범위 잔류 최소화, 동결과 해동 시 온도 관리, 선입선출 실천 등도 중요하다.

6 HACCP의 위생 관리는 애완견 관리 등 일상생활 속에서 실천하는 위생 관리와 그 개념과 원리가 같다. 다만 위생을 실천하는 여건에 따라 적용하는 방법에 차이가 있을 뿐이다.

7 HACCP의 실천을 위해서는 청소 및 소독의 중요성을 이해하고 청소 대상과 주기, 청소와 소독 방법, 세제 및 소독제의 사용법을 바르게 알고 적용해야 한다. 특히, 소독 대상에 가장 적합한 소독 방법(열탕, 건열, 자외선, 화학소독)을 선택하여 온도, 농도 및 시간 등의 적용기준을 준수해야 한다.

8 식품안전성 관련 실패 사례는 대부분 위험성을 간과한 비위생적 관행의 결과이다. 청결(정리 정돈, 청소, 소독)과 온도 관리 등의 기본적인 수칙을 지키는 것이 식품위생의 실천이다.

9 우주식 개발 시 통계적 기법의 최종제품 검사방법이 우주식의 안전성 보장에 부적절하자 당시 우주선 개발에 적용되던 "사고예방을 위한 공학적 기법"과 군수품 품질 보장에 적용되던 "사전공정관리 기법"이 차용되어 우주식의 안전 보장에 사용되었다. 이후 미국은 식품안전성을 보장하는 사전공

정관리 기법을 GMP(CFR 21 PART 110)로 정리하여 미국 식품 산업체의 식품위생 관리의 법적 근거로 삼았다.

⑩ 1980년대 식품안전성 문제가 사회적 이슈로 대두되자 미국정부는 우주식 개발 때 사용하여 위해요소 차단에 효과를 본 "강화된 관리 방식"을 "7원칙"으로 정리한 HACCP을 정책으로 채택하였다. GMP를 근간으로 위생을 체계적으로 관리하는 선행요건프로그램의 작동 위에 "강화된 관리 방식"인 "7원칙" 적용을 통해 위해요소를 차단하는 시스템은 국가 식중독 예방 정책이 되었다. 이후 UN의 산하 기관인 Codex에서 미국의 HACCP을 도입하여 "Hazard Analysis And Critical Control Point(HACCP) System And Guidelines For Its Application"(1997)이 제정되었고, 전 세계에서 OECD 국가를 중심으로 채택되고 확산되었다. 우리나라는 1995년 12월 「식품위생법」 제32조 제2항에 HACCP을 신설하였고 식육햄류 등을 시작으로 다양한 식품유형 및 업체 규모별로 폭넓게 적용되고 있다.

제 1 장 연습문제

1. 최근에 식품안전성 문제가 중요한 사회적 이슈로 대두되고 있다. 이러한 문제가 야기되는 원인에 대하여 설명하시오.
2. 일반식품 및 가공제품에 대한 소비자의 기대사항을 품질 측면에서 설명하고, 식품안전성이 식품의 품질에서 차지하는 의미를 설명하시오.
3. 식품위생의 의미와 정의를 밝히고 식품안전성과의 관계를 설명하시오.
4. 식품위생이 소비자의 건강에 미치는 부정적 영향에 대하여 설명하시오. 또한 현대 사회에서 소아암이 증가하는 이유에 대하여 설명하시오.
5. 세균의 특성과 그 증식 요건에 대하여 설명하시오.
6. 식품위생의 목적과 그 실천 사항을 구체적으로 설명하시오.
7. 우주식 개발에서 HACCP 개념이 도입된 외부적 환경에 대해 설명하시오.
8. 미국에서 정립된 HACCP을 Codex에서 채택한 후 제시한 적용 지침에 대하여 설명하시오.
9. 미국의 선행요건프로그램과 한국의 선행요건프로그램의 차이를 설명하시오.
10. 미국의 GMP에서 규정한 오염방지를 위한 위생의 8대 핵심내용을 밝히고 당신이 거주하는 곳의 주방에 적용한 결과를 설명하시오.

2장

HACCP의 이해

단원의 목표

1. 프로세스 관리의 이해
2. CP(공정) 관리의 이해
3. CP와 CCP의 차이에 대한 이해
4. HACCP 관리의 이해

● 단원의 소개

HACCP은 기술학(Technology)이 아닌 기술(Technique)이라고 한다. 오로지 실천을 통해 그 실체를 알 수 있다. 또한 HACCP은 융복합된 분야이다. 그런데 공학적, 경영학적 배경과 경험이 없이 HACCP을 이해하고자 하면 뜬구름 잡듯 모호하고 실체가 잘 보이지 않는다. 따라서 이학 위주의 학문적 배경을 가진 사람들이 HACCP을 잘 이해하는 데 도움을 주고자 이 장은 마련되었다.

HACCP은 특정 목적인 "식품안전성"을 위한 일련의 활동을 관리하는 프로세스(process) 관리이다. HACCP은 선행요건프로그램을 바탕으로 작동하며 CCP는 CP 중에서 식별된다. 프로세스 관리, 공정(CP) 관리, 선행요건 관리의 관계를 이해하지 않고는 HACCP을 이해하기가 쉽지 않다. 이 장에서는 HACCP 관리의 바탕이 되는 프로세스 관리와 공정 관리의 의미와 방법 및 식품의 완전성에 영향을 미치는 2가지 요소인 위생과 품질이 어떻게 관리되는지 소개한다. 물론 어렴풋이나마 HACCP의 실체를 볼 수 있도록 구성하였으나 그 실천은 몸으로 체험하며 숙달해 가는 것임을 유의하자. 참고로 "Technique"과 "Technology"에 관한 아래 내용을 읽어보길 바란다.

* Techinique

① 어떤 활동을 하는 실질적인 방법, 대체로 실질적인 기술을 포함하는 방법(a particular method of doing an activity, usually a method that involves practical skills), 어떤 일을 완성하는 절차 (a procedure to complete a task)

② 과학 이론을 실제로 적용하여 자연의 사물을 인간 생활에 유용하도록 가공하는 수단 또는 사물을 잘 다룰 수 있는 방법이나 능력 ➡ 어떤 일을 숙달하기 위한 "기술"

* Technology

① 테크닉, 프로세스, 방법, 기술 등의 학문(knowledge of techniques, processes, methods, skills, and the like)

② 과학적 지식을 개별 영역에서 실제적 목적을 위해 공학으로 적용하는 방법론) ➡ "기술의 근거가 되는 과학", "기술 과학" 또는 "기술학"

제 1 절 공정 관리

1. 공정(CP) 관리의 개념

1) CP와 CCP

식품제조가공을 위하여 식품을 처리하는 일련의 과정 중 입고부터 출고까지의 각 단계 혹은 지점을 CP(Control Point, 공정 또는 관리점)라고 한다. CCP란 위해요소 분석을 실시해서 해당 제품에 질병과 상해를 유발할 수 있는 위해요소가 존재할 경우 이를 차단(허용수준으로 감소, 제거 혹은 예방)하는 지점 혹은 단계를 말한다. 또한 CCP는 강화된 관리인 7원칙을 적용해서 해당 위해요소를 차단하며, CCP는 CP중에서 식별된다. 7원칙 중 원칙 2인 "Identify CCP(CCP를 식별하라)"라는 말의 정확한 의미는 해당 제품을 제조 혹은 가공하는 일련의 과정인 CP들 중에서 CCP를 식별(Identify)하라는 것이다. 따라서 HACCP 관리라는 큰 틀을 더욱 자세히 보면 원료반입부터 반출까지 모든 과정인 CP(공정) 관리를 하고, 특정 위해요소를 CCP에서 차단하라는 것이다.

2) 공정 관리의 정의

공정 관리의 의미는 제품의 "완전성"이 형성되는 식품안전성과 품질이라는 두 가지 요소를 고찰함으로써 잘 이해될 수 있다. 다음에 제시한 고등어구이에 대한 공정흐름과 관리 방법에 대한 개괄적인 내용을 살펴보자.

고등어구이는 〈원료 반입 - 개포 - 냉동보관 - 전처리 - 세척 - 탈수 - 구이 - 냉각 - 동결 - 내포장 - 금속검출 - 외포장 - 냉동보관 - 출하〉의 과정을 거쳐 공정이 진행된다. 이러한 공정을 잘 관리하기 위해서는 품질적 요인을 중심으로 하는 관리와 안전성을 중심으로 하는 관리로 구분해야 한다.

첫째, 고등어구이의 품질적 요인을 바탕으로 공정을 관리하기 위해서는 제조 장비나 설비의 세팅 혹은 작동 상태, 제조 장비나 설비의 정비 상태, 반제품 및 제품 규격의 준수 여부, 종업원의 숙달 혹은 작업지시서의 준수 여부, 각 공정의 물성과 형태의 변경요인 점검 등을 실시해야 한다. 이를 위해서는 각 요인을 점검할 수 있도록 하나의 양식을 만들어 PDCA 사이클에 의해 정기적으로 점검해야 한다.

둘째, 고등어구이의 안전성 요인을 바탕으로 공정을 관리하기 위해서는 각 공정이 오염과 변질을 방지하는 환경에서 오염과 변질을 방지하는 방법으로 취급되도록 해야 하는데 이는 선행요건으로 관리함으로써 가능해진다. 특히 청결구역은 그 이후에 세균감소 공정이 없으므로 더 이상 오염이 발생하지 않도록 높은 기준으로 관리해야 하며 소독을 더 자주 실시하는 것이 이에 해당된다.

요약하자면, 식품의 완전성(Integrity)은 안전성을 바탕으로 만족하는 품질과 감동하는 품질이라는 품질적 요소로 구성된다. 최종 제품 품질의 완전성은 그것을 구현하는 공정의 완전성의 통합을 의미한다. 따라서 각 공정도 품질적 요소와 안전성 요소의 두 측면에 의해 관리되어야 한다.

참고로 고등어구이는 위해요소 차단을 위해 두 개의 CCP가 식별되었다. 즉 CCP1은 세균을 감소하는 공정이고, CCP2는 경성 이물질을 제거하는 공정이다. 이들 공정에 대한 관리가 제대로 이루어지지 않으면 위해요소가 포함된 안전하지 못한 제품이 생산될 수 있으므로 7원칙을 적용하여 강화된 관리를 실시하는 것이다. [표 2-1]에 고등어구이의 공정흐름, 공정관리 및 CCP 관리에 대한 방법을 간략히 제시하였다.

3) 공정 관리 방법의 실제

이 세상에는 수천 혹은 수만 가지의 식·제품이 존재하고 그 제품들은 저마다의 공정 방식에 의해 제조·가공 혹은 조리되었으니 그 공정 방식 또한 수천 혹은 수만 가지가 있을 것이다. 우선 단체급식 레시피만 보아도 한 영양사 혹은 조리사가 적게는 500개, 많게는 2,000개 정도를 보유하고 있다. 그러나 이러한 식품 제조, 가공 혹은 조리 방법을 자세히 살펴보면 크게 두 가지 목적을 위한 것으로 압축될 수 있으며, 그 목적을 달성하기 위해 선택한 공정의 방식도 인류가 추구한 식품 제조와 가공의 역사에서 개발된 몇 가지 기본적인 방식을 바탕으로 하고 있음을 알 수 있다. 이 방식들을 식품업체에서 응용하고 융복합함으로써 그들만의 제조 및 가공 방법으로 발전시키는 노하우(Know-how)를 개발한 것이다.

식품 제조 · 가공이라는 큰 영역을 두 가지 공정으로 나누면 비가식 부위나 이물을 먹을 수 있는 식재료로부터 분리하는 공정들이 그 한 가지이고, 맛과 영양가 혹은 기능성 추가 등의 목적으로 품성이나 형태를 변경하거나 다양한 재료를 넣어 혼합하는 공정들이 다른 하나라고 할 수 있다. 물론 안전성을 보장하는 CCP는 이물 제거 과정에서도 식별될 수 있고, 품성 혹은 형태를 변경하는 공정에서도 식별될 수 있다.

[표 2-1] 고등어구이의 공정 흐름, 공정 관리 및 CCP 관리의 개요 예시

공정의 흐름	공정 관리		CCP 관리
	품질적 요인	안전성 요인	
원료 반입 개포 냉동보관 전처리 세척 탈수 구이 냉각 동결 내포장 금속검출 외포장 냉동보관 출하	• 제조 장비나 설비의 세팅 혹은 작동상태 • 제조 장비나 설비의 정비 상태 • 반제품, 제품 규격의 준수 • 종업원의 숙달 혹은 작업지시서의 준수 • 각 공정의 물성과 형태의 변경요인	• 각 공정은 오염과 변질을 방지하는 환경에서 오염과 변질을 방지하는 방법으로 취급 함 → 선행요건으로 관리	• CCP1, CCP2는 각각 세균 감소와 경성 이물질 제거 공정으로서 이들이 제대로 이루어지지 않으면 위해요소가 포함된 안전하지 못한 제품이 될 수 있으므로 7원칙을 적용하여 관리
	※ 각 요인을 점검할 수 있도록 하나의 양식으로 PDCA 사이클에 의해 정기적으로 점검 ※ 청결구역은 그 이후에 세균감소 공정이 없으므로 더 이상 오염이 발생하지 않도록 높은 기준으로 관리해야 함(더 자주 소독)		※ 각 CCP는 CL 설정, 모니터링, 개선조치, 검증의 강화된 관리가 이루어져야 함

2. 관리와 통제

1) 관리와 통제의 개념

관리란 사람에게 일을 시키거나 사람이나 공정 등이 특정 목적을 위해 규명된 범위(범주, 기준) 안에 머물도록 통제하기 위한 일련의 프로세스(process)이다. HACCP은 생산 관리의 새로운 기법이라고 하였다. 식품 생산(제조·가공)의 전 과정은 관리되어야 하며 이러한 관리는 PDCA 사이클에 의해 체계적으로 수행되어야 한다. 그리고 이러한 일련의 과정을 구성하는 각 공정(CP)들은 통제되어야 한다. 통제란 위에서 언급했지만 이탈하면 안되는 선(기준, 범위, 범주)을 정하고 그 안에서 공정이 운영되도록 하는 것이다.

[그림 2-1] 부모가 아기를 관찰하는 모습: 통제의 좋은 예시

비유하자면 부모는 어린 아이에게서 한시도 눈을 뗄 수 없다. 아이가 할 수 있는 것과 할 수 없는 것의 경계를 가지고 그 경계(기준)을 넘어갈 때는 "안 돼." 혹은 "하지 마."를 말하며 보살핀다. 이것이 통제의 개념이다. 공정을 통제하는 것을 부모가 어린 아이를 보살피듯 기준(혹은 통제의 범위)을 정하여 그 기준 안에서 공정이 작동하게 하는 것이다. 그러나 이 아이가 성장할수록 부모는 그 아이가 성인으로서 역할을 하고 좋은 인성을 가꾸도록 통제보다는 관리를 할 것이다. 가령 아이와 장래를 의논하고 아이가 필요한 교육을 받도록 하고 때로는 아이의

활동을 모니터링하고 지도하는 것들이 관리이다. 요약하면 통제는 어떤 순간, 지점 혹은 단계에서 범주를 이탈하지 않게 하는 것이고, 관리는 어떤 목적을 향해 가는 전 과정에서 선을 넘어가지 않도록 하면서 목적을 달성하도록 하는 일련의 활동이다.

2) 통제의 이해

통제란 이탈하면 안 되는 선(기준, 범위, 범주)을 정하고 그 안에서 공정이 운영되도록 하는 것을 말한다. [그림 2-2]은 식품제조 · 가공의 세부 공정 관리에 있어서 지켜야 할 기준인 상한선(Upper Control Limit)과 하한선(Lower Control Limit)를 설정함으로써 프로세스가 일정한 범위 안에 머물도록 통제하는 개념을 잘 나타내고 있다. 즉 공정이 기준 범위 안에만 존재한다면 그 안에서의 변화는 문제될 것이 없다는 것이다.

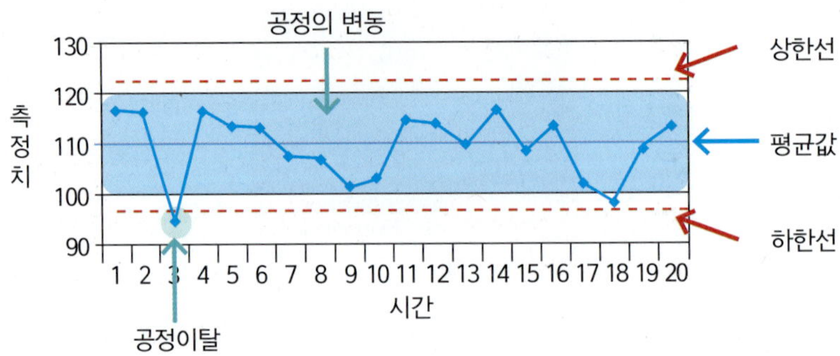

[그림 2-2] 상한선과 하한선의 규정을 통한 프로세스 관리 개념도

출처: 이상문(2010)

김치 가공 공정은 [그림 2-3]과 같은 CP로 구성되어 있다. 여기에서 김치를 가공하는 각 단계를 모두 CP라고 한다. CP라고 부르는 이유는 이 공정 중에서 관리하지 않아도 되는 공정은 한군데도 없으며, 만약 관리하지 않으면 안전성이든 관능적인 요소든 문제가 발생할 것이기 때문이다.

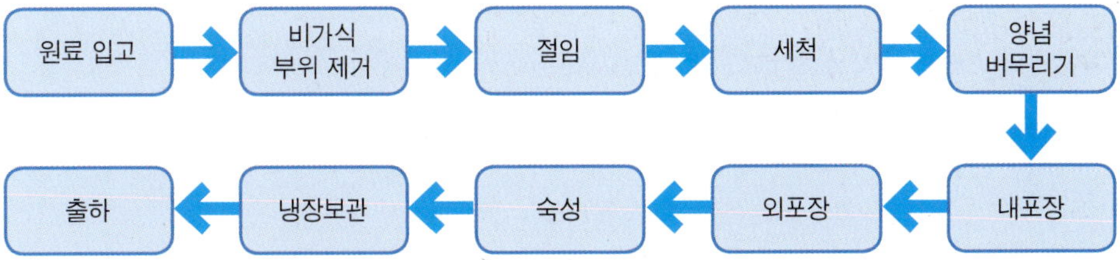

[그림 2-3] 김치 가공 공정의 일반적인 순서

출처: 박원종 외(2015)

물론 그 기준은 [그림 2-2]와 같은 어떤 범위로 나타날 수도 있고 혹은 적합/부적합한 상태로 표시될 수도 있다. 가령 김치 가공 작업 중 공정별 관리기준을 살펴보면 [표 2-2]와 같다.

[표 2-2] 배추김치 제조 공정별 가공 방법 및 관리기준 예시

제조공정	가공 방법 및 관리기준
원·부재료 입고	• 입고기준에 적합한 원·부재료 및 포장재만 입고한다. - 입고기준: 시험성적서 확인, 원·부재료 입고검사 기준 적합 • 부적합제품의 경우 식별표시 후 반품 또는 폐기한다.
보관	• 입고된 원·부재료는 창고 또는 냉동/냉장창고, 포장재는 실온창고에 보관하여 사용한다.
공산품 계량	• 각 규정된 배합비에 맞게 계량한다.
전처리/선별	• 비가식 부위는 절단하고 이절한다.
절임	• 염수가 채워진 절임통에 배추를 넣고, 배추가 염수에 충분히 잠길 수 있도록 무게가 있는 덮개를 덮어둔다.
세척	• 절임이 끝난 배추는 3단 세척조에 투입하여 5초 이상 3회 세척한다.
탈수/이물선별	• 탈수가 된 배추를 속넣기 작업을 위한 작업대로 이동시킨 후, 배추잎을 3~4장 젖혀 잔여 이물을 확인·선별한다.
버무림(속넣기)	• 제조한 양념을 배추에 속넣기를 한다. 수작업하면서 이물질을 다시 한번 선별한다.

제조공정	가공 방법 및 관리기준
내포장	• 속을 넣은 공정품을 규격에 맞게 포장한다. - 내포장된 제품의 포장상태 확인
외포장	• 내포장된 제품을 박스포장한다. - 제품 중량 확인 - 제품 불량 확인

출처: M김치공장 HACCP 관리기준서

3) 관리의 이해

각 공정은 기준에 의해 통제되지만 이 공정들이 잘 통제되는지 관리하는 방법은 체계적으로 수행되어야 한다. 체계적 관리란 PDCA 사이클에 의한 관리를 말한다. 여기서 핵심은 확인 혹은 점검(Check)하는 것이고 그 방법은 모든 시스템과 마찬가지로 단순화하여야 실천하기가 용이하다. 그래서 한 가지 양식으로 한 번에 모든 공정을 점검하는 것이 가장 좋다. PDCA 사이클의 개요를 [그림 2-4]에서 나타내었다.

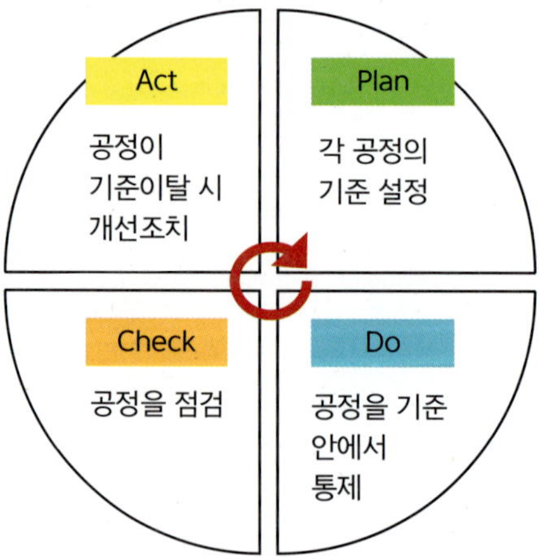

[그림 2-4] PDCA 사이클

출처: 이병철 외(2014)

공정의 점검 횟수는 제품의 생산량과 공정의 난이도에 따라 결정하는 것이 일반적이다. 통제에서 벗어날 가능성 등을 고려하여 업체의 사정에 맞게 정한다.

[표 2-2]에서 예를 든 김치업체 같은 경우에는 1일 1회 점검을 할 수도 있고 만약 생산량이 많거나 새로운 제품일 경우에는 1일 2회 할 수도 있다. [표 2-3]에서 김치 제조공정의 일별 공정점검 일지의 예시를 나타내었다. 이 업체는 점검 일지에 나타난 공정 관리 점검 항목을 매일 2회 실시하도록 되어 있다. 전처리 공정에서 매일 점검할 사항은 비가식 부위 제거상태와 작업공간 청결 상태이며, 절임공정에서는 염도와 절임시간을 점검해야 한다. 세척 공정에서는 세척수 유량의 상태, 에어노즐의 상태, 세척 방법의 올바른 준수 여부 및 세척 후 공정품의 상태를 점검한다. 탈수 공정에서는 탈수 냉장고 및 탈수통의 청결 상태를 점검하고 탈수 온도와 시간도 확인하고, 버무림 공정에서는 컨베이어의 청결 상태, 양념 보관 상태, 버무리는 시간과 속넣기 상태를 점검한다. 개량 및 내포장 공정에서는 내포장재의 보관 상태, 저울의 청결 상태, 제품의 관능 및 내포장의 파손 여부를 점검한다. 끝으로 외포장 공정에서는 제품에 부착한 라벨의 표기사항을 점검하고 외포장 상태를 확인한다.

이와 같이 공정별 세부 점검 항목은 작업자가 반드시 준수되는지 점검해야 한다. 이 김치업체의 경우 각 항목에 대한 점검 결과를 적합/부적합/해당무 중에 하나를 점검 시간과 함께 적도록 되어 있다.

[표 2-3] 김치제조일별 공정 점검일지 예시

공정 점검일지	결재	작성	검토	승인

작성년월일 : 201 . . .
점검자:
점검주기: 1일 2회 범례(○: 적합, ×: 부적합, - : 해당무)

구분	전처리	시	시	비고
전처리	비가식 부위 제거 상태			
	작업공간 청결 상태			
절임	염도 절임시간			
세척	유량 상태			
	에어노즐 상태			
	세척 방법 준수 여부			
	세척 후 공정품 상태			
탈수	탈수냉장고 및 탈수통 청결 상태			
	탈수온도 확인			
	탈수시간 확인			
버무림	컨베이어 청결 상태			
	양념 보관 상태			
	버무림 시간			
	속넣기 상태			
계량 /내포장	내포장재 보관 상태			
	저울 청결 상태			
	제품 관능 상태			
	내포장 상태(파손 여부)			
외포장	제품표기(라벨부착)			
	외포장 상태			

자료: M김치공장 공정점검일지

이와 같이 CCP 관리 이전에 CP 관리가 이루어져야만 CCP 관리도 효과적으로 작동할 수 있다는 것을 이해할 수 있을 것이다. 이러한 공정 관리는 적합한 작업 환경에서 오염과 변질을 방지하는 일련의 활동, 즉 선행요건 관리 작동을 전제로 수행되어야 한다.

위에서 언급한 김치공정을 예를 들어 살펴보자. 김치를 가공하는 일련의 공정 중에서 작업환경, 제조설비, 해충, 종업원 등에서 오염이 발생하거나 숙성 시간을 준수하지 못하거나 냉장고 온도가 적절하지 못하면 김치는 너무 익어버려 품질이 저하될 것이다. 이러한 오염과 변질을 방지하는 일련의 활동 즉 선행요건을 어떻게 관리해야 하는가? 역시 PDCA 사이클에 의해 체계적으로 관리하여야 한다. 위생 관리를 주요 내용으로 하는 선행요건 관리는 통상적으로 1일 3회 실시하는데 작업 전, 작업 중, 작업 후에 점검하도록 함을 말한다. 그 예는 [표 2-4]와 같다.

작업을 개시하기 전에 점검해야 하는 위생 상태는 총 8개 항목으로서 작업대, 칼 등은 깨끗한 상태인지, 제품과 접촉되는 장비, 도구 등의 표면에는 이물질이 깨끗하게 제거되었는지, 작업 전후로 기구에 대한 파손 여부를 확인하는지 등을 포함하고 있다. 작업 중 점검해야 할 위생상태에는 총 11가지 항목을 담고 있다. 작업 중 흡연, 음식물 섭취, 껌 씹는 행위를 하는지 여부, 작업장 외부 및 화장실 출입 시 앞치마 및 장갑을 벗는지 여부, 작업장 및 화장실 출입 시 손 및 신발을 세척 또는 소독하는지 여부, 제품을 오염되지 않도록 위생적으로 운반, 처리, 또는 포장하는지 여부 등을 포함하고 있다. 또한 장비, 칼, 기구의 세척 및 소독, 바닥의 청결, 앞치마, 장갑, 행주의 수시 교체 및 세척을 확인한다. 또한 작업 중에 작업장의 구역별 실내 온도를 측정한 후 기록하여야 하는데 전처리실은 25℃ 이하, 절임 · 세척 · 배합 · 양념실은 22℃ 이하로 설정하고 있다. 그 외 원재료 가공 작업 시 작업자, 작업도구, 사용수 등에 의한 오염 예방 여부, 포장된 제품이 냉장고에 신속히 이송되는지 확인함으로써 실온 방치를 방지하도록 한다. 끝으로 사용한 용기는 세척 및 소독 후 지정된 장소에 보관하는지 점검한다. 작업 후 점검할 위생상태는 총 6항목을 지정하고 있는데 사용한 장비 · 작업대 · 운반기구의 정리 여부, 위생복 · 위생모 · 위생화 · 앞치마 · 토시의 세척 보관, 바닥 · 배수구 · 벽의 청소, 장갑의 세척과 건조 보관, 칼 등의 작업도구의 위생 보관, 폐기물 처리 용기의 세척 · 소독을 점검하도록 한다.

[표 2-4] 김치 제조공정 일일 위생점검 일지 예시

구분	점검항목	평가	비고
작업 전 위생상태	1. 작업대, 칼 등은 깨끗한 상태인가?		
	2. 제품과 접촉되는 장비, 도구 등의 표면에는 이물질이 깨끗하게 제거되었는가?		
	3. 작업 전후로 기구에 대한 파손 여부를 확인하는가?		
	4. 청소도구는 일정장소에 정리 정돈되어 있는가?		
	5. 화장실, 탈의실 등은 청결하게 유지되고 있는가?		
	6. 벽면, 천장은 이물질, 먼지, 거미줄 등이 제거되어 청결하게 유지되고 있는가?		
	7. 바닥 및 배수구는 청결하게 관리되고 있으며, 물이 고여 있거나 냄새가 나지 않는가?		
	8. 포장재는 위생적으로 관리되고 있는가?		
작업 중 위생상태	1. 작업 중 흡연, 음식물 섭취, 껌 씹는 행위를 하지 않는가?		
	2. 작업장 외부 및 화장실 출입 시 앞치마 및 장갑을 벗고 가는가?		
	3. 작업장 및 화장실 출입 시 손 및 신발을 세척 또는 소독하는가?		
	4. 제품을 오염되지 않도록 위생적으로 운반, 처리, 또는 포장하는가?		
	5. 제품과 접촉하는 장비, 칼, 기구 등은 수시로 세척 소독하는가?		
	6. 바닥은 항상 청결하게 유지되고 있는가?		
	7. 앞치마, 장갑, 행주는 수시로 세척 또는 교체하는가?		

구분	점검항목	평가	비고
작업 중 위생상태	8. 작업장의 실내온도는 적정한가?(전처리실: 25℃ 이하, 절임·세척·배합·양념실: 22℃ 이하) 전처리실: ℃ / 절임·세척실: ℃ / 양념실: ℃ / 배합실: ℃		
	9. 원재료 가공작업 시 작업자, 작업도구, 사용수 등에 의한 오염이 예방되고 있는가?		
	10. 포장된 제품은 실온에 방치되지 않도록 신속히 냉장고에 이송하는가?		
	11. 사용한 용기는 세척 및 소독 후 지정된 장소에 보관하는가?		
작업 후 위생상태	1. 작업 중 사용하였던 장비, 작업대, 운반기구 등은 이물질을 제거하고 깨끗이 세척 ·소독하여 제 위치에 정리되어 있는가?		
	2. 위생복, 위생모, 위생화, 앞치마, 토시 등은 깨끗이 세척·보관하는가?		
	3. 바닥, 배수구, 벽은 이물질을 제거하고 세제로 깨끗이 청소되어 있으며, 물이 고여 있지 않는가?		
	4. 장갑은 깨끗이 세척 후 건조 보관하고 있는가?		
	5. 칼 등의 작업도구는 세척·소독 후 위생적으로 보관하고 있는가?		
	6. 폐기물 처리 용기는 깨끗이 세척·소독되어 보관하고 있는가?		

출처: M김치공장 일일 위생점검일지

KEY POINT

- 식품을 제조·가공하기 위한 일련의 과정을 CP(공정, 관리점)라고 한다. 각 CP에는 이를 통제하는 기준(범위 혹은 절차)을 수립하여야 한다.
- 각 CP는 선행요건 관리를 바탕으로 각 CP들이 통제하에 운용되도록 관리되어야 한다. 이때 통제를 위한 기준은 품질에 영향을 미치는 요소들이다. 또한 CP를 통제하는 선행요건 관리의 내용과 품질에 관련된 요소들은 각각 PDCA 사이클에 의해 관리되어야 한다.
- 위생 관리와 공정 관리는 PDCA 사이클에 의해 체계적으로 수행되어야 한다.

3. 선행요건프로그램에 의한 공정 관리

1) 선행요건프로그램의 개요

프로그램이란 어떤 목적을 위해 수행하는 일련의 과정이다. 선행요건프로그램에 의한 공정 관리의 목적은 오염과 변질 방지이며 이를 위한 주요 실천 사항은 청결과 온도 관리, 그리고 온도 관리가 어려운 가공 중에는 가급적 제품을 신속히 취급하여야 한다. 오염과 변질을 방지하기 위한 일련의 활동을 살펴보자.

[그림 2-5]는 비위생적인 조건에서 김치가 제조되는 모습을 간략하게 나타낸 그림이다. 오염과 변질을 유발하는 요인은 아래와 같이 요약될 수 있다.

[그림 2-5] 김치 제조·가공 공정 중 오염 및 변질요인

- 배추가 시들었다.
- 양념 중 고춧가루에서 쇳가루가 나오고, 세균에 오염되어 있다.
- 물이 오염되어 세척한 배추에도 균이 검출되었다.
- 환기가 되지 않아 공기가 탁하고 먼지가 많다.
- 벽이나 기둥에 마감이 되지 않아 청소가 어렵고 구석구석 이물이 많다.
- 도마나 칼과 종업원의 장갑을 소독하지 않았다.
- 내포장제가 위생적으로 관리되지 않아 오염되어 있다.
- 작업장이 더워 문을 닫지 않으니 파리가 많이 날아다닌다.
- 냉장고가 고장 나 김치가 쉬어 버렸다.
- 양념의 선입선출이 이루어지지 않아 작년에 입고된 젓갈을 사용하였다.
- 냉장 탑차가 온도를 유지하지 않아 운송 중 김치가 변질되었다.

이런 식으로 김치가 오염이나 변질되는 사례는 수백 가지도 넘을 것이다. 그러면 이를 방지하기 위해서 어떤 활동을 해야 하는가? 그 활동을 식품안전관리인증기준에서는 [그림 2-6]과 같은 8가지 범주로 구분하며 이를 "선행요건프로그램"이라는 이름으로 관리한다.

[그림 2-6] 선행요건프로그램 운영을 위한 관리 범주

출처: 식품의약품안전처(2015)

2) 선행요건프로그램 관리의 목적과 내용

다음은 선행요건프로그램 운영을 위한 8가지 관리 범주에 대한 운영 목적과 세부 내용 및 사례를 제시하였다. 영업장 관리는 영업장으로부터 제품이 오염되는 것을 방지하기 위함이다. 영업장 관리의 핵심 내용은 [표 2-5]에서 나타난 바와 같이 밀폐성, 공간의 분리성, 청소 용이성으로 요약될 수 있다. 제조 · 가공 시설 · 설비 관리는 제조 · 가공시설 · 설비로부터 제품이 오염되는 것을 방지하기 위한 관리로서 제조 · 가공시설 · 설비 및 설비의 조건 및 형태 관리, 각종 제조 · 가공시설 및 설비의 배치와 기기의 예방정비가 포함된다. 냉장 · 냉동 시설 · 설비 관리는 냉장 · 냉동보관 중 제품의 변질을 방지하는 환경을 제공하기 위한 것으로 적정 온도 유지와 온도계 부착이 핵심 사항이다. 위생 관리란 작업장 내에서 식품 취급 시 오염을 방지하기 위함이 목적이며 환경 관리, 개인 위생 관리, 청소 및 소독 관리, 폐기물 관리에 관한 구체적인 사항들을 포함하고 있다. 용수 관리란 용수로부터 오염을 방지하기 위한 목적으로 원수의 안전성 확인과 물탱크 청소가 주요 내용이다. 입고 · 보관 · 운송 관리는 원 · 부재료의 안전성 확보와 보관 및 운송 중 변질과 오염방지를 목적으로 하며 협력업체 관리, 입고검사, 보관 관리, 운송 관리를 주요 내용으로 담고 있다. 검사 관리는 선행요건활동을 비롯한 안전성 관리의 적절성 평가와 검사 및 측정 장비의 정확성을 보증하기 위하여 실시한다. 세부 내용은 원 · 부재료, 공정 중 환경 점검, 최종 제품의 미생물 항목에 대한 실험실 검사, 냉장 · 냉동 및 가열처리 시설의 온도계와 저울 등의 검사 및 측정 장비의 검 · 교정 등을 실시하여야 한다. 끝으로 회수 관리란 제품의 안전성 관리의 실패로 인해 소비자가 섭취 시 건강에 위해를 줄 수 있음이 확인되었을 경우에 소비자 섭취를 최소화하기 위한 제품의 회수 절차와 방법을 제시하고 실천하는 것을 말한다. 세부 내용으로는 제품의 식별 및 목적성 규명, 제품 회수 절차와 방법 제시 및 모의훈련(M/U, Mock-up) 등이다.

[표 2-5] 선행요건프로그램 8가지 관리 범주 운영 목적과 세부 내용

구분	목적	세부 내용	비고
1. 영업장 (작업장 + 부대시설) 관리	영업장으로부터의 제품의 오염 방지	• 외부 오염 방지를 위한 밀폐성 • 교차 오염 방지를 위한 일반구역/청결구역 분리 혹은 구분 • 내부의 오염방지를 위한 청소가 용이한 마무리	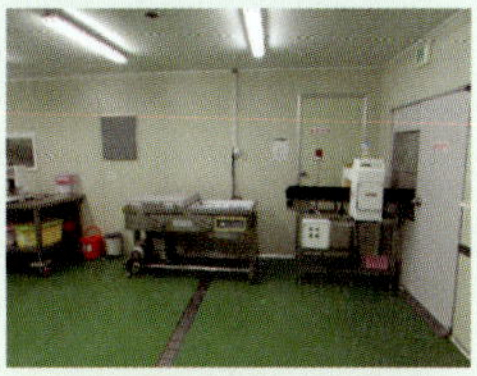
2. 제조·가공 시설·설비 관리	제조설비로부터 제품의 오염 방지	• 제조·가공시설·설비의 조건 및 형태 관리 • 시설·설비 배치의 적절성 • 예방 정비 • 시설·설비 유지 및 보수	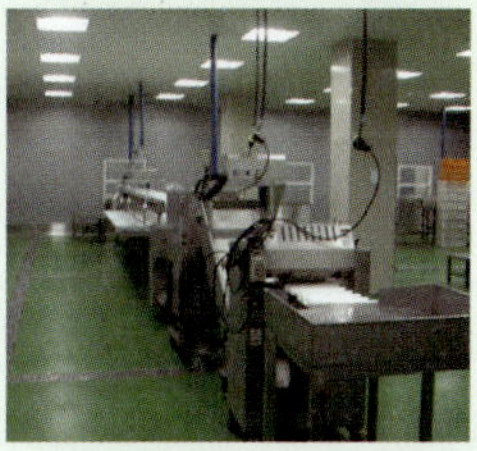
3. 냉장·냉동 시설·설비 관리	냉장·냉동 보관 중 변질 방지하는 환경	• 냉장·냉동시설·설비의 온도 관리 • 온도계 부착	
4. 위생 관리	작업장 내 식품 취급 시 오염 방지	• 작업장 위생 관리 • 작업자 위생 관리 • 청소 및 소독 관리 • 공정 위생 관리 • 방충·방서·폐기물 관리	
5. 용수 관리	용수로부터 제품의 오염 방지	• 용수 저장시설 관리 • 원수의 안전성 관리 • 물탱크 청소	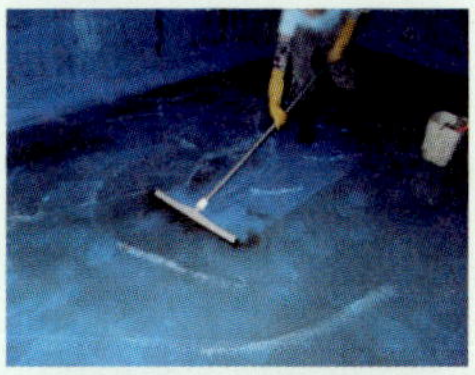
6. 입고·보관·운송 관리	원·부재료의 안전성 확보와 보관 및 운송 중 변질과 오염 방지	• 협력업체 관리 • 입고검사 • 보관 관리 • 운송 관리	

(다음)

구분	목적	세부 내용	비고
7. 검사 관리	선행요건활동을 비롯한 안전성 관리 적절성 평가와 검사 및 측정장비의 정확성 보증	• 원·부재료, 공정 중 환경, 최종 제품의 미생물 항목에 대한 실험실 검사 • 검사 및 측정장비(예: 온도계, 저울 등)의 검·교정	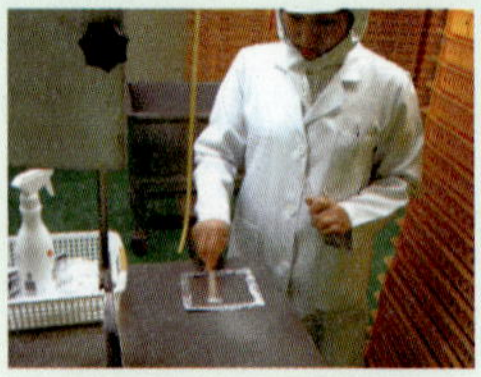
8. 회수 관리	안전성 관리 실패 시 소비자 섭취를 최소화	• 제품 회수 절차와 방법 제시 • 제품 식별 • 제품 목적성 규명 • 모의(M/U) 훈련	

출처: 식품의약품안전처(2015)

3) 선행요건프로그램 관리의 기록

선행프로그램의 8가지 관리 범주의 활동은 PDCA 사이클에 의해 체계적으로 관리되어야 하나 그 점검 주기는 각 범주의 특성에 따라 달라질 수 있다. [표 2-6]은 범주별 세부 검검 내용의 점검 주기의 예시를 나타내었다. 개인 위생과 폐기물 관리, 청소와 소독, 작업 중 위생 관리는 매일 3회 실시하고 냉장 · 냉동설비의 온도 유지 상태는 매일 1~2회 관리한다. 제조 설비의 정비 및 유지 상태는 주 1회 또는 월 1회 점검을 실시하고, 영업장의 천장, 벽, 바닥, 문, 환기 등의 유지상태 점검은 월 1회 실시한다. 영업장의 조도, 원수의 안전성, 협력업체평가, 장비의 검 · 교정, 회수 관리를 위한 회수 M/U(Mock up) 훈련은 연 1회 실시한다. 입고검사는 매 입고 시에 실시하고 운송차량 관리는 매 출고 시에 한다. 물탱크 청소는 반기에 1회 실시하고 미생물 검사는 검사 계획에 의거하여 실시한다.

[표 2-6] 선행요건프로그램의 관리 범주에 따른 세부 점검 내용 및 주기(예시)

범주	점검세부내용	주기
위생 관리	• 개인 위생 • 폐기물 관리 • 청소 및 소독 • 작업 중 위생 등	1일 3회
냉장·냉동 시설·설비 관리	• 온도 유지 상태	매일 1~2회
제조·가공 시설·설비 관리	• 제조 설비의 정비 및 유지 상태	주 1회 혹은 월 1회
영업장 관리	• 천장, 벽, 바닥, 문, 환기 등의 유지 상태 • 조도 상태	월 1회 연 1회
용수 관리	• 원수의 안전성 • 물탱크 청소	연 1회 반기 1회
입고·보관·운송 관리	• 협력업체 평가 • 입고 검사	연 1회 매 입고 시
검사 관리	• 운송차량 관리 • 미생물 검사 • 검·교정	매 출고 시 검사 계획 의거 연 1회
회수 관리	• 회수 M/U 훈련	연 1회

출처: ○○수산, 선행요건관리기준서

물론 이러한 내용을 점검하고 이상 상태 발생 시 개선한 내용은 기록을 통해 증거를 확보해야 한다. 따라서 기록을 위한 양식이 필요하며, 그 양식의 종류는 업체의 규모나 사정에 따라 결정되나 가급적 단순화하는 것이 좋다.

선행요건프로그램 관리를 위한 양식 예시 - 소규모 업체-	
중요관리점(CCP) 점검표	검교정기록부
중요관리점(CCP) 검증 점검표	육안검사일지
일반위생 관리 및 공정점검표	검증보고서
일반위생 관리(주간~연간)	업무인수인계서
교육훈련기록부	클레임 및 이물관리일지
방충방서점검표	

선행요건프로그램 관리를 위한 양식 예시 - 일반 업체-	
월간위생점검기록부	개선조치요구서
시설/설비 보수 기록부	원 부재료 입출고 대장
조명 측정 기록부	배송일지
일일위생점검기록부	완제품검사성적서
공정점검일지	검사일지
제품 미생물 검사기록부	실험실 기자재 점검 기록부
작업도구 미생물 검사기록부	검·교정 관리기록부
작업장 낙하세균 검사 기록부	고객 불만 접수 대장
방충방서점검일지	제품 회수 결과 보고서
방역확인기록부	회수 결정서
폐기물 처리 대장	회수통보서
장비이력카드	회수 계획서
예방정비기록부	제품 회수 현황
냉장(냉동)고 관리 CHECK LIST	회수종합보고서
용수검사기록부	교육/훈련 기록부
회의록	업무 인수 인계서
원재료 검사 기록부	CCP-점검표
부재료 검사 기록부	완제품 입·출고 현황
포장재 검사 기록부	완제품 생산 일지
협력업체평가기록부	

출처: 식품의약품안전처(2015)

[그림 2-7] 선행요건프로그램에 의해 관리되는 김치공장 예시

KEY POINT

- 프로세스는 체계적으로 관리되어야 하지만 프로세스를 구성하는 각 공정은 통제* 되어야 한다.
- HACCP은 각 공정이 선행요건프로그램과 품질적 요인 측면에서 통제* 되고, 그중 CCP를 식별해서 강화된 통제* (Enforced control = 7원칙 적용)를 통하여 위해요소를 차단하는 것이다.

* 통제: HACCP 관련 국내 문헌에는 통상적으로 '관리'라는 용어로 사용하지만, 정확한 의미는 '통제'이므로 본서에서는 통제로 표기함

제 2 절 HACCP 관리

1. CCP 관리

CP는 식품을 취급하는 모든 공정을 말하며, 각각의 공정은 기준(관리 방법)이 규명되어야 하며 최소 1일 1회 이상 점검하여야 한다. CCP는 중요한 CP로서 공정에서 안전성을 통제하지 못하면 제품이 안전하지 못할 수 있는 공정이다. 따라서 해당 위해요소를 예방하거나, (허용수준으로) 감소하거나 제거해야 하는 공정을 말한다. CP는 PDCA 사이클에 의해 관리되지만 CCP는 통제를 벗어나면 치명적인 공정이므로 강화된 관리인 7원칙을 적용하여 관리한다.

HACCP 7원칙
1/ 위해요소 분석
2/ 중요관리점(CCP) 결정
3/ 중요관리점(CCP) 한계기준 설정
4/ 한계기준 모니터링 체계 확립
5/ 개선조치 방법 수립
6/ 검증 절차 및 방법 수립
7/ 문서화 및 기록 유지

[그림 2-8] HACCP 7원칙

출처: 식품의약품안전처(2015)

CCP 관리를 통해 해당 위해요소를 차단하기 위해서는 [그림 2-8]과 같이 7원칙이란 제시된 방법을 따라 'HACCP 관리계획'을 작성하여야 한다. 'HACCP 관리계획'이란 특정 제품의 위해요소를 차단하는 강화된 관리 방법인 것이다. 즉, [그림 2-9]와 같이 7원칙이라는 일반론을 개별 업체별 · 제품별로 적용한 'HACCP

관리계획'이라는 특수론이 나와야 하는 것이다. 가령, 김치 제조·가공에 있어서 김치의 위해요소를 예방, 감소 혹은 차단하기 위해 CCP 관리를 하는 방법을 'HACCP 관리계획'이라고 한다. 즉, 'HACCP 관리계획'을 바르게 수행함으로써 김치 제조가공에 관한 위해요소를 차단할 수 있는 것이다.

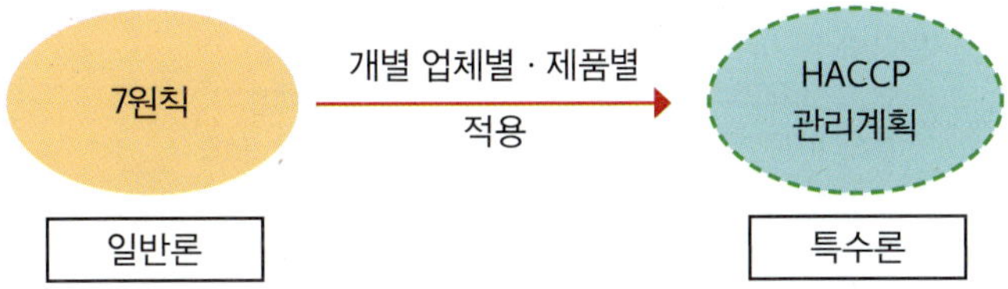

[그림 2-9] HACCP 7원칙에 따른 개별 제품의 HACCP 관리계획 수립 과정 개념도

요약하자면, 7원칙은 리스크를 최소화하기 위하여 체계적 관리에 더하여 강화된 관리(enforced control)를 적용하는 것임을 유념해야 한다. 7원칙은 식품 고유의 이론이 아니라 사회 전반에 걸쳐 리스크 관리를 위해 사용되는 보편적인 방법이며 식품 분야에서 이를 차용하는 것이다.

쉬어가는 페이지

60대 초반 이 씨는 습관적으로 커피에 설탕을 2스푼씩 넣어서 달게 먹었고, 단 음식을 즐겼으며 저녁엔 모 방송사 100분 뉴스를 꼬박꼬박 시청하는 것이 그의 라이프스타일이었다. 그러던 중 당뇨 판정을 받았는데 당황하기보다는 위기를 오히려 기회로 삼자 마음먹으며, 인생 2막을 위해 자신의 몸을 리모델링하기로 결심하였다. 다음은 그가 세운 위기관리 계획이다.

<table>
<tr><td></td><td colspan="2"></td><td>7원칙 적용</td></tr>
<tr><td>문제점</td><td colspan="2">당뇨, 과체중, 고혈압</td><td>위해요소</td></tr>
<tr><td rowspan="2">실천사항</td><td colspan="2">목표: 공복혈당 100 이하, 수축기혈압 130 이하, 체중 75Kg 이하 달성 및 유지</td><td rowspan="2">CCP 결정
및
한계기준(CL)
설정</td></tr>
<tr><td><CCP-1>
• 음식 조절
- 믹스커피 금지
- 사과 반쪽 먹기
- 아침은 잡곡밥으로
- 점심, 저녁은 탄수화물 가급적 금지</td><td><CCP-2>
• 뉴스시청
- 서서 움직이기
• 수시운동(하루 3회)
- 다리근력 운동
- 20분 이상 걷기</td></tr>
<tr><td>자가 확인</td><td colspan="2">• 매일 샤워 시 몸무게 측정
• 주 1회 자체 혈당검사 → 식사량 감소 및 운동량 증가</td><td>모니터링 및
개선조치</td></tr>
<tr><td>의사 확인</td><td colspan="2">• 월 1회 병원 방문하여 당뇨검사</td><td>검증</td></tr>
<tr><td>메모</td><td colspan="2">• 체중, 혈압, 당뇨검사 기록</td><td>기록 유지</td></tr>
</table>

▶ 당 관리 6개월 후 그는 몸무게도 3~4Kg 감량하고, 혈압약 용량도 줄었고 당 조절 약도 반으로 줄었다. 또한, 힘들었던 무릎 통증도 거의 없어졌다. 결과적으로 그에게 당뇨 판정은 또 다른 기회가 되었다.

이 씨가 부딪힌 문제점, 그것을 탈피하고자 하는 실천사항, 자가 확인, 의사 확인, 메모는 각각 7원칙에 대응될 수 있다. 이처럼 7원칙은 우리의 일상생활 전역에 걸쳐 적용할 수 있는 보편적인 기법임을 알 수 있다.

2. Codex 12절차: 사전 5단계와 7원칙

1) 사전 5단계

'HACCP 관리계획'은 HACCP팀이 작성하므로 우선적으로 HACCP팀이 구성되어야 한다. 다음은 제품설명서 작성 및 확인, 공정흐름도 작성 및 현장 검증이 이루어진다. 위해요소 분석은 원·부재료별 및 공정별로 수행한다. 그 이유는 최종

제품에 함유된 위해요소는 원·부재료에서 유래되었으나 공정 중 그것을 차단하는데 실패한 경우이거나 공정 중에 유입된 경우 중 하나에 해당하기 때문이다.

위해요소 분석을 하려면 먼저 원·부재료나 공정이 어떠한지, 어떻게 구성되는지 규명해야 한다. 그보다 앞서 생산하고자 하는 제품의 규격을 정확하게 알아야 할 것이다. 쉽게 말하면 목표를 제대로 알아야 그 목표에 도달하는 길을 결정할 수 있다는 의미다. 따라서 HACCP에서 다루는 7원칙은 결국 안전한 제품을 구현하는 길잡이라고 할 수 있다. Codex 12절차란 HACCP을 적용하기 위한 12단계이며 [그림 2-10]과 같이 사전 5단계와 7원칙으로 구성된다.

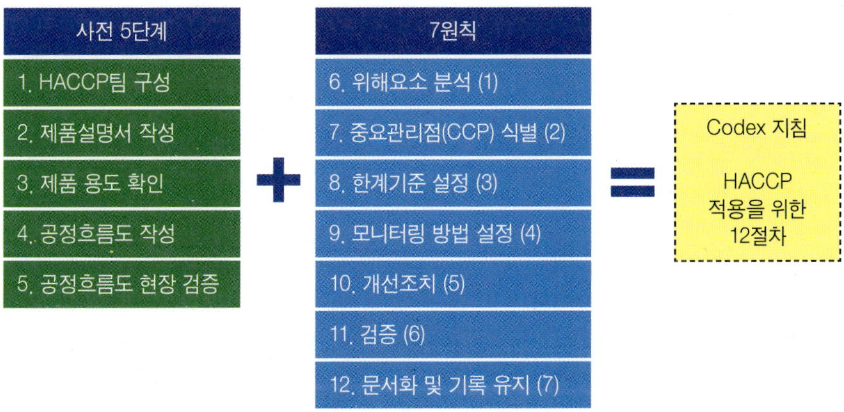

[그림 2-10] HACCP 적용을 위한 Codex 12절차

출처: Codex(1997)

KEY POINT

- 우리는 통상 Codex 12절차라 부르는데 여기서 절차는 'HACCP 관리계획을 작성하는 공식적인 방법'이라는 의미를 담고 있다.
- 사전 5단계는 HACCP팀에게 제품을 구성하는 원·부재료와 최종 규격, 그리고 그 제품을 구현하는 공정에 관한 정보와 자료를 제공하여 7원칙 적용이 가능하도록 해준다.
- 제품설명서는 「식품위생법」에 의한 자사의 품목제조보고를 바탕으로 작성하고 식품공전을 참조하여 규격을 규명한다.

2) 7원칙

(1) 원칙 1: 위해요소 분석

① 위해요소분석도표의 이해

위해요소 분석은 [표 2-7]과 같이 '위해요소분석도표'를 작성하는 작업이다. 우선 원 · 부재별 그리고 공정별로 위해요소 분석 작업을 해야 한다. 원 · 부재료는 제품설명서, 공정은 공정흐름도 작성을 통해 HACCP의 사전 5단계에서 파악하였다. 다음은 각 원 · 부재료나 공정 중에 발생할 위해요소를 주로 식품공전에서 찾는다. 김치의 경우는 식품공전에서 일반식품 규격 및 농산물가공품 규격 등을 참고하면 된다(부록 참조).

위해요소의 발생 원인은 HACCP팀이 브레인 스토밍(Brain storming) 혹은 토론을 통하여 도출하는데 특정 제품의 생산에 있어서 어떤 경우에 그 위해요소가 해당 원 · 부재료나 공정에서 발생할 수 있는지 살펴본 결과이다. 이때 다른 업체의 사례들을 참조하여 토론하면 아주 유용할 것이다.

[표 2-7] 위해요소분석도표 양식 예시

일렬번호	주기	위해요소			위해평가			예방조치방법	
		구분	위해종류	유래(원인)	심각성	발생 가능성	위험도 (risk)	관리공정	관리 방법

② 위해요소별 위험도 평가

다음은 위험도 평가를 실시하여야 한다. 즉, 식품공전에서 특정 원 · 부재료나 공정에서 여러 가지 위해요소가 발생할 수 있다고 명시하고 있고, 해당 영업장에서도 발생할 가능성이 있다고 할 때 정말로 해당 제품의 안전성에 심각한 영향을 미치는 위해요소인지 직접 평가해 보는 것이 위험도 평가이다. 위험도 평가는 심각성과 발생가능성을 고려하여 판단한다.

따라서 위해요소 분석에서 심각성이 낮다는 것은 감염되어도 배가 좀 아프고 속이 메스껍다가 설사 한 번 하고는 정상으로 회복되는 그런 경우이다. 심각성이 보통이라는 것은 그 식품을 먹은 다수의 사람이 때로는 며칠 입원 후 치료받고 퇴원하는 경우이고, 높다는 것은 때로는 노약자를 중심으로 사망사고로 이어지는 경우이다. 하지만, 위해요소의 분석이 합리적으로 이루어지기 위해서는 권위 있는 전문기관의 판단에 맡겨야 하므로 FAO가 제시한 자료(1998)를 주로 활용한다([표 2-8] 참조). FAO에 의하면 위해수준이 높다는 것은 건강에 치명적인 영향을 미쳐 사망을 일으키는 경우도 많은 경우를 의미한다. 이러한 위해요소로는 생물학적 위해요소인 클로스트리디움 보툴리눔, 살모넬라 타이피[(장)티푸스균], 리스테리아 모노사이토제네스, 장출혈성대장균(O157:H7), 비브리오 콜레라, 비브리오 불니피쿠스(비브리오 패혈균)와 화학적 위해요소인 마비성 패류중독, 기억상실성 패류중독, 물리적 위해요소인 유리조각과 금속성 이물질을 포함한다.

발생가능성은 업체별로 다 다르다고 할 수 있다. 생산량이 많으면 가능성도 높을 것이고, 환경이나 공정의 특성에 따라서도 영향을 받을 수 있다. 따라서 발생가능성의 기준은 업체에서 자체적으로 판단해야 한다.

[표 2-8] 위험도(심각성)에 따른 생물학적, 화학적, 물리적 위해요소 분류, FAO(1998)

<table>
<tr><th colspan="2">평가기준</th><th colspan="2">대상항목</th></tr>
<tr><th>구분</th><th>기준내용</th><th>구분</th><th>내용</th></tr>
<tr><td rowspan="3">높음</td><td rowspan="3">위해수준이 높음
(건강에 치명적인
영향을
미쳐 사망을
일으키는
경우도 많음)</td><td>생물학적</td><td>Clostridium botulinum (클로스트리디움 보툴리눔)
Salmonella typhi [(장)티푸스균]
Listeria monocytogenes (리스테리아 모노사이토제네스)
E. coli O157:H7 (장출혈성대장균 O157:H7)
Vibrio cholerae (비브리오 콜레라)
Vibrio vulnificus 등 (비브리오 불니피쿠스)</td></tr>
<tr><td>화학적</td><td>Paralytic shellfish poisoning(마비성 패류중독)
Amnestic shellfish poisoning(기억상실성 패류중독) 등</td></tr>
<tr><td>물리적</td><td>유리조각
금속성 이물 등</td></tr>
</table>

<table>
<tr><th colspan="2">평가기준</th><th colspan="2">대상항목</th></tr>
<tr><th>구분</th><th>기준내용</th><th>구분</th><th>내용</th></tr>
<tr><td rowspan="3">보통</td><td rowspan="3">위해수준이 중간
(잠재적으로
건강에
광범위한
영향: 입원)</td><td>생물학적</td><td>Brucella spp. (브루셀라종)
Campylobacter spp. (캠필로박터종)
Salmonella spp., Shigella spp. (살모넬라종, 쉬겔라종)
Streptococcus type A. (포도상구균 타입 A)
Yersinia enterocolitica (여시니아 엔테로콜리티카)
Hepatitis A virus(A형 간염 바이러스) 등</td></tr>
<tr><td>화학적</td><td>Mycotoxins(곰팡이독)
Ciguatera toxin(사구아테라독)
잔류농약, 중금속 등</td></tr>
<tr><td>물리적</td><td>비금속성 경질이물(돌, 모래, 플라스틱 등)</td></tr>
<tr><td rowspan="3">낮음</td><td rowspan="3">위해수준이 낮음
(건강에
일부 영향:
가벼운 질환)</td><td>생물학적</td><td>Bacillus spp.(바실러스종)
Clostridium perfringens (가스괴저균)
Staphylococcus aureus (황색포도상구균)
Norwalk virus(노로 바이러스)
Most parasites(기생충) 등</td></tr>
<tr><td>화학적</td><td>Histamine-like substances(히스타민 유사물질)
식품첨가물 등</td></tr>
<tr><td>물리적</td><td>연질 이물(머리카락, 먼지, 비닐 등)</td></tr>
</table>

코덱스(Codex)에 따르며, 발생가능성이 '높음'은 사망을 포함하여 중대한 영향을 미친다는 것이고, '보통'은 잠재적으로 넓은 전염성이 있는 것으로 입원하는 것이고 '낮음'은 제한적인 전염성이 있는 것으로 개인에 제한된 질병을 말한다.

한국식품안전관리인증원에 의하면 발생가능성이 '높음'은 해당위해요소가 분기에 2회 이상 수집되었거나 식중독이 발생한 것이고, '보통'은 발생사례가 분기에 1회 이상이거나 오염사례가 발생한 것이고, '낮음'은 발생사례가 없거나 위해요소 연관성이 없는 경우이다. 좀 더 쉽게 설명하자면, 발생가능성이 낮다는 것은 거의 발생하지 않는다는 것이며 발생가능성이 낮은 것에 지나치게 신경을 쓰는 것은 결코 현명하지 않은 일이다. 발생가능성이 중간이라는 것은 드물게 발생할 수도 있다는 것이다. 발생할 수도 있지만 그것이 발생해도 피해가 미미하다면 역시 불필요한 일에 지나치게 시간과 에너지를 낭비할 필요는 없는 것이다. 발생가능성이 높다는 것은 가끔씩 그런 일이 발생하는 것이다. 이런 경우는 발생해서 그 심각성(피해)이 미미한 즉 심각성이 낮은 상태가 아니면 충분히 신경을 써야 할 것이다. 그런데 이 발생가능성의 기준은 계량화하여 규명해야 그 이후 판단하기가 용이할 것이다. 발생가능성에 따른 위해요소 분석 결과의 사례를 [표 2-9]에 제시하였다.

[표 2-9] 발생가능성에 따른 위해요소분석 사례

발생가능성	사례1	사례2	사례3
낮음	연간 자가품질검사 결과와 크레임 등으로 발생사례 1회 이하	실험실 검사 3회 실시 결과 발생하였음	실험실 검사 5회 실시 결과 발생하였음
보통	연간 자가품질검사 결과와 크레임 등으로 발생사례 2~3회	실험실 검사 3회 실시 1회 발생	실험실 검사 5회 실시 1회 발생
높음	연간 자가품질검사 결과와 크레임 등으로 발생사례 4회 이상	실험실 검사 3회 실시 2회 이상 발생	실험실 검사 5회 실시 2회 이상 발생

출처: M김치공장 HACCP 기준서

쉬어가는 페이지

한때 사스(SARS)에 국가의 행정력이 총동원되고 온 국민이 공포에 떨어야 했던 적이 있다. 사스는 감염되면 죽을 수도 있지만 지금은 발생가능성이 거의 없으니 이제 대부분 사람들은 사스에 신경을 쓰지 않는다. 원래 식성이 좋은 아이가 한 두 끼의 식사를 거르는 것은 그다지 신경 쓸 일이 아닐 것이다. 왜냐하면 곧 그 아이가 밥 두 그릇을 비울 것이므로, 즉 심각성이 낮다는 얘기다.

③ 위해성 평가

위험도 판단은 심각성과 발생가능성을 고려하여 [표 2-10]과 같이 위해성 평가를 실시한다. 평가 점수에 따라 1~2점은 심각성이 "낮음"에 해당하고 3~6점은 심각성 "보통"에 해당하고 9점은 심각성이 "높음"으로 판단한다.

[표 2-10] 위해성 평가표

발생가능성 \ 심각성	낮음(1)	보통(2)	높음(3)
높음(3)	3	6	9
보통(2)	2	4	6
낮음(1)	1	2	3

출처: 식품의약품안전처(2015)

(2) 원칙 2: 중요관리점(CCP) 식별

위해요소 분석 과정에서 우리는 어떤 원·부재료 혹은 공정이 어떤 위해요소에 있어 취약한지를 판단하였다. 가령, 엄마가 어린 아이를 돌볼 때도 그 아이의 취약한 부분을 집중적으로 관리해야만 아이에게 위험이 닥치는 것을 피할 수 있는 것과 같은 이치이다. 마찬가지로 식품제조·가공에서도 특정 위해요소에 취약한 원·부재료나 공정에 강화된 관리를 통하여 집중함으로써 그 취약성을 제거할 수 있다. 그런데 강화된 관리를 해야 하는 공정이 다수일 경우에는 마지막 한군데에서 그 취약성을 제거하면 효과적이고도 효율적이다. 예를 들면, 아기가 놀이터에서 놀 때 세균 감염을 주의하는 것은 별 소용이 없다. 대신 집에 돌아와서 목욕시키고 깨끗한 옷으로 갈아입히면 되는 것이다. 즉, 어떤 위해요소에 취약한 원·부재료나 공정 중 가급적 그것을 차단할 수 있는 마지막 공정을 CCP로 식별(identification, '결정'과 혼용)하여 강화된 관리를 하는 것이 당연한 것이다.

CCP 식별을 도와주는 것이 바로 CCP 결정도와 결정표이다. CCP 결정표는 전체 원·부재료와 공정이 망라된 위해요소분석도표 중 위험도가 높은(3 이상) 것만 떼어내어 정리했다. CCP 결정도는 특정 위해요소를 해당 공정에서 관리하지 못할 경우 다른 어떤 공정에서도 제대로 관리가 되지 않으므로 식품 안전에 취약한 공정임을 가려내는 논리적 질문방법이다. 즉 해당 위해요소를 차단하기 위해 특별히 고안된 공정 또는 그 위해요소를 차단할 수 있는 마지막 공정을 결정하는 도구이다. [그림 2-11]에 제시된 CCP 결정도를 통해 질문을 함으로써 CCP 결정도를 만들고 결과를 기록한다. CCP 결정표의 양식을 [그림 2-12]에 제시하였다.

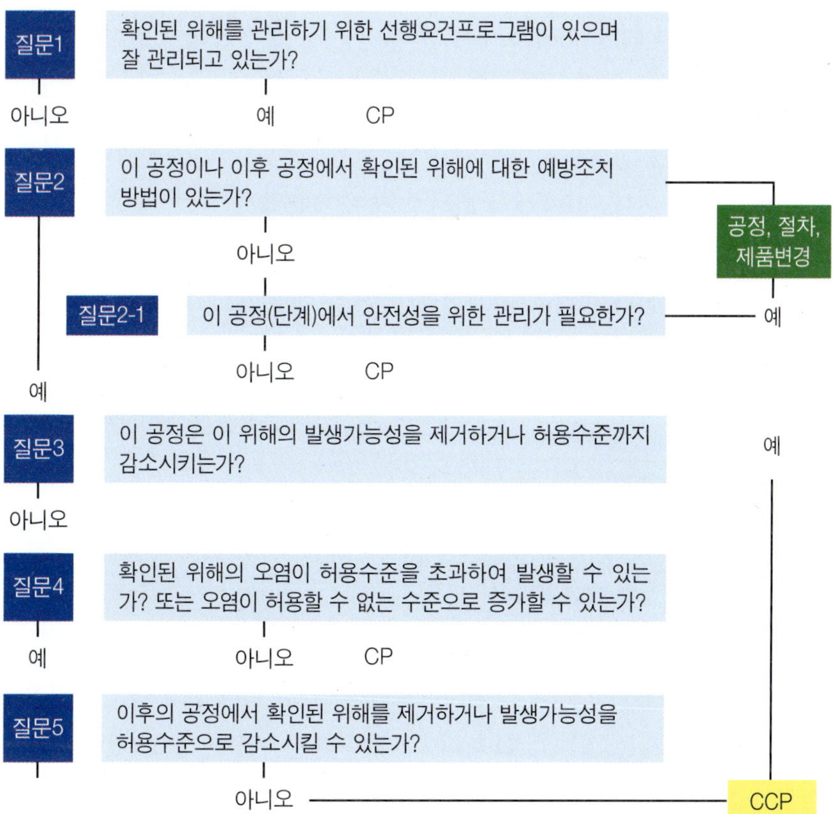

[그림 2-11] CCP 결정도

출처: 식품의약품안전처(2015)

일련번호	원부자재/공정명	위해요소		질문1 Y: 종결 N: 질문2	질문2 Y: 질문3 N: 질문 2-1	질문2-1 Y: 질문2 N: 종결	질문3 Y: CCP N: 질문4	질문4 Y: 질문5 N: 종결	질문5 Y: 종결 N: CCP	CCP
		구분	위해 종류							

[그림 2-12] CCP 결정표

출처: 식품의약품안전처(2015)

(3) 원칙 3: 한계기준 설정

CCP가 식별되면 CL(Critical Limits, 한계기준)을 설정하여야 한다. 한계기준이란 특정 한계를 넘으면 식품안전에 문제가 생기는 범주를 의미한다. 한계기준을 설정하는 방법은 벤치마킹을 하는 방법과 크게 다를 바 없다. 벤치마킹은 기업이나 개인이 새로운 것을 시도하는 데 있어 아주 유용한 방법이다. 소위 "맨땅에 헤딩한다."는 말처럼 무모한 시도를 하는 것에 비하면 훨씬 유용한 것이다. 특히 처음 시도해 보는 일이라면 다른 업체의 방법 또는 전문가의 의견을 참조하여 CL을 결정하는데 이때 해당 업체에 적합하게 설정하는 것이 중요하다. 한편 기존에 하던 방법대로 해서 아무런 문제가 없었다고 한다면 그 방법을 그대로 CL로 사용하면 된다.

CL 설정: 벤치마킹에서 출발하기

대한민국 국민이라면 누구나 알 만한 유명한 여배우 전지현 씨. 여성들이 전지현 따라하기를 하는 것도 벤치마킹이라 할 수 있다. 그러나 전지현을 그대로 모방하다가는 실패할 확률이 높다는 것을 누구나 알고 있다. 따라서 전지현을 따라하지만 나한테 맞는 방법으로 해야 하는 것이다. 그런데 만약 전지현은 전지현이고 나는 나다라고 생각하는 여성이라면 전지현 따라하기보다는 늘 해오던 자기 방식대로 살 것이다.

이처럼 CL은 안전하다고 믿는 기존의 방법을 채택하거나 타사 혹은 전문가의 의견을 벤치마킹하여 설정하게 된다. 그럼에도 불구하고 CL 설정은 과학적이고 적합해야 한다. 과학적이라는 것은 식품안전성 이론을 바탕으로 하는 것이며, 적합하다는 것은 실천 가능하고 결과적으로 해당 위해요소를 차단할 수 있어야 한다는 것이다. 설정한 CL이 과학적이고 적합한지 알아보는 것을 "유효성 평가"라고 부르며 유효성 평가에는 과학적 타당성을 평가하는 밸리데이션(Validation)이 포함되어 있다.

*** 밸리데이션(Validation, 확인, 타당성 평가)**

특정한 공정, 방법, 기계설비 또는 시스템이 설정된 판정 기준에 맞는 결과를 일관되게 도출한다는 것을 검증함을 말한다. 쉽게 말해, 입력이 정확해야 출력도 정확할 것이므로 입력이 정확한지 검토하는 것이 밸리데이션이다.

예를 들어 생물학적 위해요소를 차단하는 공정 중 비가열 제품은 주로 세척·소독 공정이, 가열 제품은 주로 가열(증숙, 건조, 살균 등) 공정이 CCP가 된다. 이때 CL은 소독액의 농도 및 가열 온도와 시간이 될 경우가 많다. 이때 온도는 가열하는 장비의 내부 온도이지만 우리가 놓치지 말아야 할 것은 제품의 심부 온도가 병원성 세균의 살균에 충분한 온도여야 한다는 점이다. 따라서 가열 장비의 내부 온도와 가열 시간이 CL로 설정되더라도 그 환경에서 제품의 심부 온도가 다음 그림에 제시한 기준에 충분히 도달하는지를 평가(관찰, 측정 등)하는 것이 밸리데이션인 것이다.

[표 2-11] 볶음김치 제조공정의 CL 설정을 위한 기초자료(표 예시)

살균경과시간	살균기판넬 온도(℃)	볶음김치 중심 온도(℃)
0분	85	69.8
1분	82	70.4
2분	84	72.0
3분	85	73.8
4분	85	75.9
5분	85	76.0
6분	86	79.1
7분	86	80.2
8분	86	82.4
9분	86	83.7
10분	86	84.0
11분	86	84.2

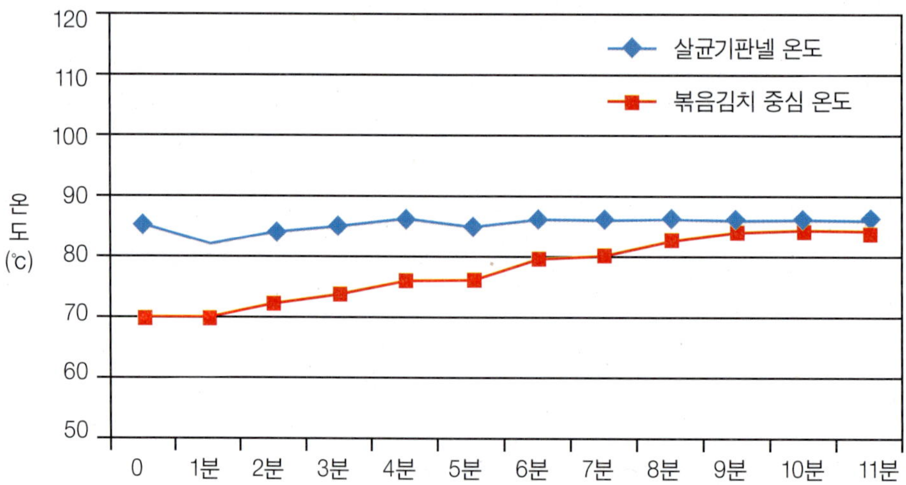

[그림 2-13] 볶음김치 제조공정의 CL 설정을 위한 기초자료(그래프 예시)

출처: M김치공장 유효성 검사 예시

예를 들어, M김치공장에서 생산하는 볶음김치 제품의 규격을 [표 2-12]와 같이 규명하였다면 CCP 전후의 세균 검사와 관능적 검사 등으로 설정된 CL의 유효성을 평가하여야 한다. 유효성 평가는 [표 2-11] 및 [그림 2-13]의 기초자료처럼 가열 온도가 세균을 살균할 수 있는 온도에 도달하는지를 측정하는 밸리에이션을 포함한다. 제품 안전성 확보와 유효성 평가의 개념을 [그림 2-14]에 나타내었다.

[표 2-12] 생물학적 규격 및 관능적 한계기준(CL) 설정 예시

생물학적 규격		관능적 규격	
총균수	< 5 X 10^2		
대장균	음성	맛	양호
대장균군	음성	외관	양호
병원성 세균(장출혈성대장균 및 리스테리아)	음성	식감	양호

출처: M김치공장 CL작성 예시

[표 2-13] 볶음김치 살균 공정의 유효성 평가 결과

항목	살균 전	살균 후
총균수	2 X 10^4	2 X 10^2
대장균	음성	음성
대장균군	음성	음성
리스테리아	음성	음성
장출혈성대장균	음성	음성

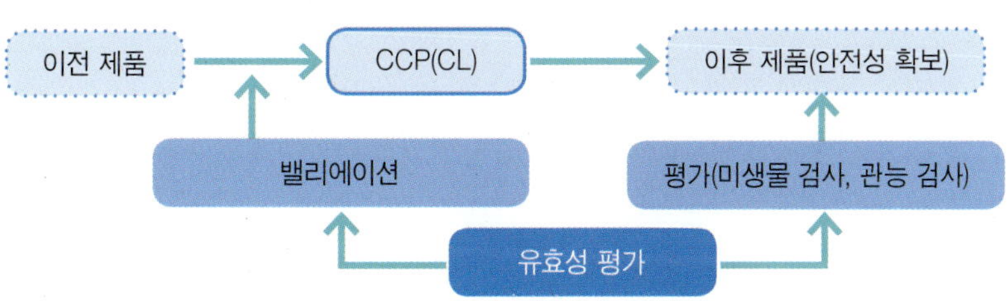

[그림 2-14] 제품 안전성 확보와 유효성 평가의 관련성에 관한 개념도

(4) 원칙 4: 모니터링 방법 설정

CL은 공정 통제의 기준이고 이 기준은 엄격히 준수되어야 한다. 즉 공정이 통제하에서 운영되고 있음을 보장하여야 한다. 공정이 준수되는지 혹은 통제하에서 운영되는지 보장하는 활동을 모니터링이라 하고, 모니터링을 위해서는 육하원칙(5W1H)에 따른 모니터링 시스템을 수립해야 한다([표 2-14] 참조).

[표 2-14] 모니터링 시스템을 육하원칙에 따라 계획하는 예

What	살균 온도와 시간을
Why	식품안전성 보장 혹은 병원성 세균 감소
Who	살균담당자 혹은 공정 관리자
When	매 살균 시간, 매 2시간, 매 4시간 등
Where	살균 공정에서
How	온도계와 시계로

출처: 이병철 외(2014)

(5) 원칙 5: 개선조치

모니터링 결과 온도와 시간에 문제가 생겼다면 이에 따른 조치를 취해야 한다. 첫번째 조치는 그 공정의 통제를 벗어난 제품을 어떻게 처분할 것인가를 식별하여야 하는데 대체로 아래의 세 가지 방법으로 진행하면 된다.

① 숙련된 종사자가 관능적 평가를 실시한 결과 비록 CL은 약간 벗어났으나 안정성과 품질에 문제가 없다면 다음 공정으로 진행한다.
② 관능적 평가로 문제가 있다면 여건에 따라 다음과 같이 조치를 취할 수 있다.
재작업(재가열) / 다른 용도로 전환 / 폐기

③ 시간 - 온도를 준수하지 못한 이유가 장비의 문제일 경우에는 장비의 문제를 파악하여 재조정, 수리, 장비 교체 등을 통하여 공정을 빨리 정상화시킨다. 이러한 조치는 즉시적으로 이루어져야 하므로 즉시적 개선조치라 한다.

* 즉시적 개선조치는 조치를 즉각적으로 취하는 것으로 "Immediately Corrective Action"의 번역임
* 즉시적 개선조치가 이루어진 후는 이러한 문제의 재발을 방지하는 예방적 개선조치(Preventive Corrective Action)를 해야 한다. 예방적 개선조치에 관한 자세한 내용은 4장에서 다룬다.

(6) 원칙 6: 검증

검증은 HACCP 시스템(선행요건 관리 + HACCP 관리)을 수립한 후 실시하는 유효성 평가와 실행성 평가를 의미한다. 유효성 평가는 이미 원칙 3 한계기준(CL) 설정에서 설명하였다. 실행성 평가는 실제 모니터링과 개선조치가 수행되는지를 현장에서 관찰 및 측정하거나 혹은 담당자와의 면담을 통해 평가하는 활동이다. 좀 더 직설적으로 표현하자면 모니터링한 내용과 기록의 일치 여부 및 작업자가 각각의 공정을 알고 행하는지를 평가하는 것이다. 검증의 자세한 내용은 4장에서 다룬다.

(7) 원칙 7: 문서화 및 기록 유지

코덱스(Codex) 12절차에 따라 사전 5단계와 7원칙 적용 중 원칙 6번까지를 수행하면서 그 결과를 주어진 양식이나 틀에 맞추어 정리하면 그것이 "HACCP 관리계획"이 되고, 이 관리계획을 작성하고 운영하는 절차를 덧붙이면 "HACCP 기준서"라는 문서가 된다. 문서는 작업자로 하여금 특정 업무를 어떻게 하라고 지시(규명)하는 것이며, 기록은 해야 할 바를 수행했다는 증거를 남기는 것이다. 문서화 및 기록 유지의 자세한 내용은 4장에서 다룬다.

3. HACCP 관리계획 작성의 실제

HACCP 관리계획은 Codex 12절차에 따라 HACCP팀이 팀활동으로 진행한다. 이 작성과정은 수차례의 팀활동(토론, 관찰, 업무소개, 자료정리)으로 이루어진다. 다음에 소개하는 사례는 M김치공장의 볶음김치 HACCP 관리계획의 작성과정을 보여 준다. HACCP 팀장과 품질 팀장, 생산 팀장이 나누는 대화를 따라가며 HACCP 관리계획 작성의 요령을 익혀보자.

〈 제1일 〉

사전 5단계

HACCP 팀장: 자, 그럼 우리가 HACCP plan을 작성하기 전에 품질 팀장이 작성한 제품설명서와 생산 팀장이 작성한 공정흐름도를 먼저 검토해 볼까요?

품질 팀장: 볶음김치에 대한 제품설명서는 품목제조보고서와 식품공전을 참고하여 지정된 양식에 맞추어 작성했습니다.

생산 팀장: 공정흐름도는 원·부재료 입고부터 출고까지 전 과정을 흐름의 순서대로 작성했습니다. 작업장 레이아웃도 함께 봐주세요.

HACCP 팀장: 제품설명서에서는 우리 제품에 사용되는 원·부재료와 규격, 공정흐름도에서는 공정의 방법에 대한 내용을 이해할 수 있군요. 또 작업장 레이아웃(layout)에 사람과 물류의 흐름을 표시해 보니 교차 오염이 발생하는 지점을 알 수 있겠군요. 오늘은 여기까지 하는 것이 좋겠습니다. 다음은 무슨 내용을 검토하게 되나요?

품질 팀장	위해요소 분석을 할 것입니다.
HACCP 팀장	품질 팀장이 초안을 잡나요?
품질 팀장	네. 그런데 같이 토론도 해야 합니다.
HACCP 팀장	그럼 다음 주 이 시간에 만나지요?

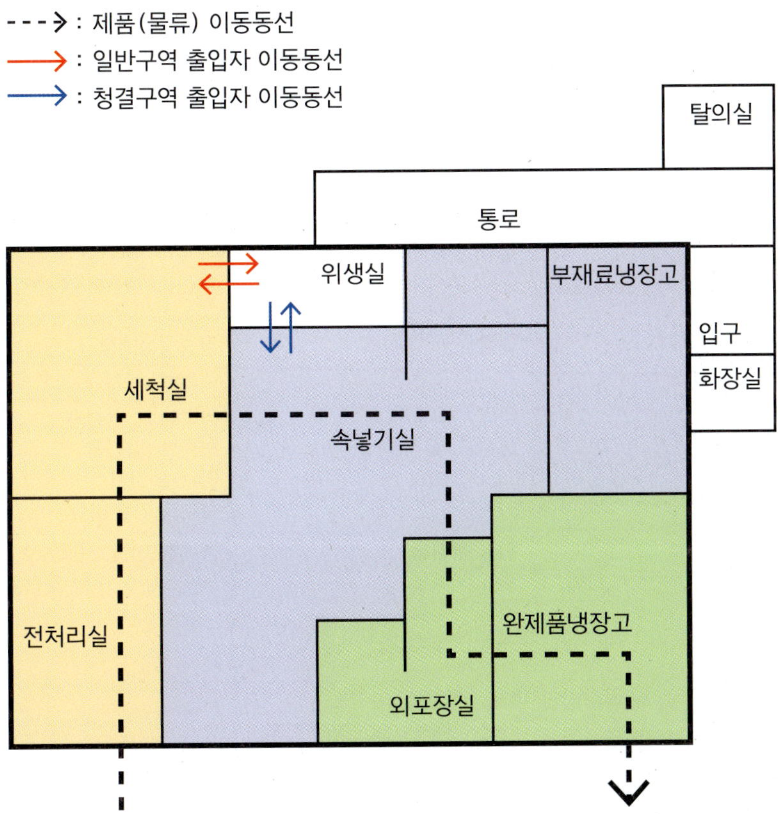

구역설정			
총면적	210㎡		
일반구역	전처리실, 세척실	청결구역	속넣기실

[그림 2-15] 김치공장 레이아웃(Lay-out) 예시

[표 2-15] 볶음김치의 제품설명서 예시

<table>
<tr><th colspan="4">제품설명서</th></tr>
<tr><td>1. 제품명</td><td colspan="3">볶음김치</td></tr>
<tr><td>2. 식품 유형</td><td colspan="3">배추김치류</td></tr>
<tr><td>3. 품목제조보고
년월일/변경보고일</td><td colspan="3">2009. 12. 16.</td></tr>
<tr><td>4. 작성자 및
작성년월일</td><td colspan="3">관리팀장 ○○○ / 2017년 2월 10일</td></tr>
<tr><td>5. 성분배합비율</td><td colspan="3">배추 65%, 고춧가루 15%, 젓갈(멸치+소금) 5%, 마늘 5%, 생강 2%, 식염 1%, 찹쌀 0.5%, 식용유 5 %, 파 0.5%</td></tr>
<tr><td>6. 제조(포장) 단위</td><td colspan="3">80G</td></tr>
<tr><td rowspan="5">7. 완제품의 규격
(식품공전상 규격)</td><td>구 분</td><td>법적 규격</td><td>사내 규격</td></tr>
<tr><td>성상</td><td colspan="2">고유의 색택과 향미를 가지고 이미·이취가 없어야 한다.</td></tr>
<tr><td>생물학적
항목</td><td>B. cereus: g당 10,000 이하
Clostridium perfringens: g당 100 이하
대장균군: 음성</td><td>B. cereus, S. aureus, E. coli, L. monocytogenes, Clostridium perfringens,
장출혈성대장균: 음성
대장균: 음성</td></tr>
<tr><td>화학적
항목</td><td>타르색소: 불검출
보존료: 불검출
납: 0.3 이하
카드뮴: 0.2 이하</td><td>타르색소: 불검출
보존료: 불검출
납: 0.3 이하
카드뮴: 0.2 이하</td></tr>
<tr><td>물리적
항목</td><td>이물 불검출</td><td>금속성 이물: Fe 3.0ø,
Sus 5.0 ø 이상 불검출</td></tr>
<tr><td>8. 보관·유통상
주의사항</td><td colspan="3">직사광선을 피하여 냉장보관(0~10℃)</td></tr>
<tr><td>9. 포장방법 및 재질</td><td colspan="3">포장방법: 내포장, 외포장(테이프)
포장재질: 내포장(LDPE), 외포장(골판지)</td></tr>
<tr><td>10. 표시사항</td><td colspan="3">제품명, 식품의 유형, 제조 및 판매원, 반품 및 교환장소, 제조일자 또는 유통기한, 내용량, 원재료명, 성분명 및 함량, 포장재질, 유의사항, 소비자상담실, 바코드, 부정불량식품 안내문구, 분리배출표시, 소비자피해보상규정</td></tr>
<tr><td>11. 제품의 용도</td><td colspan="3">반찬용</td></tr>
<tr><td>12. 섭취방법</td><td colspan="3">그대로 취식</td></tr>
<tr><td>13. 유통기한</td><td colspan="3">제조일로부터 90일(냉장보관 0~10℃)</td></tr>
</table>

공정흐름도

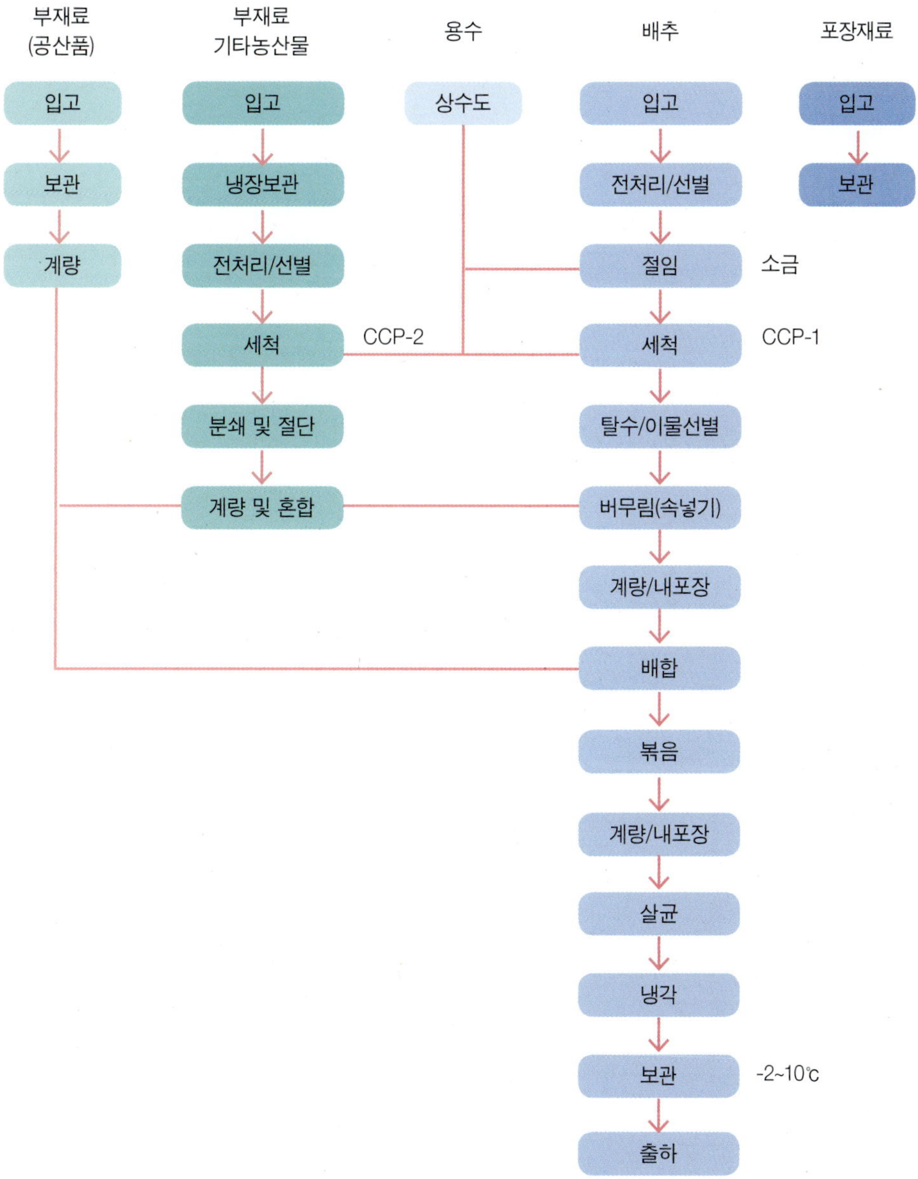

[그림 2-16] 볶음김치의 공정흐름도 예시

〈 제2일 〉

위해요소 분석 - 1

HACCP 팀장 시간이 조금 늦었네요. 오늘은 무엇을 하지요?

품질 팀장 먼저 검토한 것들을 정리하시지요.
발생할 수 있는 위해요소를 식품공전에서 확인했고요. 그리고
그 위해요소가 우리 작업장에서는 어떤 경우에 발생할 것인지 검토했지요.
다음 미팅에서는 그 위해요소의 위험도 평가를 할 것인데
이것도 제가 초안을 작성해 올 테니 그것을 함께 검토하시면 됩니다.

HACCP 팀장 위해요소의 중대성 판단은 어떻게 하나요?

품질 팀장 "심각성"과 "발생가능성"을 고려해서 합니다. 그런데 심각성은
FAO 자료를 가지고 바로 찾을 수 있지만, 발생가능성은 우리 작업장에
적합한 기준을 만들어야 합니다.

HACCP 팀장 그 기준을 무엇으로 만들면 되는가요?

품질 팀장 생물학적 위해요소는 최소 3번 이상 검사해서 발생하지 않으면 낮음,
1번 발생하면 보통, 2번 이상 발생하면 높음으로 하면 됩니다.

[표 2-16] 위해요소분석표 작성방법

원·부재료 혹은 공정	위해 요소	발생 원인	중대성 판단			관리 방법
			심각성	발생가능성	판정	
제품설명서 공정흐름도	식품 공전의 규격	해당 작업장의 환경, 상태에 대한 토론	FAO 자료 등	실험, 관찰, 실제 발생 현황(자가 품질검사 결과 혹은 크레임 등)	위해 요소의 (심각성) × (발생 가능성) 점수	선행요건 혹은 CP 관리에서 실제 효과 있는 것

〈 제3일 〉

위해요소 분석 - 2

HACCP 팀장	품질 팀장이 이번에도 고생을 많이 하셨네요. 위해요소 분석 초안을 보면서 먼저 어떻게 작성했는지 설명해 주시죠.
품질 팀장	양식은 이미 정해져 있어요. 원·부재료별, 공정별로 위해요소 분석을 했고요. 원·부재료는 제품설명서에서, 공정은 공정흐름도를 보고, 양식의 제일 왼쪽 첫째 칸을 메웠어요.
생산 팀장	아, 그렇군요.
품질 팀장	식품공전의 규격이 곧 위해요소가 되지요, 공정의 일반식품, 김치류 및 농산품의 규격을 전부 망라했습니다.
HACCP 팀장	아, 그렇네요. 그런데 그 다음 발생 원인은 아직 비어 있네요.
품질 팀장	네. 그것은 다른 업체에서 사용할 여러 사례들을 참조하여 토론을 진행하여 우리 작업장에서 발생하는 이유를 찾아보아야 해요.
HACCP 팀장	그럼 각 원·부재료별 공정별 위해요소의 발생 원인을 한번 토론해 보죠.
품질 팀장	물리적 위해요소는 관찰을 통해서 같은 방법으로 하니, 이때는 팀장님과 팀원들이 같이 작업현장에서 관찰에 참여해 주시면 좋겠어요.
HACCP 팀장	그렇군요. 그러면 내일부터 3일간 오전, 오후 일찍, 오후 늦게 같이 현장에서 공정을 관찰하기로 하죠. 그 결과는 품질 팀장이 정리하고요.
품질 팀장	예.
HACCP 팀장	그런데 위해성 평가는 심각성과 발생가능성으로 한다고 하는데 좀 더 설명해 주세요.
품질 팀장	생물학적 위해요소인 세균은 제가 각 공정별로 실험을 3번씩 해서 발생가능성을 판단하고, 물리적 위해요소는 현장 관찰 시 함께 발생가능성을 판단해야 합니다. 그리고 심각성은 FAO(1998) 자료를 가지고 제가 판단해서 초안을 작성하면 우리팀이 함께 검토하면 됩니다.
생산 팀장	관리 방법은 제가 실제로 하는 선행요건 관리와 CP 관리 중에서 정리해 보겠습니다.

[표 2-17] 볶음김치 원·부재료 위해분석 결과 예시

원·부재료 위해요소분석표

구분		위해요소	발생 원인	위해평가			예방 관리
				심각성	발생 가능성	결과	
배추	생물학적	*Staphylococcus aureus*	• 원료 자체에서 오염 • 재배 및 유통과정에서 토양 및 종업원 등으로 인해 식중독균이 혼입	1	1	1	• 육안검사 • 시험성적서를 확인하여 관리(연 1회) • 살균 공정에서 제거
		Salmonella spp.		2	1	2	
		Bacillus cereus		1	1	1	
		Listeria monocytogenes		3	1	3	
		장출혈성대장균		3	1	3	
		Clostridium perfringens		1	1	1	
	물리적	비닐, 연질 플라스틱	• 재배 및 유통과정에서 위생해충, 비닐 등 이물이 혼입 • 포장재 훼손으로 인한 이물 혼입	1	1	1	• 철저한 선별(육안검사) • 포장재 훼손 여부에 대한 육안검사를 실시
		금속조각	• 원료 자체 오염	3	1	3	• 금속검출 공정에서 제거
	화학적	납	• 원료 자체 잔류 • 토양으로부터 중금속 오염	2	1	2	• 시험성적서를 확인하여 관리(연 1회)
		카드뮴		2	1	2	
		잔류농약	• 재배과정에서 농약 오남용	2	1	2	
무	생물학적	*Staphylococcus aureus*	• 원료 자체에서 오염 • 재배 및 유통과정에서 토양 및 종업원 등으로 인해 식중독균이 혼입	1	1	1	• 육안검사 • 시험성적서를 확인하여 관리(연 1회) • 살균 공정에서 제거
		Salmonella spp.		2	1	2	
		Bacillus cereus		1	1	1	
		Listeria monocytogenes		3	1	3	
		장출혈성대장균		3	1	3	
		Clostridium perfringens		1	1	1	
	물리적	비닐, 연질 플라스틱	• 재배 및 유통과정에서 위생해충, 비닐 등 이물이 혼입 • 포장재 훼손으로 인한 이물 혼입	1	1	1	• 철저한 선별(육안검사) • 포장재 훼손 여부에 대한 육안검사를 실시
		금속조각	• 원료 자체 오염	3	1	3	• 금속검출 공정에서 제거
	화학적	납	• 원료 자체 잔류 • 토양으로부터 중금속 오염	2	1	2	• 시험성적서를 확인하여 관리(연 1회)
		카드뮴		2	1	2	
		잔류농약	• 재배과정에서 농약 오남용	2	1	2	

구분		위해요소	발생 원인	위해평가			예방 관리
				심각성	발생 가능성	결과	
부재료(양파 생강 마늘 파 부추)	생물학적	*Staphylococcus aureus*	• 원료 자체에서 오염 • 재배 및 유통과정에서 토양 및 종업원 등으로 인해 식중독균이 혼입	1	1	1	• 육안검사 • 시험성적서를 확인하여 관리(연 1회) • 살균 공정에서 제거
		Salmonella spp.		2	1	2	
		Bacillus cereus		1	1	1	
		Listeria monocytogenes		3	1	3	
		장출혈성대장균		3	1	3	
		Clostridium perfringens		1	1	1	
	물리적	비닐, 연질 플라스틱	• 재배 및 유통과정에서 위생해충, 비닐 등 이물이 혼입 • 포장재 훼손으로 인한 이물 혼입	1	1	1	• 철저한 선별(육안검사) • 포장재 훼손 여부에 대한 육안검사를 실시
		금속조각	• 원료 자체 오염	3	1	3	• 금속검출 공정에서 제거
	화학적	납	• 원료 자체 잔류 • 토양으로부터 중금속 오염	2	1	2	• 시험성적서를 확인하여 관리(연 1회)
		카드뮴		2	1	2	
		잔류농약	• 재배과정에서 농약 오남용	2	1	2	
고춧가루	생물학적	*Bacillus cereus*	• 원료 자체에서 오염 • 재배 및 유통과정에서 토양 및 종업원 등으로 인해 식중독균이 혼입	1	1	1	• 시험성적서를 확인하여 관리(연 1회)
		Clostridium perfringens		1	1	1	
	물리적	비닐, 연질 플라스틱	• 재배 및 유통과정에서 위생해충, 비닐 등 이물이 혼입 • 포장재 훼손으로 인한 이물 혼입	1	1	1	• 철저한 선별(육안검사) • 포장재 훼손 여부에 대한 육안검사를 실시
		쇳가루	• 원료 자체 오염	3	1	3	• 금속검출 공정에서 제거
	화학적	aflatoxin	• 원료오염 독소생성 곰팡이 오염 및 증식으로 인한 오염 원료취급자 또는 운송차량 위생부적합으로 오염	2	1	2	• 시험성적서를 확인하여 관리(연 1회)
		ochratoxin		2	1	2	
		곰팡이수(%): 20 이하		2	1	2	
		타르색소	원료가공자의 식품첨가물 사용기준 위반	1	1	1	
		잔류농약	농약의 과량살포 및 살포 후 불충분한 제거	2	1	2	

구분	위해요소		발생 원인	위해평가			예방 관리
				심각성	발생 가능성	결과	
젓갈	생물학적	*Bacillus cereus*	• 원료 자체에서 오염 • 가공공정 중 및 종업원 등으로 인해 식중독균이 혼입	1	1	1	• 시험성적서를 확인하여 관리(연 1회)
		Clostridium perfringens		1	1	1	
	물리적	비닐 등	• 재배 및 유통과정에서 위생해충, 비닐 등 이물이 혼입 • 포장재 훼손으로 인한 이물 혼입	1	1	1	• 철저한 선별(육안검사) • 포장재 훼손 여부에 대한 육안검사를 실시
	화학적	타르색소	원료가공자의 식품첨가물 사용기준 위반	1	1	1	• 시험성적서를 확인하여 관리(연 1회)
L-글루타민산나트륨	생물학적	*Staphylococcus aureus*	• 원료 자체에서 오염 • 포장재 훼손 등으로 인해 혼입	1	1	1	• 포장재 훼손 여부에 대한 육안검사를 실시
	물리적	비닐	• 포장재 훼손으로 인한 이물 혼입	1	1	1	• 포장재 훼손 여부에 대한 육안검사를 실시
	화학적	비소	• 제조과정에서 부적절한 첨가물의 사용 및 허용치 이상의 첨가물 사용으로 인해 잔류	1	1	1	• 시험성적서를 확인하여 관리(연 1회)
		납		1	1	1	
식염	생물학적	*Staphylococcus aureus*	• 원료 자체에서 오염 • 포장재 훼손 등으로 인해 혼입	1	1	1	• 포장재 훼손 여부에 대한 육안검사를 실시
	물리적	비닐	• 포장재 훼손으로 인한 이물 혼입 • 원료 자체 혼입	1	1	1	• 포장재 훼손 여부에 대한 육안검사를 실시
		지푸라기					
	화학적	비소	• 원료 자체 오염	1	1	1	• 시험성적서를 확인하여 관리(연 1회, 수입품의 경우 수입면장으로 대신함)
		납		1	1	1	
		카드뮴		1	1	1	
		수은		1	1	1	
		페로시안화이온		1	1	1	

<table>
<tr><th rowspan="2">구분</th><th rowspan="2" colspan="2">위해요소</th><th rowspan="2">발생 원인</th><th colspan="3">위해평가</th><th rowspan="2">예방 관리</th></tr>
<tr><th>심각성</th><th>발생 가능성</th><th>결과</th></tr>
<tr><td rowspan="4">설탕</td><td>생물학적</td><td>Staphylococcus aureus</td><td>• 원료 자체에서 오염
• 포장재 훼손 등으로 인해 혼입</td><td>1</td><td>1</td><td>1</td><td>• 포장재 훼손 여부에 대한 육안검사를 실시</td></tr>
<tr><td>물리적</td><td>비닐</td><td>• 포장재 훼손으로 인한 이물 혼입</td><td>1</td><td>1</td><td>1</td><td>• 포장재 훼손 여부에 대한 육안검사를 실시</td></tr>
<tr><td rowspan="2">화학적</td><td>비소</td><td rowspan="2">• 제조과정에서 부적절한 첨가물의 사용 및 허용치 이상의 첨가물 사용으로 인해 잔류</td><td>1</td><td>1</td><td>1</td><td rowspan="2">• 시험성적서를 확인하여 관리(연 1회, 수입품의 경우 수입면장으로 대신함)</td></tr>
<tr><td>납</td><td>1</td><td>1</td><td>1</td></tr>
<tr><td rowspan="4">용수</td><td>생물학적</td><td>분원성 대장균 등 수질관련 병원성 미생물(살모넬라, 쉬겔라 등)</td><td>• 원수 자체 오염
• 저수 청결 상태 불량으로 인한 교차 오염</td><td>2</td><td>1</td><td>2</td><td>• 상수도 사용
• 시험성적서를 확인</td></tr>
<tr><td rowspan="3">화학적</td><td>중금속(납, 불소, 비소 등)</td><td rowspan="3">• 제조과정에서 부적절한 첨가물의 사용 및 허용치 이상의 첨가물 사용으로 인해 잔류</td><td>1</td><td>1</td><td>1</td><td rowspan="3">• 상수도 사용
• 시험성적서를 확인하여 관리</td></tr>
<tr><td>유해물질(페놀 등)</td><td>1</td><td>1</td><td>1</td></tr>
<tr><td>소독제(잔류염소 등)</td><td>1</td><td>1</td><td>1</td></tr>
<tr><td rowspan="9">내포장재</td><td rowspan="2">생물학적</td><td>대장균</td><td rowspan="2">• 협력업체의 생산 및 보관과정에서 교차 오염
• 협력업체 운반관리(차량 위생, 포장재 훼손) 부족으로 교차 오염</td><td>2</td><td>1</td><td>2</td><td rowspan="2">• 입고검사 기준 준수(포장재 및 차량 육안검사 등)
• 주기적인 시험성적서 수령 및 확인</td></tr>
<tr><td>Staphylococcus aureus</td><td>1</td><td>1</td><td>1</td></tr>
<tr><td rowspan="7">물리적</td><td>납</td><td rowspan="7">• 원료에서 유래
• 협력업체 관리 부족으로 기준 규격 초과 사용에 의한 오염
• 협력업체 생산 관리 및 보관 관리 부족에 의한 잔류 및 오염</td><td>2</td><td>1</td><td>2</td><td rowspan="7">• 입고검사 기준 준수
• 주기적인 시험성적서 수령 및 확인</td></tr>
<tr><td>카드뮴</td><td>2</td><td>1</td><td>2</td></tr>
<tr><td>수은</td><td>2</td><td>1</td><td>2</td></tr>
<tr><td>6가크롬</td><td>2</td><td>1</td><td>2</td></tr>
<tr><td>1-헥센</td><td>2</td><td>1</td><td>2</td></tr>
<tr><td>1-옥텐</td><td>2</td><td>1</td><td>2</td></tr>
<tr><td>잔류용제(톨루엔)</td><td>2</td><td>1</td><td>2</td></tr>
</table>

구분	위해요소		발생 원인	위해평가			예방 관리
				심각성	발생 가능성	결과	
내포장재	화학적	연질이물(머리카락, 실, 벌레)	• 협력업체 생산, 보관 중 제조설비 및 작업자 관리 미흡으로 혼입 • 협력업체 운반관리(차량 위생 등) 부족으로 인한 혼입	1	1	1	• 입고검사 기준 준수(포장재 및 차량 육안검사 등)
		경질이물(돌, 플라스틱)		2	1	2	
외포장재(P박스)	물리적	종이조각	• 협력업체 생산, 보관 및 유통과정에 대한 관리부족으로 오염	1	1	1	• 입고검사 기준 준수(포장재 및 차량 육안검사 등) • 이물 제거 후 입고
		머리카락	• 협력업체 생산, 보관 및 유통과정에 대한 관리부족으로 오염	1	1	1	

[표 2-18] 복음김치 공정별 위해분석 결과 예시

공정별 위해요소분석표

구분	위해요소		발생 원인	위해평가 심각성	위해평가 발생 가능성	위해평가 결과	예방 관리
입고	생물학적	*Staphylococcus aureus*	• 원료 자체에서 오염 • 재배 및 유통과정에서 토양 및 종업원 등으로 인해 식중독균 혼입	1	1	1	• 육안검사 • 시험성적서를 확인하여 관리(연 1회) • 살균 공정에서 제거
		Salmonella spp.		2	1	2	
		Bacillus cereus		1	1	1	
		Listeria monocytogenes		3	1	3	
		장출혈성대장균		3	1	3	
		Clostridium perfringens		1	1	1	
	물리적	비닐, 연질 플라스틱	• 재배 및 유통과정에서 위생해충, 비닐 등 이물 혼입 • 포장재 훼손으로 인한 이물 혼입	1	1	1	• 철저한 선별(육안검사) • 포장재 훼손 여부에 대한 육안검사를 실시
		금속조각	• 원료 자체 오염	3	1	3	• 금속검출 공정에서 제거
	화학적	납	• 원료 자체 중금속 잔류 • 토양으로부터 중금속 오염	2	1	2	• 시험성적서를 확인하여 관리(연 1회)
		카드뮴		2	1	2	
		잔류농약	• 재배과정에서 농약 오남용	2	1	2	
전처리 및 선별	생물학적	*Staphylococcus aureus*	• 원료에 오염된 식중독균 • 작업자로부터 교차 오염 • 작업도구로 인한 교차 오염	1	1	1	• 작업환경 위생 관리 • 작업자 교육 • 살균 공정에서 제거
		Salmonella spp.		2	1	2	
		Bacillus cereus		1	1	1	
		Listeria monocytogenes		3	1	3	
		장출혈성대장균		3	1	3	
		Clostridium perfringens		1	1	1	
	물리적	비닐, 연질 플라스틱	• 선별 시 잔존	1	1	1	• 종사자 개인 위생 관리 • 작업도구 및 설비 노후 파손 여부 점검 • 금속검출 공정에서 제거
		머리카락 등	• 종업원으로부터 교차 오염	1	1	1	
		금속조각	• 원료 자체 오염	3	1	3	

구분	위해요소		발생 원인	위해평가			예방 관리
				심각성	발생 가능성	결과	
절임	생물학적	*Staphylococcus aureus*	• 원료에 오염된 식중독균 • 작업자로부터 교차 오염 • 작업도구로 인한 교차 오염 • 부적합한 절임에 의한 오염	1	1	1	• 작업환경 위생 관리 • 작업자 교육 • 부재료 및 용수 관리 • 세척 공정에서 제거
		Salmonella spp.		2	1	2	
		Bacillus cereus		1	1	1	
		Listeria monocytogenes		3	1	3	
		장출혈성대장균		3	1	3	
		Clostridium perfringens		1	1	1	
	물리적	머리카락 등	• 종사자로부터 머리카락 등 연질 이물 혼입	1	1	1	• 종사자 개인 위생 관리 • 작업도구 및 설비 노후 파손 여부 점검 • 금속검출 공정에서 제거
		금속조각	• 작업도구 및 제조설비 등으로부터 금속 이물 혼입	3	1	3	
세척	생물학적	*Staphylococcus aureus*	• 원료에 오염된 식중독균 • 세척횟수 이탈에 의한 식중독균 잔존 • 세척수량 이탈에 의한 식중독균 잔존 • 세척시간 이탈에 의한 식중독균 잔존	1	1	1	• 작업환경 위생 관리 • 세척 작업자 교육 • 세척시간, 세척수량, 세척횟수 세척방법 준수 • 세척수 교체주기 준수 • 살균 공정에서 제거
		Salmonella spp.		2	1	2	
		Bacillus cereus		1	1	1	
		Listeria monocytogenes		3	1	3	
		장출혈성대장균		3	1	3	
		Clostridium perfringens		1	1	1	
	물리적	머리카락 등	• 종사자로부터 머리카락 등 연질 이물 혼입	1	1	1	• 종사자 개인 위생 관리 • 작업도구 및 설비 노후 파손 여부 점검 • 금속검출 공정에서 제거
		금속조각	• 작업도구 및 제조설비 등으로부터 금속 이물 혼입	3	1	3	
탈수/이물선별	생물학적	*Staphylococcus aureus*	• 작업환경(종사자, 탈수대, 탈수덮개 등)으로부터 식중독균 교차 오염에 의한 식중독균 잔존	1	1	1	• 작업환경 위생 관리 • 작업자 위생 관리 • 살균 공정에서 제거
		Salmonella spp.		2	1	2	
		Bacillus cereus		1	1	1	
		Listeria monocytogenes		3	1	3	
		장출혈성대장균		3	1	3	
		Clostridium perfringens		1	1	1	
	물리적	머리카락 등	• 종사자로부터 머리카락 등 연질 이물 혼입	1	1	1	• 종사자 개인 위생 관리 • 작업도구 및 설비 노후 파손 여부 점검 • 금속검출 공정에서 제거
		금속조각	• 작업도구 및 제조설비 등으로부터 금속 이물 혼입	3	1	3	

구분	위해요소		발생 원인	위해평가			예방 관리
				심각성	발생 가능성	결과	
버무림	생물학적	*Staphylococcus aureus*	• 작업환경(종사자, 탈수대, 탈수덮개 등)으로부터 식중독균 교차 오염 이탈에 의한 식중독균 잔존	1	1	1	• 작업환경 위생 관리 • 작업자 위생 관리 • 살균 공정에서 제거
		Salmonella spp.		2	1	2	
		Bacillus cereus		1	1	1	
		Listeria monocytogenes		3	1	3	
		장출혈성대장균		3	1	3	
		Clostridium perfringens		1	1	1	
	물리적	머리카락 등	• 종사자로부터 머리카락 등 연질 이물 혼입	1	1	1	• 종사자 개인 위생 관리 • 작업도구 및 설비 노후 파손 여부 점검 • 금속검출 공정에서 제거
		금속조각	• 작업도구 및 제조설비 등으로부터 금속 이물 혼입	3	1	3	
계량 및 내포장	생물학적	*Staphylococcus aureus*	• 작업환경(종사자, 금속검출기 컨베이어 등)으로부터 식중독균 교차 오염	1	1	1	• 작업환경 위생 관리 • 작업자 위생 관리
배합	생물학적	*Staphylococcus aureus*	• 배합기, 저울, 주걱 등 세척소독 부적합으로 인한 오염	1	1	1	• 작업환경 위생 관리 • 작업자 교육 • 살균 공정에서 제거
		Salmonella spp.		2	1	2	
		Bacillus cereus		1	1	1	
		Listeria monocytogenes		3	1	3	
		장출혈성대장균		3	1	3	
		Clostridium perfringens		1	1	1	
	물리적	머리카락 등	• 종업원으로부터 교차 오염	1	1	1	• 종사자 개인 위생 관리 • 작업도구 및 설비 노후 파손 여부 점검 • 금속검출 공정에서 제거
		금속조각	• 노후된 기계 장비에서 혼입	3	1	3	

<table>
<tr><th rowspan="2">구분</th><th rowspan="2" colspan="2">위해요소</th><th rowspan="2">발생 원인</th><th colspan="3">위해평가</th><th rowspan="2">예방 관리</th></tr>
<tr><th>심각성</th><th>발생 가능성</th><th>결과</th></tr>
<tr><td rowspan="8">볶음</td><td rowspan="6">생물학적</td><td>Staphylococcus aureus</td><td rowspan="6">• 볶음기, 주걱 등 세척소독 부적합으로 인한 오염
• 불충분한 볶음으로 인한 잔존</td><td>1</td><td>1</td><td>1</td><td rowspan="6">• 작업환경 위생 관리
• 작업자 교육
• 볶음온도 시간 관리
• 살균 공정에서 제거</td></tr>
<tr><td>Salmonella spp.</td><td>2</td><td>1</td><td>2</td></tr>
<tr><td>Bacillus cereus</td><td>1</td><td>1</td><td>1</td></tr>
<tr><td>Listeria monocytogenes</td><td>3</td><td>1</td><td>3</td></tr>
<tr><td>장출혈성대장균</td><td>3</td><td>1</td><td>3</td></tr>
<tr><td>Clostridium perfringens</td><td>1</td><td>1</td><td>1</td></tr>
<tr><td rowspan="2">물리적</td><td>머리카락 등</td><td>• 종사자로부터 머리카락 등 연질 이물 혼입</td><td>1</td><td>1</td><td>1</td><td rowspan="2">• 종사자 개인 위생 관리
• 작업도구 및 설비 노후 파손 여부 점검
• 금속검출 공정에서 제거</td></tr>
<tr><td>금속조각</td><td>• 작업도구 및 제조설비 등으로부터 금속 이물 혼입</td><td>3</td><td>1</td><td>3</td></tr>
<tr><td rowspan="8">계량/내포장</td><td rowspan="6">생물학적</td><td>Staphylococcus aureus</td><td rowspan="6">• 저울, 위생장갑 등 작업도구 위생불량에 의한 오염
• 작업자 취급부주의에 의한 오염
• 작업자 위생불량에 의한 오염
• 포장재 보관 불량에 의한 오염</td><td>1</td><td>1</td><td>1</td><td rowspan="6">• 작업환경 위생 관리
• 작업자 교육
• 살균 공정에서 제거</td></tr>
<tr><td>Salmonella spp.</td><td>2</td><td>1</td><td>2</td></tr>
<tr><td>Bacillus cereus</td><td>1</td><td>1</td><td>1</td></tr>
<tr><td>Listeria monocytogenes</td><td>3</td><td>1</td><td>3</td></tr>
<tr><td>장출혈성대장균</td><td>3</td><td>1</td><td>3</td></tr>
<tr><td>Clostridium perfringens</td><td>1</td><td>1</td><td>1</td></tr>
<tr><td rowspan="2">물리적</td><td>머리카락 등</td><td>• 종사자로부터 머리카락 등 연질 이물 혼입</td><td>1</td><td>1</td><td>1</td><td rowspan="2">• 종사자 개인 위생 관리
• 작업도구 및 설비 노후 파손 여부 점검
• 금속검출 공정에서 제거</td></tr>
<tr><td>금속조각</td><td>• 작업도구 및 제조설비 등으로부터 금속 이물 혼입</td><td>3</td><td>1</td><td>3</td></tr>
</table>

구분		위해요소	발생 원인	위해평가			예방 관리
				심각성	발생 가능성	결과	
살균	생물학적	*Staphylococcus aureus*	• 살균 온도 및 시간 이탈에 의한 잔존 • 봉투 터짐 현상에 의한 오염	1	1	1	• 살균 온도 관리: 85℃ 이상 • 살균 시간 관리: 10분 이상
		Salmonella spp.		2	1	2	
		Bacillus cereus		1	1	1	
		Listeria monocytogenes		3	1	3	
		장출혈성대장균		3	1	3	
		Clostridium perfringens		1	1	1	
	물리적	머리카락 등	• 종사자로부터 머리카락 등 연질 이물 혼입	1	1	1	• 종사자 개인 위생 관리 • 작업도구 및 설비 노후 파손 여부 점검 • 금속검출 공정에서 제거
		금속조각	• 작업도구 및 제조설비 등으로부터 금속 이물 혼입	3	1	3	
냉각	생물학적	*Staphylococcus aureus*	• 봉투 터짐 현상에 의한 오염 • 냉각 불충분에 의한 증식	1	1	1	• 포장상태 육안확인 • 냉각수 관리
	물리적	머리카락 등	• 봉투 터짐에 이한 혼입	1	1	1	• 종사자 개인 위생 관리 • 작업도구 및 설비 노후 파손 여부 점검 • 금속검출 공정에서 제거
		금속조각	• 작업도구 및 제조설비 등으로부터 금속 이물 혼입	3	1	3	
금속검출	생물학적	*Staphylococcus aureus*	• 작업환경(종사자, 금속검출기 컨베이어 등)으로부터 식중독균 교차 오염	1	1	1	• 작업환경 위생 관리 • 작업자 위생 관리
	물리적	머리카락 등	• 종사자로부터 머리카락 등 연질 이물 혼입	1	1	1	• 종사자 개인 위생 관리 • 작업도구 및 설비 노후 파손 여부 점검 • 금속검출 공정에서 제거
		금속조각	• 작업도구 및 제조설비 등으로부터 금속 이물 혼입	3	1	3	
외포장		해당 위해요소 없음					
보관/출고		해당 위해요소 없음					

〈 제4일 〉

CCP 식별

HACCP 팀장 오늘은 무엇을 하지요?

품질 팀장 지난번에 토론하여 완성한 위해요소분석 목록표를 바탕으로, CCP 결정도와 CCP 결정표를 완성하고 CCP를 식별(결정)해야 합니다. 제가 위해요소분석 목록표에서 중대한(3점 이상) 위해요소가 있는 원·부재료와 공정만 추려서 CCP 결정표를 작성했으니 함께 검토해 보시죠.

생산 팀장 다시 한번 설명해 주시죠.

품질 팀장 CCP 결정표 작성방법은 다음과 같습니다.

원·부재료 혹은 공정	위해요소	중대성 판단				
		Q1	Q2	Q3	Q4	Q5
심각한 위해요소 (3점 이상)가 있는 공정	그 공전에서 야기된 심각한 위해요소	해당 공정을 CCP로 식별해야 하는지 CP로 관리해야 하는지 결정하는 질문(CCP 결정도)				

HACCP 팀장 아, 그렇군요. 그러면 이 도표가 어떻게 완성되었는지 설명해 주실래요?

품질 팀장 절임 공정이 병원성 세균에 대해서 CCP인지 식별하기 위해서는 아래와 같이 하면 됩니다.

1	Q1에서 절임은 선행요건 관리의 요구사항이 아니지요?	따라서 NO
2	Q2에서 절임 공정에서의 예방책은 선행요건 관리를 잘 하는 것이지요?	따라서 YES
3	Q3에서 절임이 세균 관리를 위해 특별히 고안된 공정이 아니지요?	따라서 NO
4	Q4에서 절임에서 선행요건 관리를 적용하지 않으면 세균이 증가하지요?	따라서 YES
5	Q5에서 다음 공정에서 세균을 관리하는 공정이 있지요?	따라서 YES
6	따라서 절임 공정은 비록 세균 오염에 취약할 수 있는 공정이지만 CCP가 아니므로 CP로 관리하지요.	

HACCP 팀장

그렇군요. CCP 결정도를 쓰니 논리적으로 CCP를 결정하는 데 도움이 되는군요. 볶음 후 살균 공정을 가지고 한 번 더 예를 들어 주실래요?

품질 팀장

예. 역시 병원성 세균에 대하여 볶음 후 살균 공정은 다음과 같이 CCP 결정도의 질문에 따라 CCP 결정표를 만들면 됩니다.

1	Q1에서 살균은 선행요건 관리에서 요구하는 것이 아니고 이 제품의 특성에 의한 공정이지요.	따라서 NO
2	Q2에서 살균 공정에서 세균의 예방책은 살균 온도와 시간을 준수하여 살균하는 것이지요.	따라서 YES
3	Q3에서 살균 공정은 세균을 살균할 목적을 가지고 있지요	따라서 YES
4	따라서 살균 공정이 CCP로 식별되었네요. 즉, 살균할 때 온도와 시간을 준수하지 못하면 병원성 세균이 생존할 수 있지만, CCP 관리를 통해 세균에 대한 안전성을 보장할 수 있겠지요.	

HACCP 팀장

아, 그렇군요.
그럼 품질 팀장께서 방금 토론한 내용을 정리하셔야겠네요.

품질 팀장

제가 토론한 내용을 CCP 결정표에 완결해서 다음 모임에 제출할테니 함께 검토해 주세요.

〈 제5일 〉

CCP 결정표 작성 및 검토

HACCP 팀장

오늘은 지난번에 토의한 CCP 결정표와 완결된 내용을 검토해 보겠습니다.

[표 2-19] 볶음김치 원·부재료 CCP 결정표 작성결과 예시

CCP 결정표 - 원·부재료

원·부재료/공정	위해요소		질문1 Y: 종결 N: 질문2	질문2 Y: 질문3 N: 질문 2-1	질문2-1 Y: 질문2 N: 종결	질문3 Y: CCP N: 질문4	질문4 Y: 질문5 N: 종결	질문5 Y: 종결 N: CCP	CCP
	구분	위해 종류							
배추	B	리스테리아균 장출혈성 대장균	N	Y (세척)	-	N	Y	Y (세척)	CP
	P	금속성 경질이물: 금속조각	N	Y (금속 검출)		N	Y	Y (금속 검출)	CP
기타 농산물	B	리스테리아균 장출혈성 대장균	N	Y (세척)	-	N	Y	Y (세척)	CP
	P	금속성 경질이물: 금속조각	N	Y (금속 검출)		N	Y	Y (금속 검출)	CP

[표 2-20] 볶음김치 공정별 CCP 결정표 작성결과 예시

CCP 결정표 - 공정별

원·부재료/공정	위해요소		질문[1] 확인된 위해를 관리하기 위한 선행위생 관리규정이 있으며 잘 관리되고 있는가? 예 → CP 아니요 → 질문2	질문[2] 모든 단계에서 작업자에 의해 위해를 관리할 방지방법이 있는가? 예 → 질문 3 아니요 → 질문 2-1	질문[2-1] 이 단계에서 안전성을 위한 관리가 필요한가? 예 → 단계, 공정, 제품 변경 후 질문 2 이동 아니요 → CP	질문[3] 이 단계는 확인된 위해를 예방, 제거하거나 허용수준까지 감소시키기 위해 특별히 고안된 것인가? 예 → CCP 아니요 → 질문 4	질문[4] 확인된 위해가 허용수준을 초과하여 발생하는가 또는 허용할 수 없는 수준으로 증가하는가? 예 → 질문 5 아니요 → CP	질문[5] 확인된 위해를 제거하거나 허용수준으로 감소시킬 수 있는 연속된 다음 공정이나 조치가 있는가? 예 → CP 아니요 → CCP	CCP 또는 CP
입고	생물학적	*Listeria. monocytogenes* 장출혈성대장균	아니오	예 살균 공정	-	아니오	예	예 살균 공정	CP
	물리적	금속조각	아니오	예 금속검출 공정	-	아니오	예	예 금속검출 공정	CP
전처리/선별	생물학적	*Listeria. monocytogenes* 장출혈성대장균	아니오	예 살균 공정	-	아니오	예	예 살균 공정	CP
	물리적	금속조각	아니오	예 금속검출 공정	-	아니오	예	예 금속검출 공정	CP
절임	생물학적	*Listeria. monocytogenes* 장출혈성대장균	아니오	예 살균 공정	-	아니오	예	예 살균 공정	CP
	물리적	금속조각	아니오	예 금속검출 공정	-	아니오	예	예 금속검출 공정	CP
세척	생물학적	*Listeria. monocytogenes* 장출혈성대장균	아니오	예 살균 공정	-	아니오	예	예 살균 공정	CP
	물리적	금속조각	아니오	예 금속검출 공정	-	아니오	예	예 금속검출 공정	CP
탈수/이물선별	생물학적	*Listeria. monocytogenes* 장출혈성대장균	아니오	예 살균 공정	-	아니오	예	예 살균 공정	CP
	물리적	금속조각	아니오	예 금속검출 공정	-	아니오	예	예 금속검출 공정	CP
버무림(속넣기)	생물학적	*Listeria. monocytogenes* 장출혈성대장균	아니오	예 살균 공정	-	아니오	예	예 살균 공정	CP
	물리적	금속조각	아니오	예 금속검출 공정	-	아니오	예	예 금속검출 공정	CP

원재료/제조공정	위해요소		질문[1]	질문[2]	질문[2-1]	질문[3]	질문[4]	질문[5]	CCP 또는 CP
			확인된 위해를 관리하기 위한 선행위생 관리규정이 있으며 잘 관리되고 있는가? 예 → CP 아니요 → 질문2	모든 단계에서 작업자에 의해 위해를 관리할 방지 방법이 있는가? 예 → 질문 3 아니요 → 질문 2-1	이 단계에서 안전성을 위한 관리가 필요한가? 예 → 단계, 공정, 제품 변경 후 질문 2 이동 아니요 → CP	이 단계는 확인된 위해를 예방, 제거하거나 허용수준까지 감소시키기 위해 특별히 고안된 것인가? 예 → CCP 아니요 → 질문 4	확인된 위해가 허용수준을 초과하여 발생하는가 또는 허용할 수 없는 수준으로 증가하는가? 예 → 질문 5 아니요 → CP	확인된 위해를 제거하거나 허용수준으로 감소시킬 수 있는 연속된 다음 공정이나 조치가 있는가? 예 → CP 아니요 → CCP	
배합	생물학적	*Listeria. monocytogenes* 장출혈성대장균	아니오	예 살균 공정	-	아니오	예	예 살균 공정	CP
	물리적	금속조각	아니오	예 금속검출 공정	-	아니오	예	예 금속검출 공정	CP
볶음	생물학적	*Listeria. monocytogenes* 장출혈성대장균	아니오	예 살균 공정	-	아니오	예	예 살균 공정	CP
	물리적	금속조각	아니오	예 금속검출 공정	-	아니오	예	예 금속검출 공정	CP
계량/내포장	생물학적	*Listeria. monocytogenes* 장출혈성대장균	아니오	예 살균 공정	-	아니오	예	예 살균 공정	CP
	물리적	금속조각	아니오	예 금속검출 공정	-	아니오	예	예 금속검출 공정	CP
살균	생물학적	*Listeria. monocytogenes* 장출혈성대장균	아니오	예 살균 공정	-	예	-	-	CCP
	물리적	금속조각	아니오	예 금속검출 공정	-	아니오	예	예 금속검출 공정	CP
냉각	물리적	금속조각	아니오	예 살균 공정	-	아니오	예	예 살균 공정	CP
금속검출	물리적	금속조각	아니오	예 금속검출 공정	-	예	-	-	CCP

HACCP 팀장 다음은 무엇을 해야 하나요?

품질 팀장 한계기준 설정과 모니터링 시스템 수립을 해야 하는데 생산 팀장께서 자료를 준비해 주셔야 합니다.

생산 팀장 제가 준비할 자료가 무엇인지요?

품질 팀장 그동안 살균 공정을 관리한 온도와 시간 그리고 방법을 제출해 주시죠.

생산 팀장 CL 설정에 그 자료가 충분한가요?

품질 팀장 충분하지 않을 수도 있기 때문에 우리는 "유효성 평가"를 할 것입니다.

〈 제6일 〉

CL 설정

HACCP 팀장 오늘은 CL 설정, 모니터링, 개선조치 시스템 수립, 검증방법까지 해야겠군요.

품질 팀장 예, CCP인 살균 공정의 CL은 그 전에 해오던 방식으로 온도 85℃ 이상, 시간 10분 이상으로 그대로 설정했어요. CL 결정을 위한 유효성 평가로서 미생물 검사와 관능적 검사를 해 보니 그 CL이 적절하다고 평가되었습니다.

HACCP 팀장 그러면 모니터링과 개선조치 시스템은요?

생산 팀장 우리 작업장에서는 살균기에 타이머가 부착되어 있지 않으니, 타이머를 구매하여 주기적으로 확인해야겠네요.

품질 팀장 잘 살균하는 것은 작업자의 숙련도에 의지하는 측면이 강하니 매번 확인할 필요까지는 없고, 반장이 매 2시간마다 살균 후 김치의 심부 온도를 체크해 보도록 하는 게 좋겠네요.

HACCP 팀장 그럴까요? 그러면 그렇게 정리해 보겠습니다.

모니터링 시스템과 개선조치

대상(What)	위해요소	중대성 판단	살균 후 심부 온도
방법(How)	살균기에 부착된 온도계로 확인	살균 시작 전 타이머를 세팅 후 살균을 시작하여 타이머가 울리면 살균을 종료	살균 종료 시 볶음김치의 심부 온도를 확인
언제(When)	살균 전, 매 2시간마다	매 2시간마다	매 2시간마다
누가(Who)	가공반장	가공반장	가공반장

생산 팀장 그런데 여기 있는 자료만 놓고 보면 육하원칙이 아니네요?

HACCP 팀장 맞습니다. "이유(Why)"는 김치의 안전성 보장을 의미하고 "장소(Where)"는 살균 공정이 일어나는 살균기이니 굳이 명시할 필요가 없군요.

품질 팀장 개선조치는 즉시적 조치만 여기에 명시하고요. 그래도 예방적 조치는 꼭 해야 합니다.

HACCP 팀장 그렇지요. 그럼 다음 단계는요?

품질 팀장 제가 Codex 12절차에 따라 진행해온 내용을 HACCP 관리도표로 정리할 테니 검토해 주세요.

HACCP 팀장 계속 수고해 주세요.

〈 제7일 〉

HACCP 관리도표 검토

[표 2-21] HACCP 관리도표 작성결과

<table>
<tr><th colspan="3">HACCP 관리도표</th></tr>
<tr><td colspan="2">원·부재료/공정명</td><td>• 살균</td></tr>
<tr><td colspan="2">CCP 번호</td><td>• CCP-1B</td></tr>
<tr><td rowspan="2">위해요소</td><td>위해 종류</td><td>• 병원성 미생물 잔존(리스테리아, 장출혈성대장균)</td></tr>
<tr><td>발생 원인</td><td>• 살균 시간 및 온도 이탈</td></tr>
<tr><td colspan="2">한계기준</td><td>• 살균 온도: 85℃ 이상
• 살균 시간: 10분 이상
• 살균 후 품온: 80℃ 이상</td></tr>
<tr><td rowspan="4">모니터링</td><td>내용</td><td>• 살균 온도 및 시간, 품온</td></tr>
<tr><td>방법</td><td>• 살균 온도: 살균기 온도계로 확인
• 살균 시간: 타이머로 확인
• 살균 후 품온: 심부 온도계로 확인</td></tr>
<tr><td>주기</td><td>• 2시간마다</td></tr>
<tr><td>담당</td><td>• 정: 가공반장
• 부: 생산팀장</td></tr>
<tr><td colspan="2">개선조치</td><td>• 살균 온도 및 시간 미달 시, 살균 후 품온 미달 시
- 공정담당자는 즉시 작업을 중지한다.
- 해당 제품은 즉시 재살균하고 CCP 모니터링 일지에 이탈사항과 개선조치사항을 기록한다.
- 생산 팀장과 HACCP 팀장에게 보고한다.
- 해당로트의 제품을 품질관리팀장에게 공정품 검사를 의뢰한다.</td></tr>
<tr><td colspan="2">검증방법</td><td>• 일일기록의 결과 검토(매일/생산팀장, HACCP 팀장)
• 살균 전·후 미생물 검사(6개월 1회/ 품질관리팀장)</td></tr>
<tr><td colspan="2">기록문서</td><td>• CCP-1B 점검표
• 부적합 제품 기록부</td></tr>
</table>

HACCP 팀장 CCP 관리 방법이 일목요연하게 표시되어 있네요. 고생 많았습니다. 그동안 우리는 7번 모임을 통해서 HACCP 관리계획을 완결했습니다. 이제 잘 이행하여서 식품안전성에 만전을 기하도록 합시다.

생산 팀장 해당 작업자가 숙달되게 잘 훈련해야겠군요.

품질 팀장 교육 · 훈련 계획은 제가 생산 팀장님과 상의해서 작성하도록 하겠습니다.

HACCP 팀장 모두들 정말 수고많았습니다. 오늘 한턱 쏘겠습니다.

쉬어가는 페이지

Night and Day(나이트 앤드 데이)

이 영화의 한 장면 중 로이가 룬에게 “나와 같이 있어야 돼.”하고 설득하는 장면이다. 손을 높이 들면서 “with me.”라고 하고 손을 아래로 내리면서 “without me.”라고 말하고 있다. 참으로 간결하면서도 메시지를 잘 전달하고 있다. 언어는 마음을 전하는 도구이고 HACCP은 식품안전관리의 도구다. 도구는 목적을 달성하면서 단순한 것이 좋고, 숙달되어 능숙하게 사용할 수 있어야 한다. 영어를 숙달하는 방법은 반복해서 듣고 말하는 것이듯, HACCP도 반복하면 숙달되어 능숙해진다. 세상에 존재하는 기술 중 어떤 것은 기술학(Technology)을 더 바탕으로 하고 어떤 것은 기술(Technique)을 더 바탕으로 하는데, HACCP은 반복 · 숙달을 필요로 하는 테크닉이다. 학교 혹은 책에서 배운 것은 그저 HACCP의 문에 들어선 것이고 실제 몸을 부딪쳐 청소하고, 공정 관리하고, 점검 및 개선조치 하는 가운데 그 바퀴는 구르고 굴러 그대를 HACCP 전문가로 인도할 것이다.

제 2 장 요약

1 식품의 완전성은 안전성과 품질의 두 가지 요소로 구성된다. 따라서 각 공정 역시 안전성을 위한 위생 관리와 품질을 위한 관리라는 두 가지 범주로 통제되어야 한다.

2 식품의 품질적 요소란 식품의 맛과 영양 그리고 기능성이며 식품의 물성과 형태의 변화에 관련되어 있다. 그러므로 그것에 관여하는 종업원과 장비의 운용에 대한 바른 이해가 필요하다.

3 식품의 위생적 요소란 오염과 변질 방지를 위한 활동들이며 모든 공정은 선행요건프로그램이 작동하는 환경에서 운용되고 적용되어야 한다.

4 선행요건프로그램의 목적은 제품을 오염과 변질로부터 방지하기 위함이다. 총 8가지 관리 영역인 영업장, 제조·가공시설·설비, 냉장·냉동시설·설비, 위생, 용수, 입고·보관·운송, 검사 및 회수로 구성되며 각각 기준서를 만들어서 관리하여야 한다.

5 통제(Control)는 사람이나 공정을 특정 범주 안에 머물도록 하는 것이고, 관리(Management)는 사람이나 공정이 특정 범주 안에 머물도록 하는 일련의 프로세스로서 PDCA 사이클로 수행된다.

6 식품을 취급하는 모든 공정은 CP이며 각각의 공정(CP)은 통제되어야 한다. 모든 공정을 총체적으로 부르는 용어가 프로세스(Process)이며 이는 체계적으로 관리(Management)되어야 한다. 식품제조·가공의 생산 공정은 잘 관리되어서 실패를 예방하여야 하고, 각 공정을 잘 통제하면 전체 생산공정이 관리될 수 있고, 이는 제품의 품질 보장으로 이어진다.

❼ CP 중에서 해당 위해요소를 (허용 수준으로) 감소, 제거 혹은 예방하는 공정이 중요관리점(CCP)으로 식별되며, CCP는 실패를 최소화하기 위하여 7원칙이라는 강화된 통제가 적용된다. CCP 식별과 CCP 결정은 혼용될 수 있는 용어이며, CCP 결정도와 CCP 결정표를 활용하여 강화된 관리를 적용할 CCP를 최종적으로 결정하게 된다.

❽ Codex 12절차란 사전 5단계와 7원칙으로 구성되며 제품별로 "HACCP 관리계획(HACCP Plan)"을 작성하는 공식적인 방법이 된다. 사전 5단계는 HACCP팀이 제품을 구성하는 원·부재료와 최종 규격, 제품공정에 관한 정보를 제공함으로써 7원칙 적용이 가능하도록 한다.

❾ 7원칙은 위해요소 분석, CCP 식별, 한계기준(CL) 설정, CCP에서 CL 모니터링, CL 이탈 발생 시 개선조치, 검증, 문서화 및 기록관리의 절차로 진행된다.

❿ CL의 타당성 평가인 유효성 평가는 과학적 타당성을 평가하는 밸리데이션이 포함되어 있으며, 검증은 HACCP 시스템을 수립한 후 실시하는 유효성 평가와 실행성 평가를 의미한다.

제 2 장 연습문제

1. 관리와 통제의 개념을 설명하시오.
2. 식품을 가공 혹은 제조하는 생산 과정은 관리되어야 한다. 이 과정을 관리하는 방법을 설명하시오.
3. 공정 관리와 프로세스 관리에 대하여 그 차이점을 설명하시오.
4. 공정 관리를 위한 품질적 범주에 해당되는 기준 혹은 규격을 예를 들어 설명하시오.
5. 공정 관리에 있어 선행요건프로그램의 요건이 어떻게 적용되는지 설명하시오.
6. CP와 CCP의 차이점을 설명하시오.
7. HACCP 적용을 위한 코덱스(Codex) 지침에서 사전 5단계가 무엇인지 밝히고 각각의 의미에 대하여 설명하시오.
8. HACCP의 7원칙에 대하여 설명하시오.
9. 위해요소 분석 절차를 설명하시오.
10. CCP로 식별되는 조건에 대하여 설명하시오.

PART 2

경영관리의 이해와 실천 전략

3장 경영관리와 식품안전성

4장 식품산업관리자의 자질과 기술

3장

경영관리와 식품안전성

단원의 목표

1. 경영관리 분야와 HACCP 적용의 이해
2. 경영을 위한 관리활동의 이해
3. 경영조직의 종류와 특징 이해
4. 기업의 경영목표 및 목표 달성 전략의 이해
5. 경영전략으로서의 HACCP 이해

단원의 소개

HACCP은 경영관리의 한 분야인 생산 관리의 새로운 프레임이자 기법이다. HACCP의 올바른 적용은 기업의 목표 달성을 위한 전략적 접근이며 마케팅의 유용한 수단이 될 뿐만 아니라 고객만족을 위한 프로세스 관리의 구체적 방법이다. HACCP의 적용 자체는 체계적 관리를 통하여 기업의 리스크(식품안전성 사고)를 예방하지만 더 나아가서는 기업의 목표인 지속적 이윤창출을 가능케 하는 경영전략이 될 수 있다. 경영전략을 시행하기 위해서는 경영과 관리 및 그 실천 방법에 대한 이해가 필요하다. 이 장에서는 기업의 경영목표와 SWOT 분석을 통한 경영전략 수립 과정을 소개하고, 경영관리 활동 및 경영조직 체계에 대하여 비중있게 설명할 것이다. 끝으로, HACCP의 기본 철학인 예방은 체계적 관리를 통하여 달성되므로 이에 관한 개념과 실천방법을 소개한다.

제 1 절 경영과 관리

1. 경영과 관리의 개념

어떤 기업은 지속적 이윤을 창출하고 성장하는 반면에 어떤 기업은 고전하거나 도산하기도 한다. 이러한 것은 결국 경영의 결과이다. 앞에서 기업의 목표를 설정하는 것은 경영자의 역할이며, 그 목표 달성을 위해 필요한 인적 · 물적자원을 제공해야 한다고 하였다. 또한 경영자는 그 자원을 활용하여 목표 달성을 위한 제반활동을 수행하여야 한다. 경영과 관리에 대한 정의는 많은 학자들에 의해 다양하게 제시되어 왔으며 영어의 "Management"는 "경영", "관리" 또는 "경영관리"로 혼용되어 사용하고 있다. 그러나 공통된 의견은 사람과 일을 통제하기 위해 의사결정을 하는 것으로 "목표를 설정하고 그것에 필요한 자원을 제공하며, 그 자원을 목표 달성을 위해 활용하는 프로세스"라고 할 수 있다. [그림 3-1]에 나타난 바와 같이 기업의 목표 수립과 자원의 획득 및 제공은 경영 차원의 활동이고, 그 자원을 목표 달성을 위해 활용하는 것은 관리 차원의 활동이라고 볼 수 있다. 자원은 크게 인적자원과 물적자원으로 구분되며 물적자원을 사용하는 주체가 인적자원이므로 관리자(manager)는 인적자원에게 업무를 부과하는 역할, 즉 사람에게 일을 시키는 역할을 하며 관리는 사람에게 일을 시키는 기술이라고 말할 수 있다.

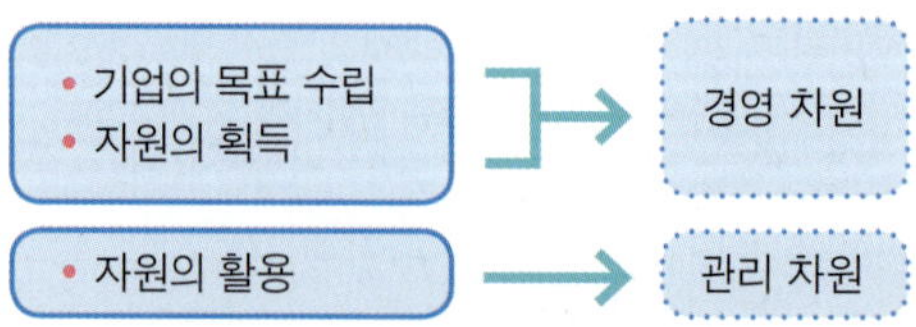

[그림 3-1] 경영과 관리의 차원

2. 경영활동의 기능

경영활동을 기능적으로 살펴보면 [그림 3-2]와 같이 〈계획 - 조직 - 지시 - 통제〉의 4단계 혹은 〈계획 - 조직 - 지휘 - 조정 - 통제〉의 5단계 기능으로 순환하는 구조로 설명될 수 있다.

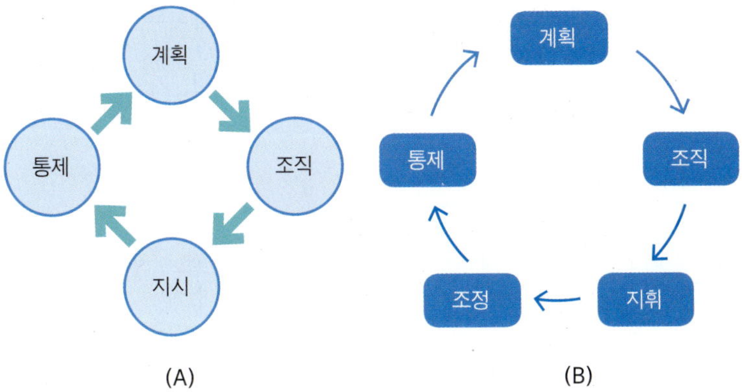

[그림 3-2] 경영관리활동 (A) 4단계 (B) 5단계

출처: 김기홍 외(2015), 김성국 외(2014), 양일선 외(2013)

> ▶ 위에서 경영관리활동의 5단계는 4단계 체계에 비해 "조정"이라는 단계가 추가되어 있다. 조정은 기업의 크기에 따라 부서 간의 업무조정을 위해 당연히 필요한 기능이다. 특히 정부나 대기업같이 큰 기업에는 이러한 기능을 하는 조직을 따로 두기도 한다. 정부의 국무조성실은 복잡하게 얽힌 정부의 기관과 업무를 조정하는 곳이다. 그러나 규모가 작은 기업에서는 업무 지시와 통제 시에 조정이 함께 이루어지므로 조정이 특별히 언급되지 않는 것이다.

1) 계획

계획은 기업의 모든 활동을 포괄하는 청사진이며 미래지향적 경영활동이라고 할 수 있다. 계획 수립은 경영관리의 출발점으로서 기업이 앞으로의 경향을 예측하고 조직의 목표와 달성 전략을 결정하는 단계라고 할 수 있다. 계획을 수립할 때는 먼저 기업이 처한 현재의 상황을 파악하고 조직이나 부서의 문제점을 분석한 후 미래의 변화에 대비한 예측과 가정을 통해 조직의 목표를 성취할 수 있는 다양한 방법을 모색하여야 한다. 따라서 기업이 경영활동을 위한 계획을 수립한다는 것은 미래의 불확실성에 대응하기 위한 수단 또는 방향을 제시하고 리스크를 최소화하면서 강점과 기회를 충분히 활용함으로써 기업의 목표를 달성할 수 있는 전략을 수립하는 것이다. 한편 계획 수립은 최고 경영자뿐만 아니라 중간 관리자, 일선 감독자 모두에게 필요한 경영활동이다. 계획 수립의 의미를 종합적으로 고찰할 때 그 중요성을 다음과 같이 요약할 수 있다.

기업 경영활동을 위한 계획 수립의 중요성

- 기업이 미래의 불확실성에 대응할 수 있도록 나아갈 방향과 수단을 제시해준다.
- 기업이 달성하고자 하는 목표를 명확하게 하는 단계이므로 경영자가 목표 달성을 위한 노력에 집중하게 된다.
- 기업이 목표 달성을 위해 필요한 인적 · 물적자원을 이용하여 최소한의 비용으로 최대의 효과를 얻도록 하는 데 도움이 된다.
- 계획 수립을 통해 제시하는 목표는 기업의 성과 평가를 위한 기준을 제시한다.
- 계획은 통제의 불가결한 전제로서 경영활동 결과의 양부(良否)를 판정하며 중간 관리층 이하 계층의 수행 상황을 감독하는 기준이 된다.

출처: 박민생(2003), 양일선 외(2013)

2) 조직

경영관리 활동의 두 번째 기능인 조직은 조직화, 즉 조직을 만드는 것을 의미한다. 수립한 계획을 실행에 옮기기 위하여 인적자원과 물적자원을 적재적소에

분배하며 조직 내 다양한 작업들을 그룹화하고 종적 및 횡적 관계를 조정하는 기능에 해당한다. 조직은 기업 전체의 조직부터 세부 부서 조직에 이르기까지 다양한 형태로 구성된다. 조직의 유형에 대해서는 이어지는 경영조직 체계에서 별도로 서술할 것이므로, 여기서는 관리자가 조직을 편성하거나 운영함에 있어 조직의 구성원이 맡은 직무를 능률적으로 수행하고 목표 달성을 하는 데 도움을 줄 수 있는 조직 구성의 일반적인 원칙에 대해서 간략히 살펴보자.

조직 구성의 원칙

- 전문화의 원칙: 업무를 세분화하여 작업자가 단순화된 업무에 숙달하도록 하는 것으로 전문화를 위해서는 분업화도 요구된다.
- 권한과 책임의 원칙: 권한과 책임은 명확해야 하며 동시에 대등하게 주어져야 한다. 즉 동전의 양면과 같이 책임과 권한은 반드시 함께해야 하며 책임과 권한은 의무가 따른다.
- 권한 위임(권한이양, Empowerment)의 원칙: 위임이란 경영자가 다른 사람에게 권한을 배분하고 일을 맡기는 과정을 말하는데, 경영의 규모가 확대될수록 의사결정에 관한 모든 권한을 한 사람이 행하는 것이 불가능하므로 위임이 필요하게 된다.

권한 위임 시 유의사항

- 위임하였다고 하더라도 업무 결과에 대한 궁극적 책임을 떠넘기거나 포기하게 되는 것이 아니므로 권한을 위임할 상대를 신중하게 선택한다.
- 위임하고자 하는 업무의 목적과 일정에 대한 동의를 구하고 위임할 업무의 내용을 명확히 한다.
- 위임 받은 자의 독자적 행동을 허용하고 신뢰하고 있음을 보여 준다.
- 업무 수행에 필요한 자원과 수행에 대한 피드백을 제공한다.

- 명령 일원화의 원칙: 구성원은 한 사람의 직속 상사로부터 명령 · 지시를 받아야 한다는 원칙이다. 이 원칙이 잘 지켜지지 않을 경우, 명령의 중복으로 마찰이 생기고 개인의 책임이 모호해져 책임을 회피하려는 경향이 생긴다. 단, 매트릭스 조직은 두 사람 이상의 상사가 지시를 하는 조직체계로서 기업에서 활용되고 있다.
- 감독 범위 적정의 원칙: 감독 범위가 너무 커지면 의사소통에 지장을 주고 능률을 저하시키는 원인이 되며 감독 범위가 너무 좁으면 지나친 감독으로 인해 종업원의 창의성과 자주성 발휘에 방해가 될 수 있다. 따라서 한 사람의 상위자가 직접 통제하는 하위자의 수를 적정 범위에 두어야 한다는 것이다.
- 계층 단축의 원칙: 급변하는 경영환경에 유연하게 대처하고 조직의 효율을 높이기 위해서는 조직의 계층을 가능한 적게 해야 한다. 명령 체계가 상하로 긴 고층구조의 조직은 커뮤니케이션에 많은 시간이 소요되고 정확성도 떨어진다.

출처: 곽동경 외(2014), 양일선 외(2013), 내용 일부 편집

3) 지시

지시는 경영자가 목표를 달성하기 위하여 조직 구성원에게 리더십을 발휘하며 조직 구성원과 의사소통하고 동기를 부여하는 과정을 말한다. 리더십의 사전적 의미는 "무리를 다스리거나 이끌어 가는 지도자로서의 능력"이다. 리더의 리더십은 하나의 조직이 응집된 힘을 발휘하고 목표 지향적으로 나아갈 수 있도록 하는 데 있어서 필요한 능력이다. 의사소통은 메시지의 전달 방향에 따라 다음과 같이 몇 가지로 구분되며 의사소통이 잘 되기 위해서는 정확한 메시지 전달과 상대방 배려와 같은 의사소통 기술이 요구된다.

- 상향식 의사소통: 업무보고, 제안함 활용, 고충처리제도 등 조직의 하위에서 상위로 메시지 전달
- 하향식 의사소통: 작업 지시, 절차 설명, 성과 피드백 등 조직의 상위에서 하위로 메시지 전달
- 수평적 의사소통: 부서 간 조정, 부서 내 부문 간 의사소통과 같은 수평적 의사 전달
- 대각선 의사소통: 동일 라인에 속하지 않는 상위자와 하위자 간의 의사 전달

출처: 양일선 외(2013)

동기 부여는 리더십과 서로 긴밀한 관계를 갖고 있다고 할 수 있다. 유능한 관리자는 종업원이 자발적으로 일하고자 하는 의욕을 일으킬 수 있도록 직무동기를 높여주는 방향으로 리더십을 발휘하여야 한다. 리더십과 동기 부여에 관련된 이론들은 4장에서 자세히 다룰 것이다.

4) 통제

통제란 경영관리의 일반적인 순환과정 중 지시(지휘, 조정) 다음에 오는 기능으로서 종업원의 실제 업무 수행 내용을 감시 감독하고 계획단계에서 명시한 내용과 일치하는지 여부를 확인하여 성과가 기준에 미치지 못할 시에는 시정 조치하고 성과 관련 작업 환경을 분석하여 피드백을 제공하는 것이다. 통제를 진행하는 일반적인 순서는 다음과 같다.

구체적이고 명확한 성과 기준의 설정 → 수행 결과의 측정 → 기준과 결과의 비교 → 시정 조치와 피드백

또한, 통제는 실시 시점에 따라 사전 통제, 동시 통제, 사후 통제로 나눌 수 있다.

- 사전 통제: 원천적인 통제 유형으로서 예비 통제라고도 하며, 업무가 실제로 수행되기 전에 목표나 표준에서 이탈되거나 오류가 발생할 가능성이 있다고 판단될 시에 이를 예방하기 위해 실시하는 조치
- 동시 통제: 진행 통제라고도 하며 업무가 진행 중인 작업이 기준에 부합하는지를 확인하기 위한 모니터링과 조정과정에 해당하며 최종 결과가 나타나기 전에 수정이 이루어질 수 있으므로 비용이 적게 들고 적시 통제가 가능함
- 사후 통제: 업무가 완료된 후 실시하는 통제로서 실제 현장에서 가장 많이 사용하는 형태이며 문제가 발견되었을 시에는 필요한 수정 조치를 하고 유사문제의 발생을 예방함

출처: 곽동경 외(2014)

3. 경영을 위한 관리활동

일반적인 경영조직은 경영전략과 목표를 달성하기 위하여 [그림 3-3]과 같이 인적자원 관리, 생산 관리, 마케팅 관리, 회계 관리의 기본적인 기능을 수행하는 부서로 구성된다. 또한, 여기에 재무 관리 기능을 추가하기도 하고 전략 수립을 위한 부서가 추가로 조직될 수도 있다.

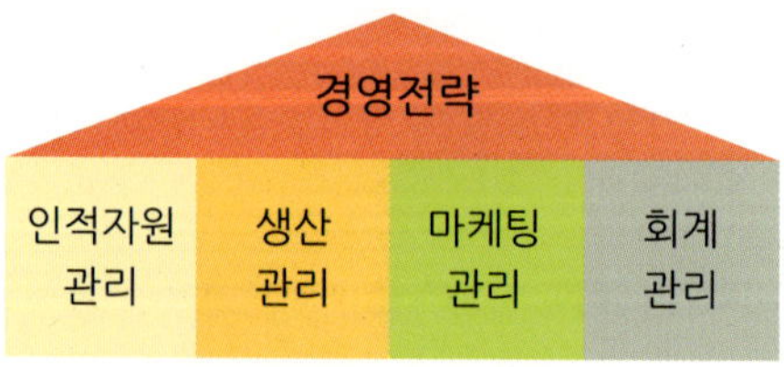

[그림 3-3] 경영을 위한 관리활동

출처: 권영식 외(2017)

1) 인적자원 관리

과거에는 인적자원이라는 용어보다는 인력이라는 용어로서 표현될 만큼 종업원을 현재 능력 수준으로만 판단하여 비용(cost) 요소의 하나로 간주하는 경향이 있었으나, 오늘날은 인적자원의 잠재적인 능력을 개발 및 활용함으로써 기업의 부가가치 창출에 기여할 수 있는 요소, 즉 투자 가치가 있는 자산(asset)의 일부로 보게 되었다. 특히 인적자원은 물적자원과 달리 동기부여에 따른 만족도와 개발 여하에 따라 성과나 가치가 달라지므로 인적자원의 관리는 매우 중요하다고 볼 수 있다. 우리나라에서는 오랫동안 인적자원 관리와 유사한 개념으로 인사관리(PM: Personnel Management)라는 용어를 사용하여 왔으나 인적자원의 중요성이 부각되면서 인적자원의 개발을 강조하는 인적자원 관리(HRM: Human Resource Management)로 불리고 있다. 슐러(R.S. Schuler)는 인적자원 관리란 종업원, 기업 그리고 사회를 위하여 가능한 한 조직의 인적자원을 효율적으로 관리하는 것이라고 하였다. 거기에는 환경에의 적응, 인력의 확보, 종업원 행동의 평가, 성과에 대한 보상, 교육과 개발, 효율적인 작업관계의 설정 및 유지, 작업환경의 감시 및 평가와 같은 활동이 중요하다고 하였다. 인적자원 관리의 관리적 활동은 [표 3-1]에 나타낸 바와 같이 계획, 실시, 확인 및 개선으로 구성되며, 인적자원 관리의 업무적 활동은 확보, 개발, 보상, 통합, 유지, 이직을 포함한다. 결국 어떻게 관리적 활동을 업무적 활동과 결합하는가 하는 것이 인적자원 관리의 과제라고 할 수 있다.

[표 3-1] 인적자원 관리의 두 가지 활동

관리적 활동		업무적 활동	
1. 계획	3. 확인	1. 확보	4. 통합
2. 실시	4. 개선	2. 개발	5. 유지
		3. 보상	6. 이직

출처: 오종석(1996)

* 슐러는 그의 저서에서 관리적 활동을 '계획-조직-지시-통제'로 제시하였으나, 이는 경영 차원의 활동이므로 관리적 활동인 '계획-실시-확인-개선'으로 수정함.

한편 [그림 3-4]는 인적자원을 계획 · 조정 · 통제하기 위한 주요 항목을 제시하였는데 인적자원의 확보, 교육 · 훈련, 보상 뿐만 아니라 조직 개선, 인적자원의 안정과 건강유지, 조직 개선 등도 포함한다.

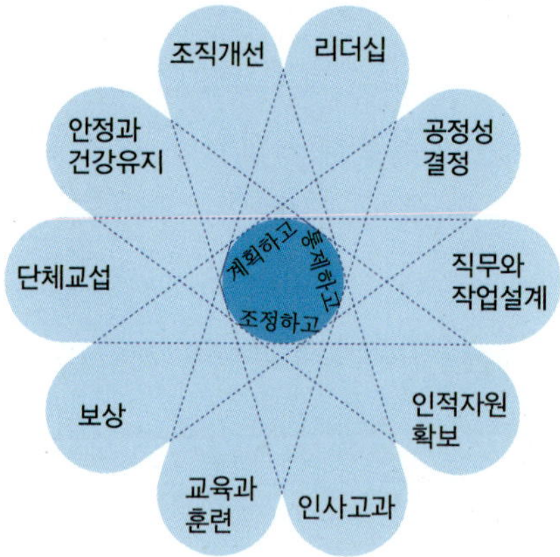

[그림 3-4] 인적자원 관리의 주요 과정

출처: 오종석(1996)

인적자원의 확보는 조직에 필요한 인력 계획, 직무분석, 직무설계, 모집 및 선발을 포함하는 과정이다. 직무분석 결과는 [그림 3-5]와 같이 직무기술서와 직무명세서의 개발 및 직무평가를 통한 임금관리에 활용된다. 모집은 내부 또는 외부모집을 통해서 사원을 확보하는 과정이며 기업이 정한 선발 기준에 따라 서류전형, 면접, 신체검사 등을 실시하여 최종적으로 인적자원의 확보가 이루어진다.

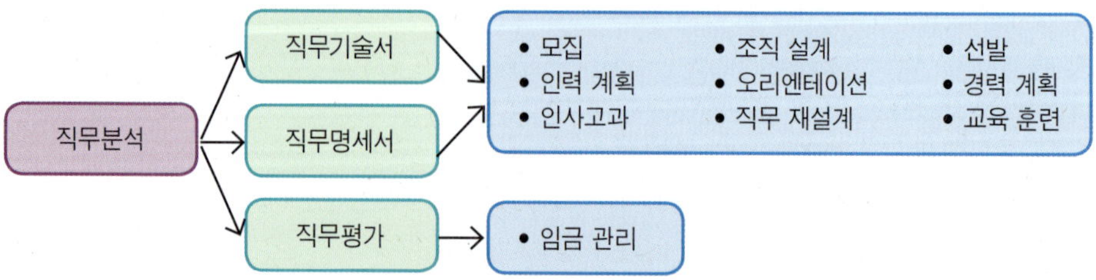

[그림 3-5] 직무분석의 활용

출처: 양일선 외(2013)

인적자원의 개발은 최고 경영자에서 일선 종업원에 이르기까지 전 구성원이 그 대상이며 다양한 능력개발 및 교육훈련 프로그램을 활용하는 과정이다. 훈련은 사내에서 이루어지는 직장 내 훈련과 파견 교육 등을 통해 업무와 분리해서 이루어지는 직장 외 훈련으로 구분된다. 일반적인 교육훈련 방법에는 강의법, 세미나법, 프로그램 학습, 사례법, 역할 연기법, 감수성 훈련 등이 있으며 다음과 같은 특수한 교육훈련도 실시한다.

- TWI(Training Within Industry): 생산부문의 일선 감독자의 훈련을 위해 고안된 것으로 감독자의 작업지시, 감독, 작업 개선에 관한 업무 능력을 향상시킨다.
- MTP(Management Training Plan): 미국 공군에서 중급 관리자의 관리 기술을 지도하기 위해 개발된 훈련 기법으로서 관리자 훈련계획에 사용된다.
- 경영 게임법: 관리자의 경영 훈련 능력을 기르기 위한 훈련 기법으로서 컴퓨터 시뮬레이션 게임을 통해 회사의 재정, 사업계획, 의사결정 등을 익힌다.
- 서류함 기법: 고위 경영자를 대상으로 한정된 시간 내에 서류를 처리하도록 하여 의사결정능력, 처리한 일의 정도, 유연성 등을 평가하고 훈련시킨다.

출처: 양일선 외(2013)

인적자원의 보상은 구성원에게 제공되는 경제적 및 비경제적 가치로서 인사이동 등과 더불어 종업원이 갖는 중요한 관심사의 하나이다. 왜냐하면 보상은 소득의 원천이자 사회적인 위신이나 심리적 안정감과 깊은 관계를 가지고 있기 때문이다. 인적자원의 보상은 직무평가를 통해 이루어지는데, 직무평가는 조직 내의 공정한 임금구조의 기준을 정하기 위하여 각 직무의 중요도, 곤란도, 위험도 등을 타 직무와 비교·평가하여 직무의 상대적 가치와 중요성을 서열로 정하는 체계적 방법이다. 보상은 [그림 3-6]과 같이 금전적 보상으로서 기본급, 수당, 인센티브 같은 직접적인 보상과 다양한 기업 차원의 복리후생을 통한 간접적 보상이 있다. 또한, 직장 안정, 경력보상, 사회심리적 보상과 같은 비금전적 보상도 있다. 현대는 대기업을 중심으로 종업원의 직무동기를 높이기 위한 전략으로 직접적 보상인 총급여 뿐만 아니라 광의의 임금인 복리후생제도와 사원 교육과 개발, 근무환경 개선 등을 종합적으로 관리하는 종합적 보상제도를 도입하는 경향이다.

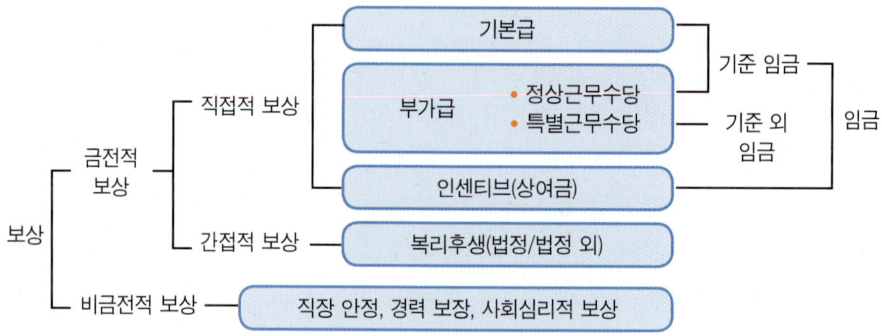

[그림 3-6] 인적자원의 보상 체계

출처: 곽동경 외(2014), 양일선 외(2013)

2) 생산 관리

초기의 생산 관리 연구에서 도출된 분업, 동작연구 등의 기법은 생산성 향상을 위한 방향을 제시하였으나 현대의 생산 관리에서는 상식적으로 실천되고 있는 사항들이 되었다. 현대에서는 프로세스 관리라는 개념이 어떠한 생산 관리에도 적용될 수 있는 유용한 방법으로 인정되고 있다. 식품안전성 관리의 기법인 HACCP도 그동안 이루어진 생산 관리의 연구를 바탕으로 프로세스 관리의 개념을 활용한 것이다. 아래에 제시한 사례를 살펴보면 생산 관리가 곧 식품안전성 관리이며 또한 종업원의 안전에 대한 배려임을 알 수 있다.

사례1 식품업체 작업장의 바닥이 청소가 힘들고 배수가 잘 되지 못하여 위생적으로도 해롭고 습기로 인해 건강에도 해를 끼쳤으며, 종업원이 미끄러지거나 이동 자체에 지장을 주므로 생산성이 떨어졌다.

▶▶ 바닥의 재시공 및 배수 시설 개선을 통해 해결하였다.

사례2 조리사가 조리에 필요한 참기름, 고춧가루 등 부재료를 가져오기 위해 조리 중에 계속 청결도가 낮은 일반구역을 수시로 출입하여 교차 오염을 야기시키고 필요없는 동작으로 생산성을 떨어뜨렸다.

▶▶ 작업 준비과정을 통하여 조리 시 필요한 부재료를 미리 조리 장소에 비치하고 동작연구나 작업 측정을 통하여 불필요한 동작을 줄이고 교차 오염도 방지하였다.

사례3 작업 종료 후 청소할 때 종업원이 작업대 위뿐만 아니라 바닥과 배수구를 동시에 청소함으로 인해 바닥 및 배수구를 다시 청소해야 하는 일이 발생하였다. 또한 청소 구역을 할당하니 청소 업무에 형평성이 떨어져 종업원의 불만이 야기되었다.

▶▶ 청소 방법에 대한 교육훈련과 회식 등을 통한 직원 간의 사적 소통의 확대를 통해 더 적은 노력과 시간으로 작업장의 청결이 유지되었다.

사례4 가공장비의 잘못된 배치로 인해 작업원의 동선이 길어졌다.

▶▶ 진공포장기를 이동하여 동선을 짧게 함으로써 작업을 개선하고 교차오염의 위험도 감소하였다.

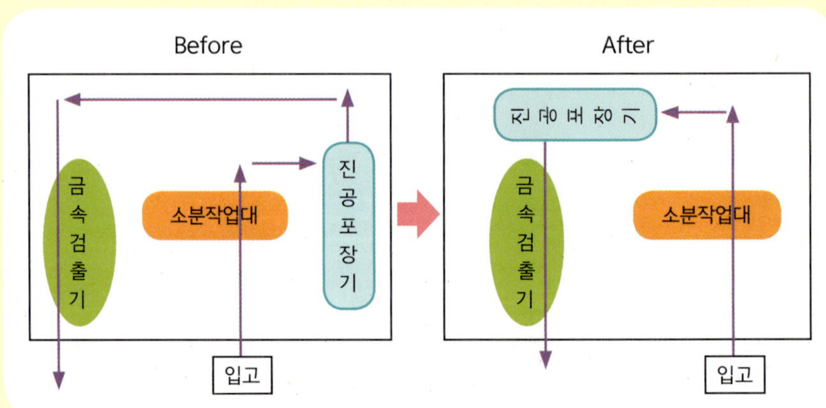

3) 마케팅 관리

마케팅은 생산과 소비자를 연결하는 기능을 한다. 또한 소비자의 요구를 파악하여 제품과 서비스를 개발하고 생산을 통해 구현함으로써 소비자에게 전달한다. 물론 새로운 제품이나 서비스를 선도적으로 개발하여 소비자에게 광고 등을 통하여 좀 더 적극적으로 판매하기도 한다. 따라서 마케팅은 "생활수준(standard of living)을 창조해서 전달해 주는 것"이라고도 정의할 수 있다. 즉 마케팅은 먼저 소비자가 필요로 하는 것을 파악하고, 이들 요구를 만족시킬 제품이나 서비스를 계획 및 개발하고, 최종적으로 그 서비스에 대한 가격을 결정하고 유통을 위한 최선의 방법을 결정하는 것이다. 종합해 보면, 마케팅은 현재 또는 잠재적인 최종 소비자나 사업자를 포함하는 시장을 위하여 재화와 서비스를 제공하기 위하여 계획, 가격 결정, 촉진, 유통을 수행하는 기업 활동의 서비스 기능인 것이다.

마케팅 개념은 아래와 같이 생산지향적 마케팅 → 판매지향적 마케팅 → 마케팅 지향의 마케팅 → 사회적 마케팅의 순서로 발전해왔다.

생산 지향적 마케팅	제품이 부족하여 만들면 즉시 팔리는 시대의 마케팅 개념이다. 마케팅은 단순히 판매의 수준이며 생산과 유통을 빨리 하는 것이 중요하였다. 가령, 손바느질로 옷을 해입던 시절에 공산품이 출시되는 것에 비유할 수 있을 것이다. 현대에도 신상품을 개발할 경우 모방 상품이 출시되기까지는 이런 마케팅이 적용되기도 한다.
▼	
판매 지향적 마케팅	생산업자가 많아지고 모방제품이 나옴에 따라 더 낮은 가격으로 제품을 출시하면 소비자는 선택의 폭이 넓어진다. 소비자를 유인하기 위해 광고, 가격할인, 품질향상, 유통망 확대 등이 요구되는 마케팅이다.
▼	
마케팅 지향의 마케팅	사회가 발전하고 복합해지면서 유사한 기능의 다양한 제품과 서비스가 등장함에 따라 생겨난 마케팅 개념이다. 가령, 이전에는 솜으로 만든 옷의 경쟁제품은 다른 브랜드의 솜옷이었으나 이제는 가죽이나 패딩의 제품들이 출시되고 있다. 즉 기업은 소비자의 요구를 잘 파악하고 가격도 저렴해야 소비자의 선택을 받을 수 있는 환경이며 제품은 소비자 만족을 지향해야 한다. 객관적으로 질이 좋은 제품보다는 브랜드 등 소비자의 주관적 인식이 작용하므로 기업은 홍보 마케팅이 필요해진다.
▼	
사회적 마케팅	기업이 사회적 요구를 다하지 못하면 소비자에게 외면 당하고 식품안전성 사고로 인하여 경영자의 처벌이 발생하는 시대의 마케팅 개념이다. 즉, 마케팅이 고객만족을 넘어 사회와 인간관계를 고려해야만 생존이 가능한 것이다. 가령, 영국의 전업주부의 수공업에서 출발하여 세계 굴지의 화장품 기업으로 성장한 모기업은 제품 개발을 위한 동물실험을 금지함으로써 더욱 소비자의 사랑을 받는 반면, 과거 부의 상징이었던 밍크 코트가 이제는 동물보호 등 환경에 미치는 악영향으로 인해 과거와 다르게 평가받는 사례를 보면 사회적 마케팅의 중요성과 그 영향력을 알 수 있다.

마케팅 믹스란 다음과 같은 4가지 활동으로 이루어지는데 각 활동의 첫 자를 따서 4P라고 한다. 이 요소들은 상호 영향을 미치므로 이 요소들을 유기적으로 관리하는 것이 마케팅 관리의 방법이다. 마케팅 믹스 역시 프로세스 관리를 통하여 4P가 유기적으로 결합될 수 있다.

4P

- Products(제품): 제품 개발
- Price(가격): 가격 결정
- Promotion(촉진): 광고, 판촉활동, 유통망 구축
- Place(판매 공간): 판매 공간의 선정과 장식, 진열 등

4) 회계 관리

회계는 재무회계와 관리회계로 나뉘며 재무회계는 대차대조표, 손익계산서, 이익잉여금계산서, 재무상태변동표의 네 가지의 정기보고서를 작성하는 것이다. 관리회계는 조직 관리를 계획하고 조직활동을 조정하기 위하여 통상 월 단위로 문서화하는 활동이다. 회계 관리는 전문적 분야로 이 분야의 전문가나 전공자 혹은 경력자가 취급하는 것이 일반적이다.

KEY POINT

▶ 경영은 기업의 목표를 설정하고, 인적·물적자원을 제공하며, 〈계획-조직-지시-통제〉 기능을 수행하며 순환하는 것이다.

- 계획: 앞으로의 경향을 예측하고 조직의 목표와 달성 전략을 결정함
- 조직: 조직 구조를 디자인하고 사람을 배치하며 목표를 달성하는 모든 여건을 창조함

- 지시: 종업원이 조직의 목표를 달성할 수 있도록 동기를 부여하고 이끌어 줌
- 통제: 진행이 목표를 향해 가는지 평가하고 개선조치하는 것

▶ 관리는 경영목적 달성을 위해 제공된 인적·물적자원을 활용하는 것이다.

▶ 관리 활동은 일반적으로 인적자원, 생산, 마케팅 및 회계 관리로 구성된다.

제 2 절 경영조직

1. 조직의 구성 체계

기업은 여러 수준의 직책과 직급이 있어 이들이 유기적으로 연결되어야 목표 달성에 효율적이다. 통상적으로 기업에는 [그림 3-7]과 같은 직급이 필요하다. 경영진은 주로 최고 경영자를 포함하는 임원진으로 그들의 역할은 기업의 목표와 운영정책을 설정하고 필요한 자원을 획득하며 제공하는 것이다. 또한 조직의 내 · 외적 환경과의 상호작용을 통해 조직의 전반적인 방향을 제시한다. 관리자는 기업의 목표수립 달성을 위해 자원을 활용하는 직급으로서 인적 · 물적자원을 활용하는 것을 말한다. 즉, 하위자인 감독자에게 업무를 지시하고 해당 부서의 정책을 수행하며 최고 경영자(경영진)의 요구와 감독자의 수용 능력에 대해 상호 균형을 유지하도록 한다. 또한 관리자는 체계적 관리를 위해 업무 방법을 계획하는데, 기업에서 부장, 차장, 과장 등의 직급을 가진다. 감독자는 낮은 단계의 일선 관리자라고 할 수 있는 직급으로서 계획된 일일업무를 종업원에게 지시하고 그 진행을 감독하는 역할을 하는데 주로 계장, 반장, 주임 혹은 팀장 등의 직급에 해당한다. 끝으로 종업원은 지시된 업무를 수행하는 사람들이다. 따라서 종업원은 업무를 잘 수행할 수 있도록 적절한 훈련과 교육을 받아야 한다.

통상적으로 직급의 이름만으로도 조직에서 어느 수준의 업무를 수행하는지 파악할 수 있지만 그렇지 않은 경우도 있다. 중소규모 기업의 경우에는 이와 같은 조직을 갖추기가 힘들며 한 사람이 멀티 플레이어처럼 다양한 역할을 수행해야 한다. 가령 경영진이 경우에 따라서는 관리 업무를 수행하기도 하고 관리자와 감독자의 역할을 동시에 수행하기도 한다. 소기업의 경우에 사장이 직접 오전에 은행 업무를 보고 오후에 현장에 들어가 포장작업을 할 수도 있으며, 경리직원이 일일 3회 작업장에 들어가 일일 위생 점검을 돌기도 한다. 또 이사나 부장 직급을 가진 사람이 생산에서 특수 분야에 정통한 종업원일 수도 있고, 반장 직급의 사람이 생산 계획과 업무 방법을 정하기도 하는 것이다.

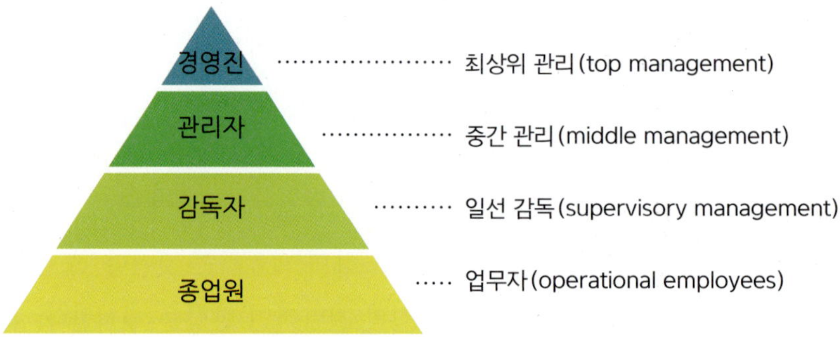

[그림 3-7] 경영조직의 일반적인 구성체계

출처: 곽동경 외(2014), 김기홍 외(2015)

2. 조직의 유형과 특징

조직의 다양한 유형을 이해하기 위해서는 조직이 라인(line)과 스탭(staff)으로 분화하는 과정을 이해할 필요가 있다. 라인은 기업이 이윤을 창출하기 위해 제품을 생산하는 것과 직접적으로 관련된 부서인 구매, 생산, 판매 부서를 말한다. 따라서 라인 조직 상의 하위자는 상위자로부터 명령과 지시를 받으며 하위자는 수행하는 업무에 대하여 상위자에게 보고할 의무가 있다. 조직의 규모가 성장함에 따라 전문적 지식과 기술을 가진 전문가의 조언과 지원이 필요해진다. 즉 기존의 라인만으로는 전체 업무를 수행할 수 없을 만큼 조직의 규모가 커짐에 따라 2차적, 3차적 분화에 의해 형성되는 조직의 부문을 스탭이라고 한다. 스탭의 기능은 라인을 위한 조언 및 지원을 하는 것이며 일반적으로 기획, 인사, 총무, 마케팅 등의 기능 혹은 부서가 스탭에 해당된다. 대규모 조직일수록 조직을 효과적이고도 능률적으로 운영하기 위하여 다수의 스탭을 활용한다. 라인과 스탭은 조직의 목표 달성에 상호보완적 관계가 될 수 있도록 적절한 방법으로 협력하여야 한다. 아래에 소개하는 조직유형별 체계도는 다수의 교재를 참고하여 이해하기 쉽도록 재구성하였다.

1) 라인 조직

라인 조직(line organization)은 가장 오래되고 단순한 조직형태로서 쉽게 말하자면 최고 경영자인 사장이 인사, 영업, 생산, 회계를 혼자서 모두 관리하는 것을 말한다. 규모가 작은 일부 업체에서 적용할 수 있는 조직의 유형이나 조직의 규모가 발전하게 될 경우에는 적용되지 않는다. 최고 경영층의 명령이 상부에서 하부로 직선적으로 전달되는 단순한 조직형태이며 지휘·명령일원화의 원칙을 도입하여 조직의 질서를 유지한다. 조직의 관리 비용이 적게 들고 명령이 잘 전달되어 통솔이 잘 되며 권한과 책임관계가 명확하다. 그러나 각 부문 간의 유기적인 조정이 곤란하고 지휘자의 독단적인 처사로 인한 피해가 커질 수 있으며 제한된 업무만 가능하다. [그림 3-8]에 라인 조직의 예로서 영업과 생산에 속한 전 종업원을 사장이 직접 관리하는 조직의 체계를 나타내었다.

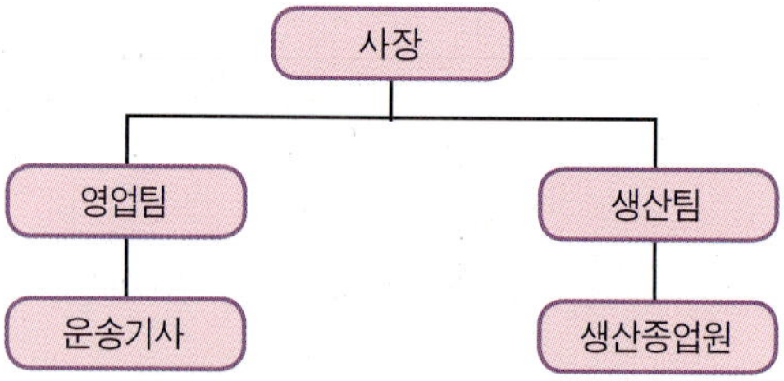

[그림 3-8] 라인 조직 체계 예시

2) 직능식 조직

직능식 조직(functional organization)이란 라인 조직의 단점을 시정하기 위하여 테일러(F.W. Taylor)가 제창한 조직 형태로서 전문적 기능을 담당하는 여러 명의 상위 관리자가 종업원을 지위, 명령, 감독하는 조직형태이므로 조직의 기술력 향상에 도움이 된다. 감독을 전문화하여 능률적으로 조직 운영을 하는 전문화의 원칙을 도입하고 차별적 성과급제의 적용이 가능하다. 그러나 전문적 지식을 가진 상위자들이 담당 업무에 대해 각자의 의견을 내세울 수 있어 종업원들의 혼란을 초래하고 직무의 명확성을 잃을 수 있으며, 전문적 기능의 합리적인 분할이 어렵다. 또한 다수의 상위자로부터 지시를 받게 되므로 명령일원화의 원칙이 지켜지지 못하여 지휘 명령 체계의 통일이 어려울 수 있고, 구성원 간 갈등 발생 시 조정이 어려우므로 이는 곧 종업원이 사기 저하로 이어질 수 있다. [그림 3-9]에 직능식 조직의 간략한 예시를 제시하였다

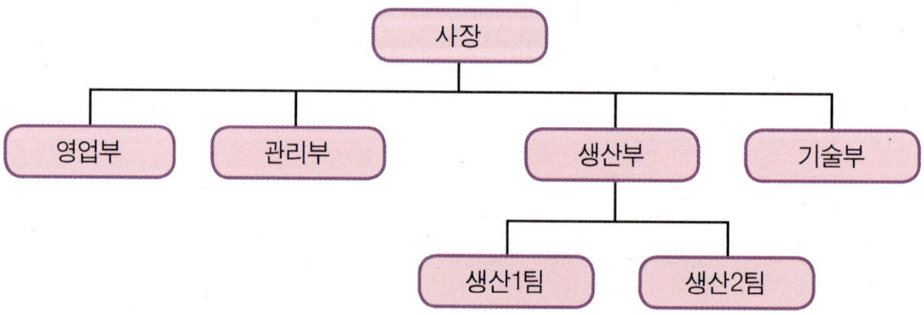

[그림 3-9] 직능식 조직 체계 예시

3) 라인-스탭 조직

라인-스탭 조직(line - staff organization)은 에머슨(H. Emerson)이 제창한 조직 형태로서 규모가 큰 기업이나 군대 등 역할이 다양하여 최고 경영자가 모든 기능에 대하여 통제할 수 없을 때 전문적인 스탭을 활용하여 라인 계통을 지원하는 조직을 말한다. 전문화의 원리와 명령일원화의 원리를 함께 이용한 것이 특징이다. 모든 명령과 감독은 라인의 장을 통해 행해지며, 스탭은 특정 업무의 전문가로서 라인의 장에 대해서는 직접 명령하지 않고 조언하는 역할을 수행한다. 업무수행의 능률이 상승하고 조직의 안정을 기하는 데 효과적이며 조직 전체로서의 관리통제가 수월한 편이다. 그러나 라인과 스탭 부문의 직원 간 대립이 생길 수 있으며 라인이 스탭에 의존하려는 경향이 커질 수 있다. 또한 스탭의 활동으로 인해 라인의 의사결정이 늦어질 수 있으며 스탭 유지에 따른 비용이 발생하고 민감한 사안에 있어서 라인과 스탭 간 책임을 떠넘기려는 문제가 생길 수도 있다. [그림 3-10]은 라인과 스탭의 구분을 잘 보여준다.

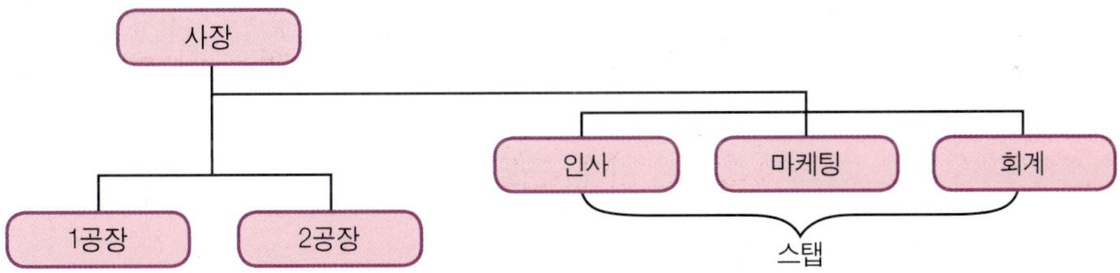

[그림 3-10] 라인-스탭 조직 체계 예시

4) 팀형 조직

팀형 조직(team organization)이란 기존의 부서나 과 위주의 조직을 팀으로 구성한 평탄 구조로서 능력 있는 관리자(팀장)가 중심이 되어 팀을 관리하므로 능률적이며 팀장의 관리 범위가 넓은 것이 특징이다. 따라서 관리 및 명령 계층을 단축시킬 수 있고 신속한 의사 결정이 가능하다. 성과에 대한 평가가 쉽기 때문에 동기 부여가 잘 되는 편이다. 그러나 팀 중심이기 때문에 조직 전체를 보지 못하는 경향이 있고 최고 경영자는 팀과 조직 전체의 균형을 유지하기 위해 노력해야 하며 팀 간의 역할 분담과 갈등 관리가 요구된다. 팀형 조직이 성장하여 규모가 커지면 사업부로 독립하여 운영될 수 있다. [그림 3-11]은 팀형 및 사업부제 조직의 간략한 예시이다.

5) 사업부제 조직

사업부제 조직(divisional organization)은 총괄본부에서 분권적으로 관리하는 조직의 한 형태로서 기업의 규모가 증대되고 제품과 시장이 복잡해지면서 제품, 시장, 지역을 기초로 부문화를 통해 만들어진 조직형태를 말한다. 사업부제 조직은 조직이 신속하고 다각화된 성장 전략을 추구할 때와 급변하는 기회에 신속히 반응해야 할 때 적절하다. 오늘날 대기업들이 지역적으로 분산되어 있는 자회사들을 경영하기 위하여 보편적으로 채택하는 조직 형태이다. 사업부제 조직은 최고 경영자의 책임과 권한을 사업부에 이양시키므로 스탭보다 라인에 힘을 실어줄 수 있고, 조직이 슬림해지므로 의사결정도 빠르며 업무를 정확히 규정하므로 성과와 책임이 명확하게 제시된다. 또한 새로운 지역이나 제품을 위해 새로운 사업부를 추가적으로 설정할 수 있으므로 조직의 성장 촉진에 기여할 수 있다. 한편 사업부 간 공통 기능의 존재로 자원 분배가 중복되며, 깊이 있는 전문기술을 충분히 개발하기 어렵고, 사업부 간 지나친 경쟁으로 인해 조직 전체의 목적 달성을 저해할 수 있는 단점도 있다. 따라서 기업의 목표와 사업부의 목표를 일치시키는 통제 기능이 중요해진다.

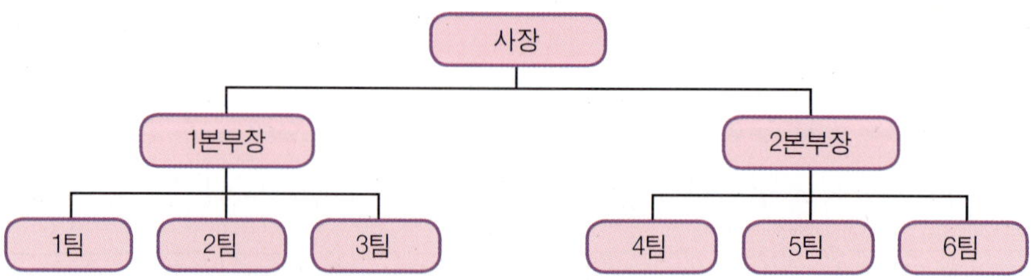

[그림 3-11] 팀형 / 사업부제 조직 체계 예시

6) 프로젝트 조직

프로젝트 조직(project organization)은 특정한 프로젝트 수행을 위해 형성되는 조직을 말하는 것으로 일명 테스크포스팀이라고 부른다. 따라서 프로젝트의 진행에 따라 필요한 인원을 탄력적으로 구성하며 프로젝트를 완료한 후에는 해체되는 특징이 있다. 기술변화가 빠른 현대의 경영환경에서 기업 활동을 개방 시스템에 맞추어야 할수록 필요성이 증대된다. 프로젝트 조직은 프로젝트의 목표 달성을 지향하므로 구성원의 사기가 높으며 전체 조직의 제도나 절차의 제약을 적게 받는다. 프로젝트 관리자의 리더십과 능력에 따라 프로젝트의 성공 여부가 달라지므로 프로젝트 리더의 능력에 강하게 의존하는 특성이 있으며, 프로젝트 조직 구성원이 원래의 소속 부문과의 관계를 조정하기 어려운 상황이 발생하기도 한다. 또한 프로젝트 해산 후의 인력 문제와 기존 업무와 프로젝트 업무의 중복 시 참가 인원의 어려움이 따른다. [그림 3-12]에서 음영으로 표시된 부문은 특정 프로젝트를 위해 참여하는 구성 요소를 나타낸다.

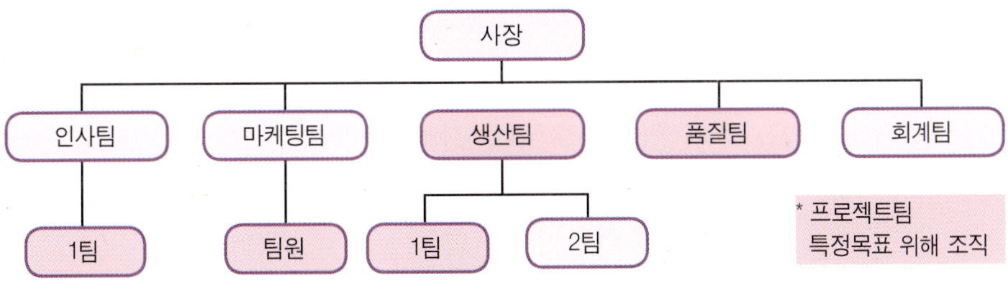

[그림 3-12] 프로젝트 조직 체계 예시

7) 매트릭스 조직

매트릭스 조직(matrix organization)은 일명 행렬식 조직이라고도 부르는 형태로서 같은 조직에서의 수직적 및 수평적 권한의 결합이 특징적이다. 종적으로는 직능 부문의 일원이고 횡적으로는 특정 업무를 위하여 동시에 소속됨으로써 두 명 또는 그 이상의 책임자로부터 지시를 받게 된다. 즉, 조직의 계층이 복잡해질 경우, 하부 조직의 담당자는 직속상사의 지시도 받고 상부 조직의 관련 스탭의 지시와 조언도 받게 된다. [그림 3-13]을 보면 1공장의 인사담당자는 1공장장의 지시와 명령도 받고 본사에 소속되어 있는 인사팀 담당자의 지시나 조언도 받게 된다. 또한 인사 업무를수행함에 있어 본사의 마케팅, 회계 기술 부서와도 업무 협조가 이루어져야 한다. 매트릭스 조직은 특정 프로그램과 같은 구체적인 목적을 효율적으로 달성하기 위한 조직구조이다. 기업의 규모가 커지면 자연스럽게 매트릭스 조직으로 변화하게 된다. 매트릭스 조직은 전문적 스탭이 조직을 전문화시키므로 새로운 변화에 좀 더 융통성 있게 대처할 수 있으며, 구성원의 전문성이 발휘되고 자기 개발의 기회를 가질 수 있는 장점이 있다. 단 두 사람 이상의 상사로부터 지휘를 받는 체계이므로 명령일원화의 원칙에 위배되는 단점도 있다. 따라서 상급 조직의 스탭과 하급 라인의 관리자 간의 갈등 관리가 중요하다.

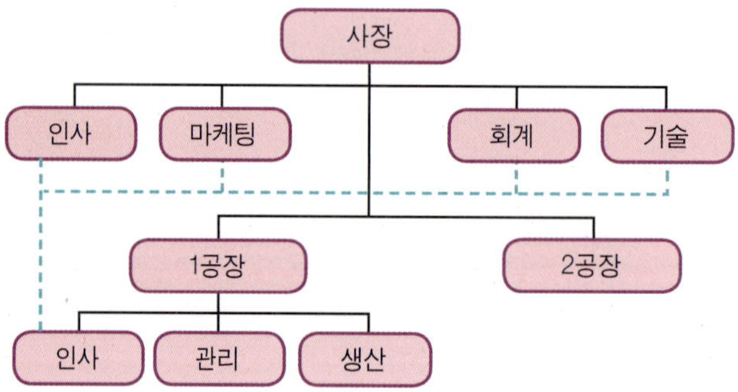

[그림 3-13] 매트릭스 조직 체계 예시

8) 네트워크 조직

네트워크 조직(network organization)은 [그림 3-14]와 같이 조직 구조를 슬림화하기 위해 핵심 역량 부분에 경영 자원을 집중하고 비핵심 부분은 아웃소싱, 전략적 제휴, 분사 등을 통해 조직을 구성한다. 네트워크 구성요소 간은 상하 관계가 아닌 상호 협조를 통해 시너지 효과를 얻기 위한 목적을 가지며, 조직의 경계가 확장된 개방 시스템의 특성이 있다. 복잡한 내외부 조직과 협력하여 업무를 수행하므로 전문인력의 자체 확보 없이도 업무가 수행되는 장점이 있다. 그러나 경영자의 통제력이 네트워크에 강력하게 미치지 못하며 종업원의 충성심이 약한 경향이 있으며 업무를 추진함에 있어서 네크워크가 커진 만큼 리스크도 따를 수 있다.

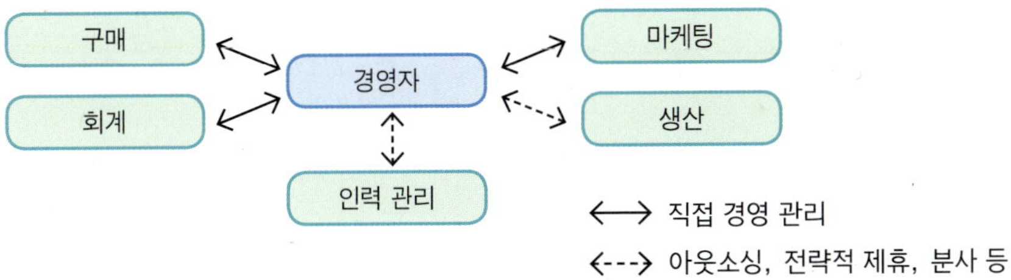

[그림 3-14] 네트워크 조직 체계 예시

9) 대기업의 복합적인 조직

현대 사회에서 경영활동을 하는 대기업은 대체로 위에서 언급한 각각의 조직 체계가 복잡하게 결합되어 있는 구조를 취한다. [그림 3-15]는 하나의 조직체계 안에 라인 조직, 라인-스탭 조직, 팀형 조직, 사업부제 조직, 프로젝트 조직, 매트릭스 조직, 네트워크 조직이 함께 들어 있는 복잡한 조직 형태로서 오늘날 대기업은 대체로 이러한 조직 구조를 취하고 있다. 다음에 소개하는 기업가의 인생 스토리를 따라가며 대기업 조직구조의 복잡성을 살펴보자.

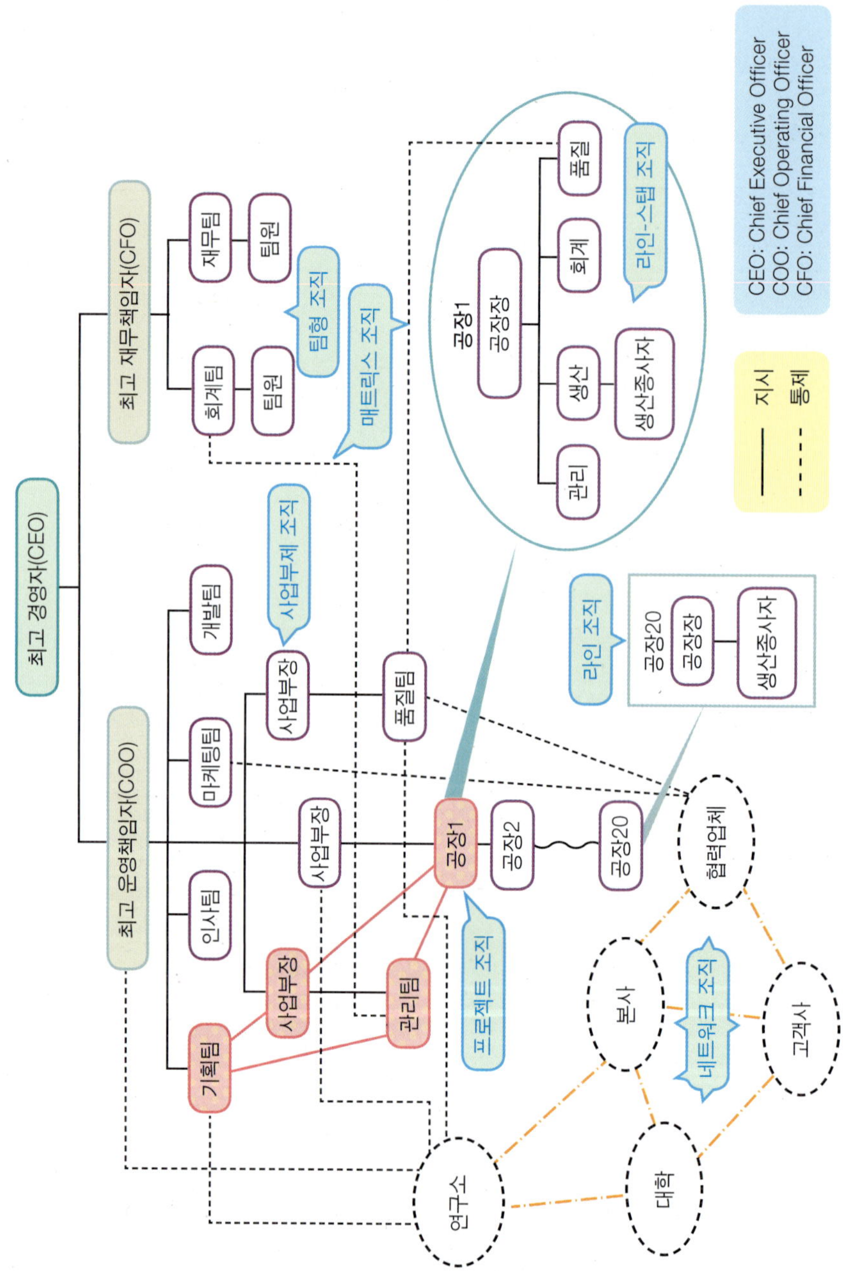

[그림 3-15] 대기업의 복합적인 조직형태 예시

쉬어가는 페이지

식품대기업 A사의 성장 스토리를 통한 조직 변화 이해하기

2018년 3월 1일을 기해 은퇴한 모 식품전문 대기업의 김회장은 처음에 직원 10명으로 사업을 시작하였다. 전 직원은 밖으로 뛰게 하고 혼자서 영업관리, 인사관리, 생산 관리, 경리일을 다 하면서 직원들을 독려하였다. 이러한 조직은 오직 사장의 지시에 따라 움직이며 전 직원이 직접 이윤창출에 종사하는 라인 조직이다. 기업의 규모가 차츰 커져서 혼자서 사무실 일을 감당하기엔 벅차서 경리부터 시작해서 마케팅 담당자를 고용하였다. 이것이 라인 조직에서 라인-스탭 조직으로 발전하는 모습이다. 사업이 더욱 성장하여 라인 상에 여러 개의 식품생산 공장을 보유하게 되었는데 초기에는 이 공장들을 본사가 직접 관리하였지만 그 공장들도 규모가 커지게 되니 자체적으로 라인-스탭 조직을 갖추고 본사와는 매트릭스 조직으로 연결되는 것이다. 이때 각 공장의 스탭은 공장책임자의 지시와 본사 상급 스탭 조직의 지시를 동시에 받아 업무를 수행하게 된다. A공장의 종업원이 그 공장 내에서 보직을 받거나 진급하는 것은 A공장의 일이라 볼 수 있지만, 다른 공장 간의 형평성 문제나 공장과 공장 간의 인원 이동문제는 본사의 인사조직의 협조와 지침을 따라야 하는 것이다.

시간이 흘러 사업의 역사가 깊어지고 확장되어서 기존의 계장-대리-과장-차장-부장-임원으로 연결되는 조직으로는 의사결정이 너무 늦어 현안을 신속히 대응할 수 없는 문제가 대두되었다. 따라서 기능별 부서를 팀으로 구성하여 업무진행도 신속하게 하였고, 여건에 따라 그 업무에 가장 뛰어난 사람을 중심으로 팀을 편성하여 조직구성에 융통성을 확보하였다. 이처럼 팀형 조직을 형성함으로써 기업은 그 이점을 활용하는 것이다.

소비자 요구가 다양해지고 라이프사이클은 급변하고 제품 수명 주기는 점점 짧아지니 이제는 기존 조직으로 대응하기가 점점 더 어려워졌다. 따라서 필요시마다 각 부서에서 적임자를 소집하여 특정 임무를 부여해야 했다. 가령, 시중에 유통되는 견과류과 잡곡류의 위생문제가 대두되면 마케팅, 생산, 품질팀에서 인원을 차출하여 이에 대한 대책을 발전하는 프로젝트팀을 출범하였다. 그 결과 세척한 견과류 제품과 소독된 잡곡류 제품을 출시하였고 그 제품들은 국내소비자의 사랑은 물론 수출까지 달성하였다. 이러한 프로젝트 조직은 필요에 의해 생기고, 사업성이 낮아진다거나 다른 더 중요한 프로젝트가 개발되어 임무가 끝나면 해체되는 조직인 것이다.

사업은 더욱 확장되었고 이제 최고 경영자는 사업을 좀 단순화하고 자신이 가진 책임과 권한을 신뢰하는 사람들과 나눌 필요가 생겼다. 그래서 COO(Chief Operation Officer: 최고 운영책임자)와 CFO(Chief Financial Officer: 최고 재무책임자)를 임명하였다. 최고 경영자의 책임과 권한이 이들에게 이양(권한 이양, Empowerment)되니 최고 경영자는 새로운 안목을 가질 여유가 생겨났다. 따라서 해외진출을 위한 프로젝트팀을 구성하였는데 이번에는 내부 사정에 밝은 인원과 새로운 자원을 외부에서 수혈하여 구성하였다. 처음에는 교민이 많은 미주시장 진출을 목표로 하였고, 그 다음은 한류에 편성한 중국시장 공략을 위한 전략과 전술을 수립하였다. 이러한 과정이 권한이양으로 인해 업무가 분산되고 새로운 프로젝트팀이 출현하는 것이다. 사업이 확장될수록 프로젝트팀은 계속 구성되었고, 어느 팀은 그 프로젝트가 끝나고 해산되기도 하였고, 어느 팀은 그 프로젝트가 끝나면 다른 프로젝트가 주어져 팀이 사업부로 발전하기도 하였다. 사라지고 새로 생기는 부서, 팀, 사업부의 조직변화는 기업이 발전하는 과정이다. 사업이 더욱 번창해져서 종업원 수가 만 여 명에 이르니 사업부제를 도입하지 않을 수 없었다. 또 한번의 고위 경영자들을 위한 단순화와 권한이양인 것이다. 이처럼 단순화와 권한이양만이 수많은 조직원과 복잡한 기능을 하는 큰 규모의 기업을 경영하고 관리할 수 있는 것이다. 유통사업부, 생산 사업부, 재무 및 회계 사업부, 관리 사업부 등은 최고 경영자가 수립한 목표 달성을 위해 각 사업본부장의 책임하에 최선을 다해 운영에 참여하였고 모두의 노력은 오늘도 현재진행형이다. 이상에서 살펴본 바와 같이 대기업의 본사 조직은 협력업체, 고객사, 기업연구소, 대학, 정부기관, 소비자 단체 등의 수많은 유관 조직과 네트워크 조직으로 연계되어 있다. 또한 이 조직들은 때로는 라인상의 사업부나 공장들과 직접 접촉하여 업무를 하며 어떤 협력업체는 유통업체를 통해 연결되고, 어떤 대학은 연구소를 통해 연결된다. 조직과 네트워크로 협조되지 않는다면 어떤 기업이라도 홀로 존재할 수 없는 것이다.

* 농산가공업체 경영자 대담을 통해 들은 이야기를 토대로 조직의 형태 측면에서 재창조함

KEY POINT

▶ 기업의 조직체계에는 라인 조직, 직능식 조직, 라인-스탭 조직, 팀형 조직, 사업부제 조직, 프로젝트 조직, 매트릭스 조직, 네트워크 조직 등이 있으며 각각의 장단점을 이해하여야 한다.

- 라인 조직: 가장 단순한 조직체계로 규모가 작은 일부 업체에 적용가능하며 제한된 업무만 가능하다.
- 직능식 조직: 조직을 직능별로 분류하여 운영하므로 기술력 향상에 도움을 주는 장점이 있으나, 지휘명령체계의 통일이 어렵다.
- 라인-스탭 조직: 스탭이 라인을 지원하므로 업무 능률 향상과 체계적 관리가 가능한 장점이 있으나, 라인과 스탭의 책임 소재 규명이 어려울 수 있다.
- 팀형 조직: 능력 있는 관리자가 중심이 되어 팀을 관리하므로 능률적인 장점이 있으나, 상급 관리자는 팀 간의 역할 분담과 갈등 관리가 요구된다.
- 사업부제 조직: 최고 경영자의 책임과 권한을 사업부에 이양시키므로 스탭보다 라인에 힘을 실어주고 조직이 슬림해지므로 의사결정도 빠르고 책임과 권한도 명확한 장점이 있으나, 기업의 목표와 사업부의 목표를 일치시키는 통제 기능이 중요해진다.
- 프로젝트 조직: 프로젝트 운영 필요에 따라 구성하므로 인력 관리에 융통성이 부여되는 장점이 있으나, 프로젝트 해산 후의 인력 문제, 기존 업무와 프로젝트 업무의 중복 시 참가 인원의 어려움이 따른다.
- 매트릭스 조직: 기업의 규모가 커지면 매트릭스 조직으로 변화하며 전문적 스탭이 조직을 전문화시키는 장점이 있으나, 상급 조직의 스탭과 하급 라인의 관리자 간의 갈등 관리가 중요하다.
- 네트워크 조직: 복잡한 내·외부 조직과 협력하여 업무를 수행하므로 전문인력의 자체 확보 없이도 업무가 수행되는 장점이 있으나, 네트워크 구축에는 신뢰가 필요하고 커진 네크워크만큼 리스크도 따른다.

▶ 현대 사회의 대기업은 이러한 조직체계가 함께 복잡하게 결합되어 있는 구조이다.

알아 두기

공식 조직과 비공식 조직

조직은 그 규모와 형태에 관계없이 공식 조직에 비공식 조직이 출현할 수 있다. 비공식 조직을 방치하면 편을 갈라 반목과 갈등을 유발할 수 있으므로 비공식 조직의 관리도 필요하다. 학연, 지연 등의 비공식 조직은 가급적 자제하도록 유도하고, 취미활동이나 자기발전 혹은 전문지식이나 기술을 중심으로 화합하도록 유도하는 것이 필요하다. 그래서 회사에서 등산회, 축구회 등을 조직하면 비용을 지불하기도 하고, 부서별 회식도 예산에 반영하고, 회사 차원의 행사를 하기도 한다. 공식 조직과 비공식 조직의 특징을 요약하면 다음과 같다.

공식 조직	비공식 조식
제도상의 인위적·외형적 조직	현실상의 자연발생적·내면적 조직
합리적 체계가 중심 과제	인간관계가 중심과제
전체적인 질서 속에 확대 성장함	부분적인 질서 속에 소집단 형태 유지
능률의 원리에 따라 구성	감정의 원리에 따라 구성
상층의 위임으로 권한이 얻어짐	구성원 간 양해와 승인으로 권한 부여
직위, 직계 등 법률상의 권한에 중점	구성원의 관계에 중점

출처: 강남이 외(2014), 양일선 외(2013)

▶ 2장에서 소개한 HACCP 관리계획 작성의 실제(p. 168)를 보면, HACCP 팀장은 7번의 팀활동을 끝낸 후 '회식'이라는 비공식 자리를 마련하겠다고 말하였다. 기업이 이와 같이 공식적인 활동의 연장인 비공식적 모임을 공식적으로 지원함으로써 비공식 조직이 가질 수 있는 부정적 측면을 줄일 수 있다.

제 3 절 품질경영의 필요성

1. 기업의 이윤추구 활동

식품 산업체에는 다양한 기업이 존재하고 있다. 소수의 인원 또는 1~2명의 적은 인원으로 운영되는 소기업부터 수백 명이 근무하는 중견기업 혹은 대기업에 이르기까지 1차 가공업체, 2차 가공업체, 제조업체, 단체급식업체, 외식업체, 유통업체 등으로 그 형태가 다양하다. 이렇듯 식품 산업체의 종류와 규모는 다양하지만 우리는 이들을 모두 식품기업이라고 부른다.

[그림 3-16]에 나타난 바와 같이 모든 기업의 목표는 이윤창출 즉 돈을 버는 일이다. 사람이 음식을 먹어야 생존할 수 있듯 기업도 이윤이 창출되어야 살아남고 유지될 수 있다. 먹은 음식이 피가 되어 온몸을 순환함으로써 생명이 유지되듯 기업은 소비자 혹은 고객에게 재화나 용역을 제공하여 그 보답으로 얻는 이윤이 기업의 피가 되는 것이다. 그런데 기업은 소비자 혹은 고객에게 재화나 용역을 제공하기 위해 투자한 비용보다 더 높은 대가를 받아야 이윤창출이 가능하다. 즉 더 높은 이윤을 창출하기 위하여 부가가치를 창조하는 것이 기업의 주요활동이며 이윤창출은 부가가치 창출의 결과라 할 수 있다.

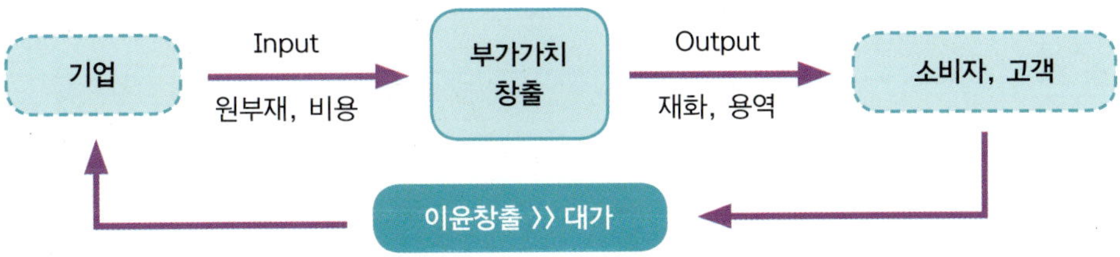

[그림 3-16] 기업의 이윤창출 활동 개념도

사람이 식사를 계속해야 하듯이 기업도 이윤창출을 지속적으로 해야 하므로 기업의 목표는 "지속적 이윤창출"이라고 할 것이다. 이를 위해서는 부가가치 활동에서 투입(input)을 줄이면서 산출(output)을 늘리는 것이 중요한데 이를 "생산성"이라고 한다. 지속적 이윤창출은 이러한 "부가가치 창출"과 "생산성 향상"을 통하여 이루어지며 기업의 활동은 이 두 가지를 지향해야 할 것이다. 다음에 인용한 글은 한승원의 장편소설 『추사』의 한 대목이다.

- 중략 -

그러므로 제주도의 풍토가 한양에서 온 죄인에게 쏟아 붓는 공격(병)에 굴복할 수 없는 일이다. 혀와 이빨을 사용하여 음식물을 씹고 목구멍으로 넘기는 일이 고통일지라도 '먹지 않으면 살아 돌아갈 수 없다'고 생각하며 사력을 다해 먹었다. 구역질이 나려 하면 밥을 물에 말아 눈 딱 감은 채 꿀꺽꿀꺽 삼키곤 했다. 밥이 나를 만든다. 밥이 세상을 만들고 역사와 사상을 만든다. 공자님도 그리하여 밥이 하늘이라고 말했다.

- 『추사』 p.193 중에서 -

위에서 인용한 짧은 글에서와 같이 사람에게 밥이 하늘이라면 기업에게는 재화와 용역을 제공받는 대가로 이윤을 주는 고객 혹은 소비자가 곧 하늘이다. 고객 혹은 소비자가 기업에게 대가를 지불하고 재화와 용역을 구매하는 이유는 그의 필요에 따른 요구를 만족하기 때문이다. 즉, 고객을 만족시키는 것이 기업이 생존하는 길이며 부가가치 창출과 생산성 향상으로 고객에게 좋은 품질의 제품을 합리적인 가격에 제공하여야 고객은 만족한다. 모든 성공한 기업의 공통점은 고객만족을 위해 꾸준히 노력한다는 점이다. 물론 인생사나 기업경영이나 어찌 운(運)의 영향이 없다고 하겠는가? 그러나 운이 좋아서 이윤을 남긴 업체는 그 운이 끝나면 이윤도 사라지지만, 좋은 원 · 부재료를 사용하고 위생적 관리를 하고 고객의 요구를 파악하여 제품 개선 혹은 개발을 하는 업체가 성공할 확률이 높다는 것은 현대 경영학이 한결같이 주장하는 바이다.

2. 경영전략을 통한 이윤추구 활동

1) 경영전략의 필요성

기업이 부가가치 창출과 생산성 향상을 이루기 위해서는 고객의 만족을 지향해야 한다. 최근의 국내 · 외 환경은 기업이 사회적 · 법적 요구와 고객의 기대를 모두 충족할 수 있는 방법을 찾을 것을 요구하고 있다. 특히 현대 사회는 식품기업을 경영하기에 여러모로 어려운 여건이 조성되어 왔다. 예를 들면, 원 · 부재가격의 상승, 많은 경쟁자, 날로 강화되는 법적 규제와 까다로운 소비자 그리고 기술적 진보와 경제의 불확실성 등으로 인해 식품 기업에 끊임없는 변화를 요구하고 있기 때문이다. 이러한 복잡한 경영환경과 치열한 경쟁에서 식품 기업이 어떻게 "지속적 이윤창출"이라는 목표를 달성할 것인가를 합리적으로 판단하는 과정이 "경영전략 수립"이다.

만약 경쟁자가 별로 없거나 우리가 가진 자원에 제한이 없다면 경영전략이 필요하지 않을 수도 있다. 그러나 경쟁이 심하지 않은 시장으로 진출하는 블루오션이라 할지라도 전략적 판단의 결과이며, 자원의 제약을 받지 않는 기업은 존재하지 않거나 방만한 경영으로 인해 끝내 생존할 수 없을 것이다. 결국 경영전략은 개별 기업이 시장에서 경쟁적으로 우위를 점할 수 있는 분야를 선택해서 우리의 역량을 집중할 방법을 찾는 과정이며 이러한 과정을 거치면 첫 단추부터 잘 끼워 실패를 줄이고 목표 달성을 할 확률을 높일 수 있다. 따라서 경영전략은 먼저 명확하고 구체적인 목표를 설정하고, 경영환경에 대한 깊은 이해를 한 다음, 우리가 가진 핵심 역량과 경영 자원을 파악해야 한다. 그다음은 그 역량과 자원을 어떻게 활용할 것인가에 대한 구체적인 실행방향을 설정하는 것이다.

2) 경영전략 수립

(1) SWOT 분석

경영환경을 이해하고 기업의 핵심역량과 경영 자원을 파악하는 방법인 SWOT 분석은 기업의 종류와 규모에 관계없이 경영전략을 수립하는 유용한 도구이다. SWOT 분석이란 아래 그림에서 설명하는 것과 같이 기업이 처한 내부요인 및 외부요인에 대한 이해를 심도 있게 하는 과정이다. 내부요인의 이해를 위해서는 경영 자원과 핵심역량의 파악함으로써 강점은 적극적으로 살리고 약점은 보완하는 것임을 의미하며, 외부요인의 이해는 기업이 가진 기회를 적극적으로 활용하고 위협은 피해가기 위해 노력함을 의미한다.

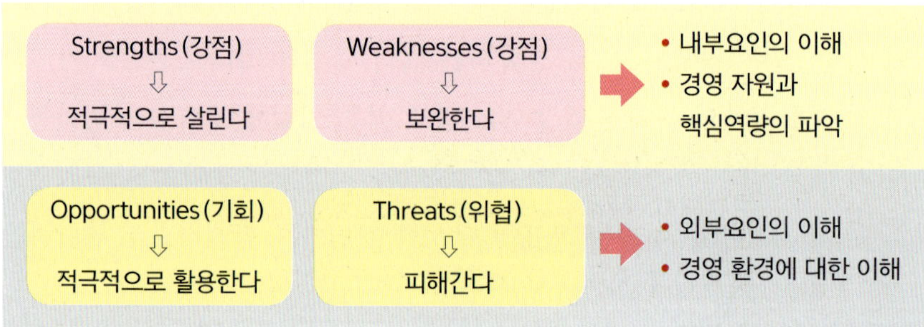

먼저 식품 기업이 가진 공통적인 외부 환경을 분석해 보면 다음과 같은 기회와 위협이 있음을 알 수 있다.

Opportunities(기회)	Threats(위협)
식품안전성에 대한 중요성 인식 정부의 식품안전성 정책 기능성 식품의 수입 증대 외식 산업의 증대 가공식품의 수요 증대	식품위생사고의 위험 정부의 식품위생 규제 강화 PL*법에 의한 책임의 확대 식품 종사자 확보이 어려움 먹거리 및 환경의 오염

* PL(Product Liability)법: 제조물책임법
- 제품으로 인해 소비자에게 안전상의 문제가 발생하였을 시에 제조업자의 책임이 없다는 것을 입증하지 못하면 제조업자가 책임지는 제도

경영 환경을 이해하고 나면 기업이 가진 경영 자원과 핵심역량을 파악하여야 한다. 그리하여 강점은 적극적으로 살리고 약점은 보완하면서 타 기업에 비하여 경쟁력이 있는 분야에 집중하는 것이 목표 달성에 유리할 것이다. 식품기업이 가진 일반적 경영 자원과 그 경영 자원을 타 기업이 모방하기 쉬운 정도에 따라 분류해 보면 [그림 3-17]과 같이 나타낼 수 있다. 이 중에서 경쟁 우위를 유지하는데 중요한 요인은 지속성, 획득 가능성 그리고 모방 가능성으로 이러한 요건을 갖춘 경영 자원이 바로 핵심역량이 된다. 기업의 경영활동의 중요한 목표는 핵심역량을 갖추는 것이라고 할 수 있다.

가령 한 식품업체의 전 임직원이 경영진을 중심으로 각자의 역할을 충실히 하면서 상호 협력하는 문화를 가졌다면 이러한 것은 쉽게 모방될 수 있는 것이 아니다. 요즘은 교통이 발달하여 장소에 대한 장점은 다소 감소했다고 하여도 원·부재료의 구매처, 인력수급 및 소비자에 가까운 곳에 위치한 강점은 모방할 수 있는 것이 아니다. 또한 브랜드의 명성을 널리 알리는 것이나 종업원의 만족도를 높이는 것은 더 많은 시간과 노력이 필요할 것이다. 그러나 시설을 키우고 라인을 늘리는 등의 일은 경우에 따라서는 따라 잡을 수도 있으며 끝으로 일상재와 현금의 확보는 모방 난이도 측면에서 가장 낮은 요건에 해당된다.

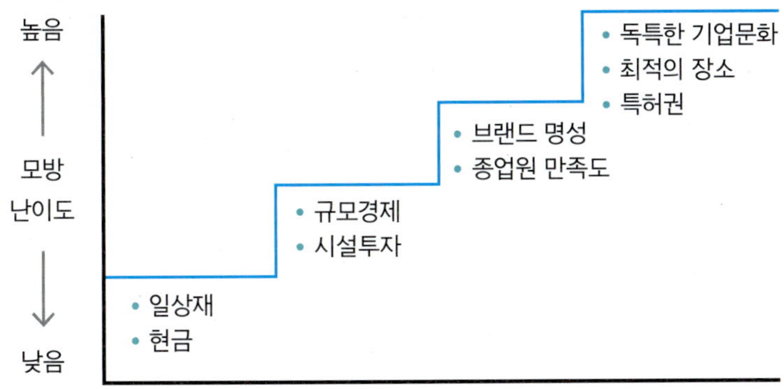

[그림 3-17] 경영 자원과 모방의 난이도 예시

출처: William G. Nickels, James M. McHugh, & Susan M. McHugh(2016)

다음은 일반적인 식품업체의 강점(S)과 약점(W)을 분석해 보자. [표 3-2]에 나타낸 바와 같이 식품업체의 강점과 약점을 판단하기 위한 주요 항목으로는 원재료 확보의 용이성, 식재료 가공기술 수준, 유통망 확보, 고객과의 신뢰 형성 수준, 브랜드 파워, 장비 보유 수준, 생산 시설, 유능한 종업원 보유, 풍부한 노동력, 효율적인 경영시스템, 기업의 홍보와 마케팅 등의 영업력과 관리자의 리더십 등을 들 수 있다. 이러한 주요 항목이 풍부하고 그 수준이 높다면 기업이 가진 강점에 해당하므로 더욱 발전시켜야 하고 반대로 부족하다면 보완하기 위해 노력하여야 한다.

[표 3-2] 식품업체의 SWOT 분석 예시

강점(S)	주요 항목	약점(W)
주요 항목이 풍부함 ↓ 강점을 살리고 발전시키려고 노력한다.	- 원재료 확보 - 식재료 가공기술 - 유통망 확보 - 고객과의 신뢰 - 브랜드 파워 - 고가의 장비 - 좋은 시설 - 숙련된 종업원 - 풍부한 노동력 - 효율적 시스템 - 홍보 및 마케팅 - 관리자 리더십	주요 항목이 부족함 ↓ 부족한 점을 보완하기 위해 노력한다

출처: D수산가공식품업체 경영자 대담자료

이처럼 SWOT 분석을 실시함으로써 식품의 안전성이 모든 식품기업의 위협요소이면서 또한 기회라는 것을 알 수 있다. 이러한 위협을 피하고 기회를 살리는 방법이 HACCP의 적용이다. 또한 HACCP 적용을 잘 하면 기업의 핵심역량을 창출할 수 있고 약점을 보완하는 기회가 되는 것이다.

(2) SWOT 분석 적용 사례

다음은 소규모 식품업체의 경영전략 수립 사례를 소개하고자 한다. M수산은 ○○군에 위치한 어류 및 연체류 가공업체로서 창업을 향한 원대한 포부를 안고 출발하는 신생기업이다. M수산은 [표 3-3]과 같이 자사의 SWOT 분석을 실시하였다. 먼저 내부요인인 자사의 강점과 약점을 분석함으로써 기업의 경영자원과 핵심역량을 파악하였다. 주요 강점으로는 영업장의 위치가 지리적 경쟁력을 갖추었고 원재료 확보와 주변 가공시설 활용 여건이 좋으며 HACCP 인증을 획득한 우수한 가공시설을 갖춘 점 등이며, 약점으로는 사업 경험 부족으로 인한 고부가가치 상품과 신제품 개발에 대한 자신감 부족 및 대량생산시설 · 설비의 제한 등이었다. 다음은 외부요인인 경영환경을 분석한 결과, HACCP 인증을 통한 제품의 안전성 확보, 사업장 환경과 현대적 시설의 결합을 통한 시너지 효과 및 우수한 판매 여건 등을 기회요인으로 도출하였고, HACCP 미유지 시의 불이익과 지나친 이윤 추구에 따른 리스크 등을 위협요인으로 분석하였다. 따라서 M수산은 SWOT 분석의 결과를 토대로 강점은 살리고 약점은 보완하고 기회는 활용하고 위협은 피해갈 수 있는 7가지의 경영전략을 수립하였는데 HACCP의 이점을 활용한 제품 안전성에 초점을 두고, 사업 초기에는 기술과 경험 확보에 주력하며 원료 확보가 용이하고 안전성이 입증된 제품 출시 등의 전략을 우선적으로 포함하였다.

[표 3-3] M수산 SWOT 분석을 통한 경영전략 수립 예시

Strong point(강점)	Weak point(약점)
• OO군 OO항에 위치한 지리적 이점 - 품질 좋은 수산물 - 유명 관광지 • 주위의 연고 및 신망이 두터움 - 다시마 등 원재료 확보 용이 - 주위 식당 운영주가 친인척이 많아 연계가 가능 • 인근 OO수협의 시설이용 가능(냉동창고 등) • HACCP 인증을 획득한 좋은 가공시설과 넓은 보조 작업장, 건조 공간 및 숙소 확보 • 조리 연구 가능한 공간 및 설비 보유 • 영업주 및 종업원이 회를 취급해 본 경험 보유 • 적은 고정비용 지출(임대료 및 금융비용 없음) • 가자미 및 오징어 조리 및 특성에 경륜이 풍부한 경험자들 활용 가능	• 사업에 대한 경험 없음 • 자신감 부족 • 부가 가치가 높거나 신제품을 취급할 수 있는 기술과 경륜의 부족 • 대량 생산 시설 / 설비의 제한
Opportunity(기회)	**Threat(위협)**
• HACCP으로 안전성 입증 • 동해바다, 좋은 환경과 지명도 높은 관광지 그리고 현대적 제조 시설을 결합한 시너지 효과 • 수산물을 판매하기 좋은 여건 • OO수협이 인접하고 있음	• HACCP 미유지에 따른 불이익 • 이윤추구 집착에 따른 리스크 • 초기 기술 및 인력 확보 전 무리한 계약에 의한 배상

▼▼▼

SWOT 분석에 따른 경영전략 수립
1) HACCP의 이점을 살려 제품의 안전성에 초점 2) 초기에는 수익보다는 기술과 경험 확보에 주력 3) 지역 내 원료 확보가 용이하고 잘 알려진 제품에 안전성을 입증한 제품 출시 4) 이미 형성된 원료 구매나 판매망을 체계적으로 구축 5) 고부가가치를 지향하고 소비자의 식단을 주도할 제품의 개발에 주력 6) 온라인 및 오프라인 마케팅을 위한 제품의 영양학적 정보 및 조리 방법을 제공 7) 안전하고 품질 좋은 제품의 홍보를 위한 CI 및 패키지 포장 개발

3. 식품안전성 관리

1) 시스템으로서의 HACCP

식품안전성 관리 기법인 HACCP은 이학의 과학적 이론과 공학적 방법 그리고 경영의 최근 방법론이 융·복합되었으며 인류의 논리적·과학적·체계적 사고의 결과물이다. 다음 [그림 3-18]을 살펴보면 HACCP이 태동하여 구체화된 과정을 충분히 이해할 수 있다.

1장에서 설명한 바와 같이, 제2차 세계대전을 거치면서 기존에 행하던 최종 제품검사 기법인 품질통제(QC) 기법은 그 한계성이 드러났다. 미국은 우주식이라는 특별한 식품제조 프로젝트의 기회를 활용하여 기존에 행하던 미 육군의 사전공정관리 기법과 NASA의 FMEA 기법 등 공학적 사고를 접목한 사전공정관리의 품질보증(QA) 기법을 적용함으로써 HACCP의 개념을 태동시켰다. 이후 1960~1970년대를 거치면서 미국에서 시작된 공정관리의 품질 표준은 일본의 TQC의 영향을 받아 TQM의 등장 및 확산을 가져왔다. 또한 사전공정관리를 도입한 영국은 BS5770과 이에 영향을 받은 ISO 9000이 등장하였고 품질경영과 윤리경영에 대한 중요성이 점점 지구촌의 이슈가 되는 환경이 조성되었다. 이에 미국 정부는 식중독사고 예방 및 안전한 식품 제공을 위한 구체적 방법인 7원칙을 규명하여 HACCP을 정책으로 채택하였고 미국의 성공사례는 UN 산하의 FAO와 WHO의 Codex(국제식품규격위원회)에서 HACCP에 관한 Codex 지침을 제정하는 원동력이 되었으며 HACCP은 바야흐로 지구촌의 식품안전성 관리 기준의 대명사로 그 권위를 얻게 된 것이다.

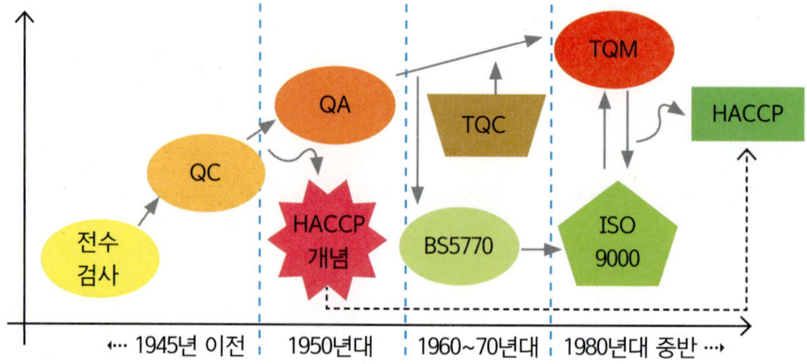

QC: Quality Control
QA: Quality Assurance
TQC: Toal Quality Control
TQM: Total Quality Management
BS5770: British Standard 5770
ISO 9000: International Organization for Standardization 9000

[그림 3-18] 품질의 역사와 HACCP의 구체화

현대의 품질경영 시스템은 프로세스(process) 관리와 문서화를 요구하고 있다. 프로세스 관리를 이해하기 위해서는 그 전 단계로서 체계적 관리 방법인 PDCA 사이클을 이해하여야 한다. HACCP은 법적으로는 고시이지만 그것을 업체가 적용하면 시스템이 된다. 시스템의 사전적 정의는 "특정 목표를 위하여 그 구성요소들이 유기적으로 작동하여 투입(Input)에 의해 원하는 결과(Output)를 만드는 것이다."라고 나타나 있다. 따라서 시스템을 이해하려면 먼저 "유기적"이라는 용어에 대한 이해가 선행되어야 할 것이다. 아래 글은 시스템을 이해하기 위한 선상에서 유기체의 유기적인 특성을 이해하는 데 도움을 줄 것이다.

읽어 보기

모든 생명체는 유기체(有機體)이다. 유기체는 형태적 · 기능적으로 분화된 여러 부분으로 되어 있고, 부분 상호 간 및 부분과 전체는 밀접한 관련이 있으며,

하나의 전체로서 정비된 통일체를 이루고 있다. 유기체는 분할되면 통일체로 될 수 없고, 존립할 수도 없다. 또한, 유기체 즉 생명체는 먹고(Input) 신진대사(작동)하고 그리고 배설(Output)한다. 사람 사는 것이 곧 생존의 부산물인 노폐물을 생산하는 것에 지나지 않는다고 말할 수 있는 이유이다. 유기물의 "기"는 탄소 기(機) 자인데 유기물을 구성하는 요소인 탄수화물, 단백질, 지방, 비타민 즉 영양의 4대 요소에 탄소가 모두 들어있는 이유이다. 이 탄소가 내는 열로 생명체는 활동하며 결과물을 만든다. 한편, 세포를 포함해서 모든 유기체는 외부환경에 대한 적응능력이 있다. 가령 특정 장기를 잘라내면 다른 장기가 그 역할을 부분적으로 수행하도록 적응해 나간다는 것은 잘 알려져 있으며 인체의 신비인 것이다. 종합해 볼 때, 시스템은 개개의 유기체가 하나의 통일체로 존립하는 가운데 내·외부의 환경변화에 적응능력을 가지면서 특정목표를 위해 내부조직 혹은 인적·물적 작용이 상호 연결되며 협조 및 보완함으로써 원하는 입력을 원하는 출력으로 전환하는 것이다.

출처: 오진곤 편(1993), 최재천 외(2016)

그러면 기업이 어떻게 유기적으로 작동하는가? 인체의 피와 신경이 조직에서는 자금과 경영조직에 비유될 수 있으며 프로세스 관리를 위한 체계적 관리에 해당한다. 시스템은 끊임없이 회전하는 체계임을 설명하기 위하여 [그림 3-19]에 기업 활동의 시스템적 순환과정을 도식화하였다. 즉, 기업은 공급자로부터 용역과 서비스를 구매하는 대가로 비용을 지불하고 고객에게 용역과 서비스를 판매하는 대가로 고객이 치르는 비용 즉 이윤을 얻는다. 이때 기업은 내부적으로는 PDCA 사이클에 기반을 둔 프로세스 관리를 함으로써 생산성을 향상하고 부가가치를 창조하며 경영활동을 통한 이윤창출을 지속적으로 이루어내는 것이다. 또한, 기업은 끊임없이 변화하는 외부 환경과 소통한다. 간단히 표현하자면 기업의 경영활동은 내 · 외부 세계와 끊임없이 소통하는 하나의 시스템으로 작동하고 있으며, 시스템 관리를 위한 자금이 인체에 있어 피의 역할을 하는 것이다.

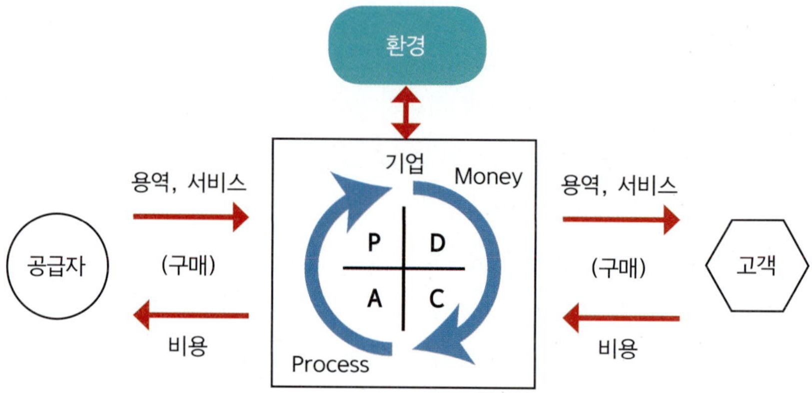

[그림 3-19] 시스템으로 순환하는 기업 활동 개념도

▶ 한편, 시스템의 붕괴는 사소한 실수가 되풀이 되는 것에서 시작된다. 마치 인체라는 시스템이 사소한 그릇된 습관이 누적되어 큰 질병에 걸리게 되고 끝내 무너져 내리듯이 조직도 그러하다. 따라서 PDCA 사이클에 의한 체계적 관리는 시스템을 유지·개선하는 길이며 선제적 시스템 붕괴의 예방이다.

2) 체계적 관리

관리는 경영의 하위 개념으로 경영의 목표 달성을 위해 제공된 자원을 활용하는 것 즉, 사람에게 일을 시키는 기술이라고 정의하였다. 그러면 관리는 어떻게 하는 것인가? 마케팅 부서장은 마케팅을 어떻게 관리하고, 생산부서장 혹은 공장장은 생산 관리를 어떻게 하여야 할 것인가? 이에 대한 대답은 의외로 단순하게 제시될 수 있다. 바로 "체계적으로 하면 된다."이다.

현대 사회는 조직이 다양한 만큼 관리의 형태와 방식 또한 다양하다. 국무총리는 각부 장관을 관리하고, 장관들은 예하 국책기관과 공기업을 관리한다. 대형할인마트 점장은 백여 명의 직원을 관리하고, 바이어는 공급자를 관리하며 편의점 점주는 아르바이트 종사자를 관리한다. 또 청년은 몸매를 관리하며 노인은 혈압과 혈당을 관리하고, 남편과 아내는 서로를 관리하여 가화만사성(家和萬事成)을 위해 노력한다. 이처럼 관리의 수준은 다양할 것이나 한 가지 공통점은 잘 관리해야 한다는 것이고 그 본질은 사람에게 일을 시키는 기술이라고 할 수 있다.

총리의 지시가 법과 원칙에 어긋나면 장관들은 힘들 것이고, 장관의 지침이 정부 방침과 차이가 크면 예하 공기업은 우왕좌왕할 것이다. 또 점장이 특정 직원을 편애하면 그 조직은 갈등이 깊어질 것이고, 바이어가 공급자를 잘못 관리하면 거래가 지속되기 어려울 것이고, 편의점 점주가 아르바이트 학생을 잘못 관리하면 당장의 영업에 지장을 줄 것이다.

이 모든 관리를 잘하는 방법은 오직 한 가지, 바로 체계적으로 한다는 것이며, 체계적으로 한다는 것은 [그림 3-20]과 같이 PDCA 사이클에 의해 업무를 수행하는 것이다. 다음은 PDCA 사이클의 세부 내용을 살펴본다.

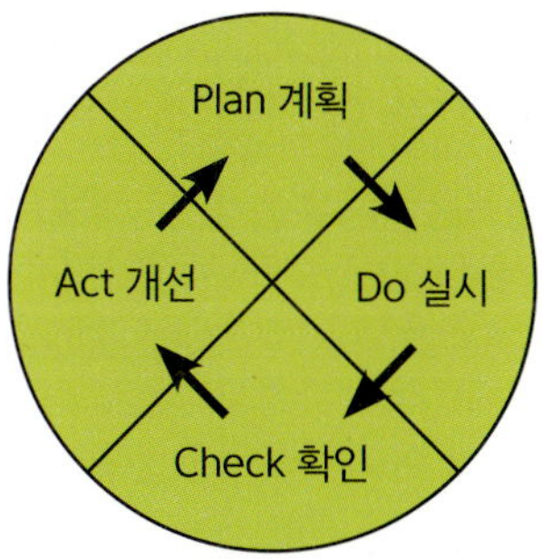

[그림 3-20] PDCA 사이클

출처: 최중락 편(2012)

(1) 계획

관리의 시작은 "어떻게 관리하는가?"라는 고민에서 시작된다. 바로 "계획"을 의미한다. 계획은 당연히 법과 원칙 혹은 기업의 목적과 목표 또는 수행하고자 하는 업무의 목표에 부합하여야 할 것이다. 따라서 계획은 육하원칙에 의해서 장차 해야 할 일을 사고하는 것인데, 그중 핵심은 무엇(What)과 왜(Why)에 있다. 또한 무슨 계획이든 그 일을 하는 상위의 법, 근거 또는 지시나 방침을 확인하여야 한다. "무엇(What)"과 "왜(Why)"가 규명되면 다음은 어떻게(How)를 규명하여야 한다. 이때 많이 사용되는 방법이 벤치마킹이다. 그런데 벤치마킹을 하더라도 그대로 따라하는 것보다는 자기에게 적합한 방법을 찾아야 한다. 계획은 무엇보다 실천하기 위해서 수립하는 것이므로 자신에게 적합하고 실천 가능해야 하며 그것이 "How to"에 녹아 있어야 한다. "How to"를 개발하는 데 있어 왕도는 없으므로 관련 자료를 열심히 찾고 발로 뛰어 현장을 잘 파악하는 것이 도움이 될 것이다.

(2) 실시

계획의 실천을 위해 기업은 업무를 지시하거나 확인하는 활동을 되풀이한다. 많은 조직은 간단한 미팅 혹은 공식적 조례 등을 통해 일과를 시작하기도 하고 게시판이나 이메일을 통하여 일일 업무를 확인하기도 한다. 정례회의를 하거나 기업 연수원 교육 등이 계획의 실천을 위한 프로그램이다. 큰 기업일수록 교육훈련 프로그램이 다양하며 종업원에게 프로그램 참여 기회를 많이 제공한다. 가령 다국적 기업은 각국의 최고 경영자를 한 곳에 소집해 며칠씩 연수프로그램을 제공하기도 하는데 그러한 투자를 하는 이유는 모두 계획을 잘 실천하기 위해서이다.

(3) 확인

"확인"은 관리의 핵심이다. 계획과 지시가 1할이라면 확인은 9할에 해당한다고 해도 틀린 말이 아니다. 가령, 시험, 교통단속, 실적에 대한 압박 등이 없다면 이에 대응하는 공부, 교통법규 지키기, 실적 올리기가 제대로 나타날 수 없는 것과 마찬가지다. 대기업의 감사 기관은 조직의 부서나 조직원의 업무 수행을 감독·확인하는 역할을 한다. 대부분의 식품기업은 자체 감사부서의 유무와 관계없이 이런 기능을 수행하고 있는데, 수율 분석, 손익분기점 평가, 품질 활동, 공정관리 등이 모두 확인 기능이라고 볼 수 있다. 가령 자체 위생교육을 실시한 후의 성과 측정은 중요한데 만약 이러한 확인 과정이 없다면 교육훈련은 그냥 한 귀로 듣고 한 귀로 흘리는 이벤트가 될 가능성이 높기 때문이다. 확인하는 방법은 가능한 실제 현장에서 몸소 애착을 가지고 접근할 때 문제(개선의 기회)가 보이고, 개선할 방법도 그 속에 있을 경우가 많다. 확인하고자 하는 계획이 특정 업무의 기준, 절차, 방침 등 그 어떤 것일지라도 실제로 작업이 어떻게 이루어지는지 관찰하고 작업자와 대화를 나눠보는 것은 문제 발견에 도움을 주며 해결방안도 찾을 수 있다. 물론 작업장 방문은 계획에 의해 이루어질 수도 있고 불시에 이루어질 수도 있을 것이다.

(4) 개선

계획하고 실시한 후 점검한 결과 발견된 문제점은 반드시 개선조치가 이루어져야 한다. PDCA 사이클이 순환하기 위해서는 개선조치가 전제되어야 하는 것이다. 개선조치는 4장에서 자세히 다루어질 것이므로 여기서는 생략하기로 한다.

3) 프로세스(Process) 관리

HACCP은 프로세스로서 이해되어야 하는데 이 말은 두 가지 의미를 담고 있다. 첫째, HACCP 자체가 프로세스 관리라는 의미이다. "고객만족을 위해 프로세스 관리를 어떻게 하는가?"라는 질문을 받았을 때 항상 그 답은 "체계적 관리"이다. 문제는 그것을 어떻게 실행하는가 하는 "How to"에 있다. HACCP이 제시하는 방법은 아래 그림에서 보여지듯이 기업이 고객만족이라는 목표를 향해 나아가는 길에 비유할 수 있는데, 전체 과정과 각각의 세부 공정을 잘 수행하도록 하는 기준과 절차를 의미한다. 또한 종업원이 그 기준과 절차를 바르게 준수하도록 트레이닝(Training, 훈련 및 반복해서 숙달하는 것)하고, 준수 여부를 확인하고 개선조치하는 과정을 프로세스(process, 과정)라고 한다.

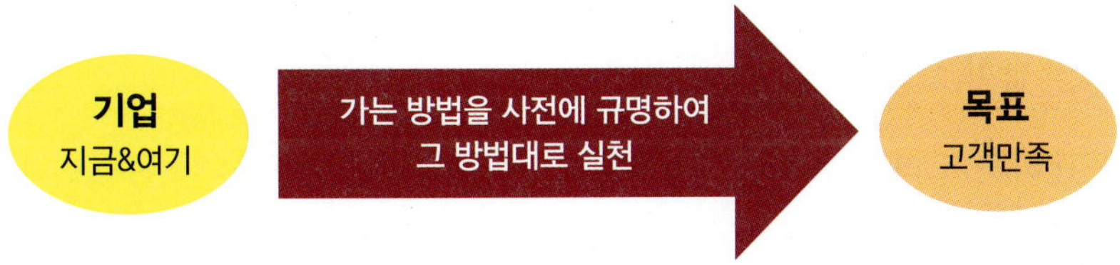

둘째, HACCP은 연속적인 프로세스라는 점이다. 비유하자면, 태권도 3단인 사람은 더 노력하면 5단, 6단에 도달할 수 있다. 3단도 충분히 잘 하는 것이지만 계속 수련하면 더욱 잘 할 수 있다. 3단을 딴 사람은 과학적 지식을 바탕으로 한 수련의 결과이지 어설프게 품새를 흉내 내거나 발차기 자세 하나로 오를 수 있는 경지가 아니다. 체계적인 수련 없이 그 분야에 자질이 조금 있어 잘한 사람은 그 한계가 금방 오는 것이다. 따라서 HACCP도 반복 숙달을 지속할 때 더욱 유능한 식품 품질 관리자로 발전하게 되는 것이다.

HACCP의 핵심은 바로 "체계적 관리"에 있으며 그 체계는 PDCA 사이클이다. PDCA 사이클은 용어 그대로 사이클이다. 즉, 자전거를 타면 탈수록 더 잘 탈 수 있듯이 체계적 관리의 특징은 한 번 해 보고 두 번 해 보는 과정 속에 더욱더 숙달되어 잘 할 수 있게 된다는 의미이다. 현대 문명은 발전된 기술에 크게 의존하고 있다. HACCP은 기술을 이루는 두 분야 중 technology(기술학 또는 기술과학)가 아닌 technique(기술)이므로 체계적 관리하에서 숙달을 통해 점점 발전해 갈 수 있다.

4. 유용한 관리 기법

기업에서 많이 사용되는 관리의 기법에는 목표관리(MBO: Management By Objectives)와 손익분기점 관리가 있다. 또 기업의 혁신을 위한 다양한 관리기법이 활용되고 있다.

1) 목표관리

목표관리는 드러커(Peter F. Drucker, 1954)가 목표의 중요성을 강조하면서 사용한 기법이다. 상위자와 하위자가 함께 조직과 개인의 목표를 시스템적으로 통합 관리함으로써 목표가 종업원의 동기를 유발하고 방향을 제시해 준다는 것이다. 목표는 관리자와 관리대상 인원이 상호 합의하에 정하면 더욱 효과적이며 가급적 계량적이고 명확하며 달성 가능해야 한다. 가령, 생산 팀장에게는 이직률을 낮출 것, 마케팅 팀장에게는 새로운 제품 출시와 런칭하는 것, 인사 팀장에게는 특정 자격보유자 확보를 목표로 제시할 수 있다. 목표관리의 진행은 [그림 3-21]에서 나타난 바와 같이 목표설정, 계획 수립, 업무수행 및 지원(정기적 검토), 성과 평가를 통한 인사고과로 이어진다. 단 목표관리 기법은 조직 환경이 좋을 때는 쉽게 성공을 하는 반면에 그렇지 않을 경우엔 성공을 보장하기 힘든 측면도 있다고 알려져 있다.

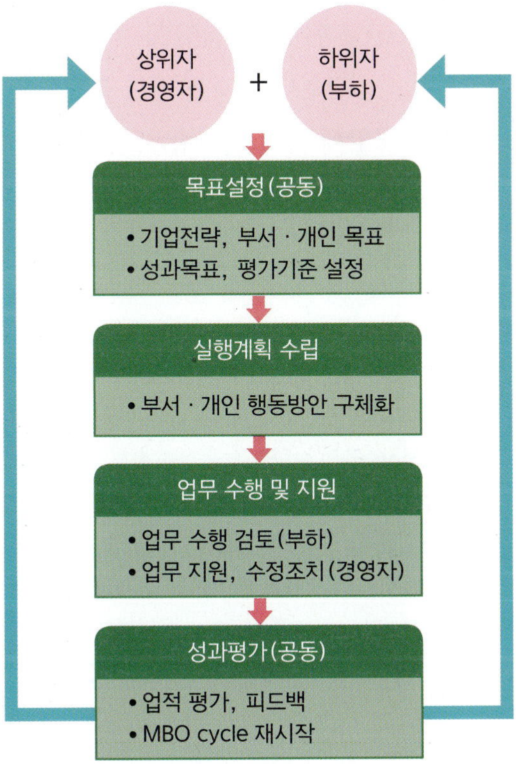

[그림 3-21] 목표관리 기법의 실시 과정

출처: 양일선 외(2013)

2) 손익분기점 관리

손익분기점은 글자 그대로 손익이 분기되는 지점으로 순이익이 발생하지 않는 지점을 의미한다. 신제품을 출시하거나 새로운 사업에 진출한 후 그 상품이나 사업을 계속할 것인가를 판단하여 관리할 때 주로 활용하는 방법이다. 신제품을 계획한 조직이나 당사자는 곧 잘될 것이라고 낙관하고 싶겠지만 일정기간 경과 후 손익분기점을 통과하지 않으면 과감히 철수함으로써 실패를 예방하는 관리 방법인 것이다. 동네 마트의 주인이 일정기간 팔리지 않는 상품은 반품하고 더 이상 진열하지 않고 식당 개업 후 적자가 나면 문을 닫는 것과 같은 이치인 것이다.

3) 혁신을 위한 관리기법

시대와 나라에 따라 처한 환경과 행동양식이 각기 다르므로 모든 상황에 적용되는 보편타당한 경영원칙을 개발한다는 것은 거의 불가능한 일이다. 따라서 검증된 좋은 경영관리기법을 상황에 맞게 적절히 적용하는 운영의 묘를 발휘해야 한다. 아래에 소개하는 기법들은 기업이 혁신하기 위하여 도입하는 관리기법들이다.

① 전략적 제휴: 경쟁관계에 있는 독립기업 간에 공동사업을 하도록 동반자화하는 것
② 인수합병: 인수기업이 목표기업을 완전히 결합시켜 법률적·사실적 단일 기업화하는 것
③ 다운사이징: 비즈니스, 정보시스템의 슬림화, 능률화를 통해 조직을 축소하는 것
④ 리엔지니어링: 조직, 기업문화 등 비즈니스 과정의 모든 흐름을 재구성하고 변화시키는 것
⑤ 리스트럭처링: 리엔지니어링을 넘어 대대적 인원감축, 사업장 폐쇄, 공정개선 등을 하는 것
⑥ 벤치마킹: 우수한 상대를 표적 삼아 자사와 성과 비교 및 자기혁신을 추구하는 것
⑦ 지식경영: 조직 구성원의 지식과 노하우를 발굴하여 문제해결 능력을 향상시키는 것
⑧ 6시그마: 시그마수준(3.4/1000만 개) 불량률 목표로 완벽한 품질과 고객만족을 추구하는 것

쉬어가는 페이지

다양한 관리기법 도입을 통한 기업 성장 사례

단체급식 분야에서 영양사 경력 20년의 베테랑인 김금순 씨는 그동안의 경험과 고객과의 유대를 바탕으로 도시락회사를 설립하였다. 그 회사를 설립하는 과정은 경영의 기능인 〈계획-조직-지시-통제〉를 충실히 이행하였고 각 부서는 인사, 마케팅, 생산 및 회계 역할을 하도록 조직하였다. 초기에는 '관리부'라 하여 인사와 회계 기능을 동시에 수행하도록 하였다.

도시락회사 운영 약 2년이 지난 시점에, 돼지등갈비찜을 제공해 주기를 원하는 고객이 생겼다. 직접 돼지등갈비찜을 제조할 수 없어 인근에 있는 축산가공회사 A와 전략적 제휴를 하였다. 세월이 흘러 A사 대표가 회사를 인수해 줄 것을 제안하게 됨에 따라 인수합병을 하였다. 이 과정에서 두 회사의 조직이 중복되어 다운사이징을 하였고 회사가 더 성장하여 생산 공정을 자동화하니 리엔지니어링을 하였고 업무가 없어지는 사원이 생기게 되어 조직을 재구성하는 리스트럭처링을 하였다. 그 후 고객의 요구에 의해 HACCP의 적용을 하기 위해 해당 법률의 요구인 기준과 타 회사의 적용방법을 참고하여 벤치마킹을 통해서 무사히 HACCP 인증을 받았고 그 과정에 종업원들이 관행적으로 하던 업무를 외부 교육과 컨설팅을 통해 종업원들의 지식경영을 하였다. 그러다 보니 실패를 줄이는 것이 이윤창출과 고객 만족의 길이라는 확신이 들어서 6시그마를 도입하여 이제는 불량률을 대폭 감소하게 되었다. 이런 과정을 통해 종업원들의 지식이 향상되어 다시 한번 지식경영이 이루어지고 있다.

KEY POINT

- 기업의 목표는 생존을 위한 지속적 이윤창출이며, 이윤창출을 위한 부가가치 창출과 생산성 향상은 고객만족을 지향해야 한다.
- SWOT 분석은 내부요인인 경영 자원과 핵심역량을 파악하고, 외부요인인 경영환경의 기회와 위협을 파악하여, 강점은 살리고 약점은 보완해야 하며, 기회는 적극 활용하고 위협은 피해가야 한다.
- 체계적 관리란 PDCA 사이클에 의해 이루어지는 관리를 의미하며, 기업의 관리가 체계적으로 이루어질 때 유기적 작동이 가능하며 외부 환경변화에 적응할 수 있다.
- HACCP은 프로세스 관리를 통한 공정 관리의 지침으로서 체계적 관리를 통하여 종업원을 숙달로 이끄는 기술이며 기업의 신마케팅 전략으로 활용할 수 있다.
- 목표관리 기법은 상위자와 하위자가 함께 목표수립, 업무수행과 지원, 성과평가를 함으로써 하위자의 동기유발에 도움을 준다.
- 손익분기점 관리는 신제품 출시와 신사업 실시와 관련 사업 지속 여부를 판단하기에 유용한 기법이다.
- 기업혁신을 위한 관리 기법에는 전략적 제휴, 인수합병, 다운사이징, 리엔지니어링, 리스터럭처링, 벤치마킹, 지식경영, 6시그마 등이 있다.

제 3 장 요약

❶ 모든 기업은 생존을 위한 지속적 이윤창출을 경영의 목표로 삼는다. 기업의 이윤은 제공하는 재화나 용역이 소비자 혹은 고객을 만족시킨 대가이다. 따라서 지속적 이윤창출을 위해서는 제공하는 품질이 고객의 기대를 충족하여야 한다.

❷ SWOT 분석은 유용한 경영전략 수립 도구로서 내부요인인 경영 자원과 핵심역량을 파악하고, 외부요인인 경영환경의 기회와 위협을 파악하여, 강점(S)은 살리고 약점(W)은 보완해야 하며, 기회(O)는 적극 활용하고 위협(T)은 피해가야 한다는 것이다.

❸ 식품기업의 경영전략을 수립하기 위하여 SWOT 분석을 실시한 결과, 식품안전성은 경영자의 책임이자 지속적 이윤창출을 위한 핵심역량이며 식품기업에 있어서는 기회이고 위협을 회피하는 방법임을 알 수 있다.

❹ 경영이란 기업의 목표를 설정하고 목표 달성을 위한 인적·물적자원을 제공하며, 관리는 기업의 경영목적 달성을 위해 제공된 자원을 활용하는 것이다. 물적자원은 인적자원에 의해 활용되므로 관리는 결국 “사람에게 일을 시키는 기술”이라고 할 수 있다.

❺ 경영활동은 <계획-조직-지시-통제>하는 기능을 수행하며 이 기능은 순환하는 체계이다.

❻ 기업의 조직체계에는 라인 조직, 직능식 조직, 라인-스탭 조직, 팀형 조직, 사업부제 조직, 프로젝트 조직, 매트릭스 조직, 네트워크 조직 등이 있으며, 대기업의 경우는 이러한 조직체계들이 함께 복잡하게 결합되어 있는 구조이다.

❼ 경영을 위한 관리활동에는 인적자원 관리, 마케팅 관리, 생산 관리 그리고 회계 관리 등이 포함된다. 고객 요구의 파악, 제품 개발, 가격 결정, 제품 홍보 및 판매를 "마케팅 관리"라 하고, 개발된 제품을 구현하는 활동을 "생산 관리", 제품 판매에서 나온 수입의 운용을 "회계 관리", 이러한 활동에 관계되는 인적자산의 채용, 교육, 배치, 평가 및 동기 유발은 "인적자원 관리"에 해당한다.

❽ 기업경영을 위한 프로세스 관리는 PDCA 사이클에 의해 체계적으로 수행되어야 한다. 즉 <계획-실시-확인-개선>의 순서로 진행되는 순환 체계이다.

❾ 목표관리 기법은 조직의 상위자와 하위자가 상호 합의하여 계량적이고 명확하며 달성 가능한 목표를 수립하고 성과평가를 함으로써 하위자의 동기유발에 도움을 주는 경영기법이다. 손익분기점에 의한 관리는 신사업 진출 또는 신상품 출시 후 사업의 지속 여부를 판단할 때 활용할 수 있는 유용한 관리 기법이다.

❿ 기업의 혁신을 위한 관리기법에는 전략적 제휴, 인수합병, 리엔지니어링, 리스트럭처링, 벤치마킹, 지식경영 및 6시그마 등이 있다.

제 3 장 연습문제

1. 모든 기업의 목표는 '지속적 이윤창출'이라고 할 수 있는 이유를 밝히고, 기업이 지속적 이윤창출을 할 수 있는 방법을 설명하시오.
2. 경영전략이 필요한 이유와 경영전략 수립 시 흔히 활용하는 SWOT 분석 방법에 대하여 설명하시오.
3. 경영관리 활동의 순환체계를 설명하시오.
4. 경영의 의미와 그 기능, 관리의 의미와 그 기능을 각각 설명하시오.
5. 기업의 조직 체계의 종류를 말하고 각각의 특징과 장단점을 설명하시오.
6. 경영을 지원하는 관리의 각 분야와 그 분야의 역할에 대하여 설명하시오.
7. HACCP의 적용으로 만들어진 핵심역량과 그것이 기업 경영에 미칠 수 있는 영향에 대하여 설명하시오.
8. 기업을 체계적으로 관리하는 가장 일반적인 방법을 설명하시오.
9. 목표관리 기법의 특징과 장점에 대하여 설명하시오.
10. 기업이 손익분기점에 의한 경영관리를 적용할 수 있는 예를 들어보시오.

4장

식품산업관리자의 자질과 기술

단원의 목표

1. 리더십 및 관련 이론에 대한 이해
2. 동기 부여 및 관련 이론에 대한 이해
3. 문서화의 필요성과 방법의 이해
4. 교육 · 훈련의 필요성과 방법의 이해
5. 검증 및 개선조치의 중요성과 방법의 이해

● 단원의 소개

HACCP은 결국 종업원이 좋은 습관을 가지도록 변화시키는 것이다. 중국 속담에 "사람의 본성을 바꾸는 것은 태산을 옮기는 것보다 힘들다."고 하였다. 그러나 HACCP은 종업원의 태도와 습관을 개선함으로써 식품의 안전성에 대한 인식을 높이고 자신이 만든 제품을 이용할 소비자에 대한 사랑을 키우는 활동이다. HACCP은 식품안전성을 목표로 종업원이 어떤 규정을 준수하도록 숙달하는 것이므로 여기에는 관리자의 리더십이 필요하다. 이 장에서는 리더십의 근본인 체계적 관리에 대하여 설명하고 리더십에 관한 경영학 이론들도 소개하였다. 또한, 리더십의 목적이자 결과라 할 수 있는 동기 부여의 중요성을 관련 이론을 중심으로 설명하였다.

피라미드형 조직체계가 권한이양 과정을 통해 Top-down(역피라미드형) 조직으로 바뀌면 고객만족의 일선에 종업원이 위치하고, 관리자는 이들을 지원하고 경영자는 관리자를 지원하는 TQM(종합적 품질경영) 조직이 된다는 것을 앞 장에서 설명하였다. 이 과정에서 요구되는 관리자의 기술은 프로세스 관리를 위한 문서화, 종업원을 숙달시키는 교육 · 훈련, 현재 방법의 효과성과 효율성을 평가하여 개선하는 검증 및 개선조치의 기술이다. 따라서 이 장에서는 관리자에게 필요한 기술(자질)에 대하여 현장의 사례중심으로 상세히 설명하였다.

제 1 절 리더십

1. 리더십의 근본: 체계적 관리

1) 리더십의 개념

대학을 졸업하고 사회로 진출하면 대부분 관리자 혹은 감독자 일에 종사하게 된다. 가장 흔한 예로는 단체급식소의 영양사로 취업하면 조리종사자를 감독하고 급식을 관리하는 업무를 한다. 관리와 감독의 차이는 앞 장에서 설명하였듯이 관리는 업무를 계획하고, 감독은 그 계획에 의해 일일 업무를 지시하고 확인하는 일이다. 그런데 많은 기업에서 이 업무가 명확히 구분되기보다는 동시에 이루어지는 경우가 많다. 즉 관리자와 감독자의 기능을 동시에 수행해야 하는 것이다. 작은 규모의 조직일지라도 관리자나 감독자는 모두 리더의 역할을 해야 하므로 리더십이 중요한 자질이다. 리더십의 정의는 "목표를 설정하고 조직원을 그 목표를 향해 가도록 이끌고 지도하며 동기를 유발함으로써 성과를 창출하는 능력"이라고 대부분의 경영학자가 공통적으로 말하고 있다. 리더십을 발휘하기 위해서는 조직이 가야 할 방향을 정확하게 제시하는 비전과 조직 구성원으로부터 인간적인 신뢰와 구성원이 행동으로 보여 주는 지지를 얻을 수 있어야 한다. 그런데 인간적인 신뢰와 구성원의 지지를 얻을 수 있는 그 근거를 살펴보면 리더가 조직을 체계적으로 관리하는 것을 바탕으로 형성된 것임을 알 수 있다.

2) 리더십의 유형

리더십의 일반화된 유형으로는 레빈(Kurt Lewin)이 주장한 전제적 리더십, 민주적 리더십, 자유방임적 리더십을 들 수 있다. 전제적인 리더십은 조직 내의 모든 의사 결정과 권력과 책임이 리더 1인에게 있는 것으로 위기 시에 업무의 성과는 높일 수 있으나 리더와 구성원의 관계가 수동적이다. 민주적인 리더십은 리더의 조언과 집단 토론을 통해 의사를 결정하고 권력과 책임은 구성원과 함께 나누므로 리더와 구성원의 관계가 호의적이며 평상 시 업무의 성과가 높게 나타난다. 자유방임적인 리더는 리더가 의사결정에 참여하지 않고 구성원 개개인이 결정을 하고 책임 또한 구성원에게 부과하며 리더가 업무 성과에 관심이 낮으므로 성과가 낮게 나타난다.

그러나 리더십의 유형을 몇 가지로 규정하기가 어려울 만큼 지구상에 알려진 리더십의 유형은 셀 수 없이 많은 편이다. [그림 4-1]에 리더십의 몇 가지 예를 들었다. 이순신 리더십은 우리나라 사람에게 있어 영원한 벤치마킹의 대상이고, 대한민국 월드컵 대표팀을 성공적으로 이끈 히딩크 리더십이 대유행을 한 적도 있다. 집사가 주인을 섬기듯 종업원을 섬기면 종업원이 더 열심히 한다는 서번트 리더십을 말하기도 한다. 마피아식 리더십도 때로는 성공하는 사례가 많아서 한국의 재벌들을 포함하여 많은 기업이 실제로 활용하고 있다. 마피아식이란 보스가 "해." 또는 "하지 마."로 조직원에게 일을 시키는 형태이다. 그러나 대부분의 리더십 유형에서 주장하듯이 권위 있는 리더가 아닌 권위주의가 될 때는 그 효과가 일시적이라는 한계점이 있다.

| 이순신 리더십

| 서번트 리더십

| 마피아식 리더십

[그림 4-1] 리더십 예시

출처: 박홍배 · 채규옥(2013)

쉬어가는 페이지

이순신과 히딩크 리더십의 핵심은 체계적이라는 것인데 그 체계적인 것에서 그들의 권위가 나왔다. 반면 세계 제일의 이순신 함대를 칠천량에서 한 번에 수장시킨 최악의 리더 원균은 체계적이지 못했고 그래서 권위가 없었으며 그에게 주어진 권력을 휘둘러 지휘를 하였으니 그 결과는 참혹하였다. 그뿐만 아니라 그는 계획과 준비에도 소홀하였고 전투에서는 우왕좌왕했으며 결과에서 교훈을 얻기보다 공적만 앞세웠다. 임진왜란이 있기 4년 전 유럽에서는 스페인과 영국의 운명을 가르는 대해전이 있었다. 스페인 무적함대의 침몰과 함께 대서양에는 영국의 시대가 열렸다. 대부분의 전사 연구자는 당시의 무적함대, 영국의 함대와 이순신의 함대가 전투를 하였다면 이순신이 이끄는 조선 수군이 더 우세하였을 것이라는데 의견을 모은다. 세계 최강의 이순신 함대가 침몰한 것은 오직 칠천량에서의 하룻밤이며 그 원인 또한 지휘자(원균)의 리더십이었음을 역사는 말하고 있다.

출처: 김훈(2010)

리더십은 처세술과 혼용되어 시대마다 수많은 사람에 의해 수많은 리더십이 소개되어 왔다. 그중에서 가장 많은 학자들이 공감하고 인용하는 리더십 관련 이론에는 특성이론, 행동이론 및 상황이론이 있다. 특성이론은 리더가 가진 특성이 리더십을 발휘하는 데 있어서 중요하다는 이론으로 외모, 인상, 차림새 등의 신체적 특성, 지능, 지식, 판단력 등의 능력 특성, 성취동기, 자신감 등 성격 특성, 협동심, 대인관계 등의 사회적 특성(대인관계)을 리더의 중요한 특성으로 제시하였다. 리더의 모든 특성이 효과적인 리더십과 연관성을 가진다고 볼 수는 없으나 실제로 몇몇 특성(에너지, 스트레스 저항력, 성실성, 자신감 등)의 경우는 리더로서의 성공 가능성을 높일 수 있다고 보고되기도 하였다(Yukl & Van Fleet, 1992). 행동이론은 리더의 행동 유형이 리더십에 있어 영향을 준다는 이론으로 행동유형을 두 가지(직무중심적, 사람중심적), 세 가지(과업지향적, 관계지향적, 참여적), 또는 다섯 가지(과업형, 컨트리클럽형, 팀형, 무기력형, 및 중도형)로 나누어 설명하였다. 상황이론은 리더십 행동이론을 확대한 것으로서 상황이나 종업원의 특성에 따라 리더의 행동이 달라져야 한다고 주장하였다. 그 외 카리스마 리더십, 변혁적 리더십 등 다양한 리더십이 소개되어왔다. 다음은 리더십 이론의 발전과정에서 중요하게 언급되는 이론들을 좀 더 자세히 살펴보기로 한다.

(1) 오하이오주립대학 리더십 연구

오하이오주립대학 리더십 연구는 1945년에 시작된 리더십 연구로서 플라이시먼(E.A. Fleishman) 등의 학자가 참여했다. 그들은 리더의 행동 특성을 규정하는 두 가지의 중요한 요인으로 "리더주도적 구조(initiating structure)"와 "배려(consideration)"를 제시하였다. 리더주도적 구조란 말 그대로 모든 것은 리더에서 시작된다는 의미를 담고 있으며 두 가지 요소의 특징은 다음과 같이 요약된다.

- 리더주도적 구조: 리더가 조직의 리더 및 그룹 멤버의 역할을 정의하고, 행동을 개시하며, 그룹 활동을 조직하고, 그룹이 수행해야 할 작업을 정의한다.
- 배려: 리더가 구성원의 복지에 대하여 관심을 가지는 범위를 나타내며 리더와 구성원 간의 대인관계, 상호 신뢰 및 우정을 지향한다.

(2) 미시건대학 리더십 연구

미시건 리더십 연구(Michigan Leadership Studies)는 리커트(Rensis Likert)가 1950년대에 미시건 대학교에서 시작한 리더십 연구의 시리즈로서 노동자의 생산성과 직무 만족도 향상을 이끄는 리더십 스타일의 행동 요소와 유형을 파악하고자 노력하였다.

크게 두 가지로 파악한 리더십 스타일로서 종업원 지향(employee orientation) 스타일과 생산 지향(production orientation) 스타일을 제시하였다. 또한 효과적인 리더의 세 가지 중요한 특성으로서 과업지향적 행위(task-oriented behavior), 관계지향적 행위(relationship-oriented behavior) 및 참여적 리더십(participative leadership)을 제시하였다.

과업지향적 행위가 강한 리더는 구성원에게 작업의 계획과 일정표의 작성 및 구성원의 활동을 조정하고 지원해 주는 데에 시간과 노력을 들이는 유형이다. 위에서 언급한 오하이오주립대학 연구팀의 '리더주도적 구조' 중심의 스타일과 비슷한 개념으로 이해할 수 있다. 관계지향적 행위가 강한 리더는 배려적이고 구성원 중심으로 생각하고 이끌고 지원해 주고, 구성원 개개인이 달성해야 할 목표와 일반적 지침만을 주며, 세부적 감독보다는 구성원의 자율적 실천에 맡긴다. 이들은 대인관계를 손상시켜 가면서까지 무리하게 과업을 지향하지는 않는다. 참여적 리더는 의사결정 과정에 구성원을 참여시키거나 권력을 분권화하고 공유하는 리더십 스타일을 지향한다.

리커트 연구 결과에 따르면, 생산 지향 스타일보다는 종업원 지향 스타일이 엄격한 감독보다는 일반적인 감독과 짝지어질 때 좋은 결과를 낳는다는 것이며, 의사결정 과정에 구성원을 참여시킬 때에 구성원들의 성과가 더욱 높아지고 만족감도 커진다는 결론을 얻어냈다.

- 과업지향적(task-oriented): 종업원들이 절차에 따라 직무를 수행하도록 깊이 관여하고 강압적 · 보상적 · 합법적 권력을 사용한다.
- 관계지향적(relationship-oriented): 종업원에게 의사결정 권한을 위임하여 만족도를 높이고 직원들의 진급, 성장, 성취에 관심이 높은 편이다.
- 참여적(participative): 의사결정 과정에 구성원을 참여시키거나 권력을 분권화하고 공유하는 리더십 스타일을 지향한다.

▶ 위에서 소개한 오하이오주립대학 리더십 연구와 미시건대학 리더십 연구의 공통점은 다음 그림과 같이, 리더십을 발휘하는 행동 요소는 크게 두 가지로 요약된다는 점이다. 하나는 '일 중심'이라고 할 수 있는 과업지향적 리더의 성향이고 다른 하나는 '사람 중심'이라 할 수 있는 관계지향적 리더의 성향을 의미한다.

▶ 과업중심적 리더는 업무 수행 즉 일을 중시하는 유형으로 조직원에게 강압하고 직책을 강조하고 업무 성과를 중시하는 정도가 심한 편이다. 반면 관계지향적 리더는 인간관계를 중시하니 사람을 믿고 지침을 주되 강압하지는 않으며 서로 소통하면서 성과보다는 조직의 안정을 중요시한다. 여기서 맥(脈)은 어느 리더십이 더 좋은 리더십인가의 문제가 아니라 상황에 따라 어떤 리더십을 발휘해야 더 효과적인가 하는 것이다. 기업이 어렵거나 혁신이 필요한 때에는 과업지향적 리더십이 더 효과적이다.

종업원이 우왕좌왕할 때는 인간관계나 소통을 중시하기보다는 리더가 분명한 방향을 제시하고 그 방향으로 전 종업원이 갈 수 있도록 독려하고 통제하여야 한다. 그뿐만 아니라 리더가 제시한 방향에 동참하지 않거나 낙오한다면 과감히 처벌도 해야 할 것이다.
그러나 조직이 안정되고 유지가 필요한 상황이라면 과업지향적 리더십보다는 소통하고 협조하고 때로는 정서적으로 독려해 주는 관계지향적 리더십이 효과적이다. 훌륭한 리더는 상황에 따라 적절한 리더십을 발휘하는 사람이다. 이순신 장군이나 히딩크 감독이 리더로서 성공할 수 있었던 것은 그들이 체계적 관리도 하였지만 상황에 따라 변신하는 유연함이 있었기 때문이다.

(3) 관리격자 모델(Managerial grid model)

블레이크(R. Blake)와 뮤톤(J. Mouton)은 관리격자 모델(Managerial grid model, 1964)을 통하여 다섯 가지의 리더십 유형을 규명하였다. 즉 가로 및 세로 각 9칸으로 구성된 바둑판 모양의 격자에 리더의 생산에 대한 관심(concern for production)과 사람에 대한 관심(concern for people)을 각각 가로축 및 세로축으로 놓고 두 가지 관심의 조합에 따라 다섯 가지의 리더십 유형을 규명하였는데 유형별 특징은 [그림 4-2]와 같이 요약된다. 관리격자 모델에서 최적의 리더십 스타일은 Y 이론에 기반을 두고 있는 팀형으로 생산성과 사람을 모두 중시해야 하는 점을 강조하였다.

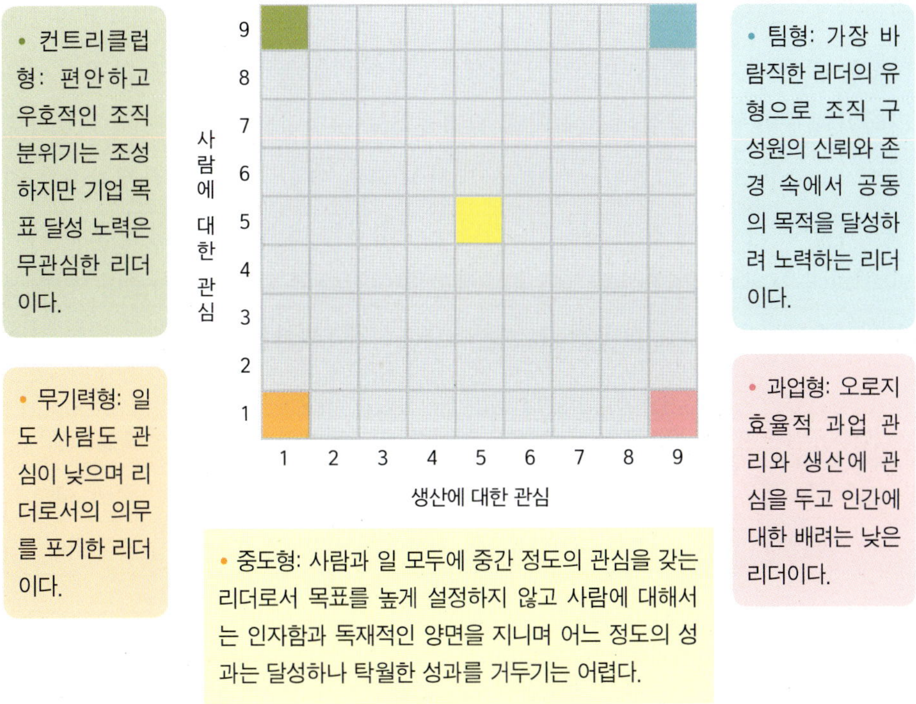

[그림 4-2] 관리격자 모델의 리더 유형

출처: Blake, R. & Mouton, J.(1964), 양일선 외(2013)

(4) 피들러 상황이론(Fiedler Contingency theory of leadership)

1970년대에 접어들면서 리더십 학자들은 리더십의 특성이나 행위가 서로 다른 상황에 처한 리더에 있어서 다르게 적용된다는 점에 주목하고 주어진 상황 속에서 가장 효과적일 수 있는 특성, 기능, 행위가 무엇인지에 대해서 관심을 가지게 되었다. 즉 과업지향적(리더주도 구조) 스타일이나 관계지향적(배려) 스타일 중의 어느 하나가 더 효과적인 것이 아니라 주어진 상황조건에 따라서 리더십의 효과가 다르게 나타나므로 어떠한 상황에서 과업지향적 스타일이 효과적이고 또 어떠한 상황에서 관계지향적 스타일이 더 효과적인지를 찾고자 주력하였다. 이러한 동향을 일러서 상황이론(Situational theory) 또는 상황적합이론(Contigency theory)이라고 부르며 피들러의 상황적합이론이 가장 보편적으로 인용되는 상황이론이다. 피들러는 개인의 리더십 스타일은 평생을 통한 경험의 결과물이므로 바꾸는 것은 극도로 어렵다고 보았고 상황적합이론을 통하여 리더십의 유효성은 리더의 행동유형과 상황여건에 의해 결정된다고 주장하였다. 최소선호동료척도(LPC: Least Preferred Coworker)를 개발하여 과업지향적 리더와 관계지향적 리더로 구분한 다음, 세 가지 상황인 "리더와 구성원의 관계", "과업의 구조", "직위 권력"의 조합에 따라 각 상황에서 효과적인 리더십의 유형을 규명하였다. 리더십을 발휘할 수 있는 주요 상황적 요소는 [그림 4-3]에 나타내었다.

리더와 구성원 관계	구성원이 리더에 대한 호감, 신뢰도, 추종 정도	좋음/나쁨
과업의 구조	업무의 목표, 절차, 지침이 명확하고 구체적인 정도	좋음/나쁨
직위 권력	리더가 부하에게 명령, 지시, 보상, 처벌하는 권한	강함/약함

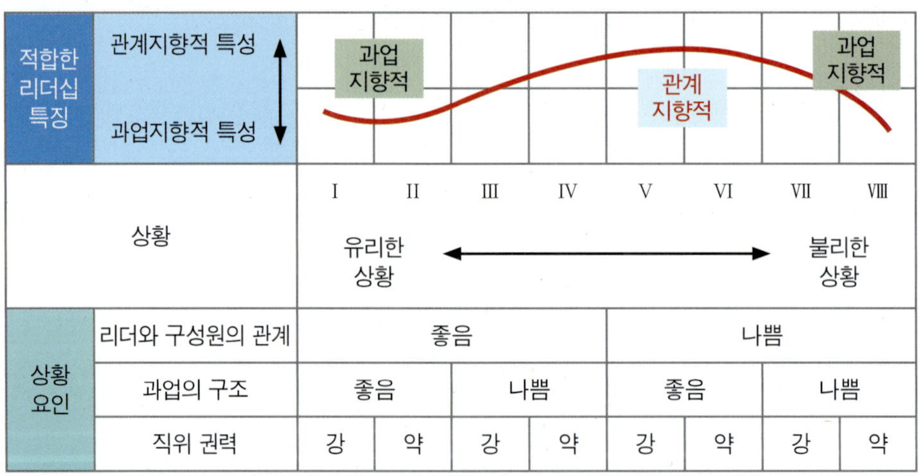

[그림 4-3] 상황이론에 따른 리더십과 상황요인의 관련성

출처: 양일선 외(2013), 내용 일부 수정

피들러에 따르면, 강력한 통제가 가능한 상황이나 매우 약한 통제 상황은 각각 리더의 상황 선호도가 매우 높거나 낮은 경우를 의미하며 이러한 조건에서는 과업지향적 리더가 효과적이다. 반면에, 리더가 상황을 통제할 수 있는 정도(리더

의 상황 선호도)가 중간 정도인 경우에는 관계지향적 리더가 효과적이다. 따라서 이 이론에 근거하여 조직이나 집단의 효율을 높이기 위해서는 첫째, 리더가 가진 리더십의 유형을 잘 이해하여야 한다. 둘째, 리더에게 부여된 통제 권한의 강도, 업무 절차의 명확성 등 과업 구조 및 리더와 구성원 간 관계를 파악하여 리더십을 발휘할 상황에 대한 이해가 필요하다. 종합해 보면, 상황에 적합한 리더십의 유형을 찾아서 조화를 꾀하고 리더가 업무를 잘 수행할 수 있는 환경을 조성하기 위해 노력하여야 한다는 것이다.

(5) 기타 리더십

1980년대 이후는 앞에서 설명한 리더십의 특성이론, 행동이론, 상황이론을 종합적으로 고려하며서 리더가 가진 특성의 의미를 재해석하기도 하고 리더의 행동과 리더십을 발휘하는 상황과 통합하고자 하는 시도들이 나타났다. 또한 카리스마 리더십, 변혁적 리더십, 수퍼 리더십, 셀프 리더십, 임파워먼트 등 새로운 개념의 리더십 이론이 등장하였다. 다음은 카리스마 리더십과 변혁적 리더십에 관하여 간략하게 소개한다.

① 카리스마 리더십

카리스마(Charisma)는 "재능", "신의 축복"을 뜻하는 그리스어의 Khárisma로부터 유래한 어휘로서 '다른 사람을 매료시키고 영향을 끼치는 능력'을 가리킨다. 오늘날의 카리스마적 리더는 개인적 자질 또는 상황 등 어느 하나의 요소에 의해 출현하는 것이 아니라 리더와 구성원의 상호작용에 의해 발생한다는 것이다. 즉 리더의 인격뿐만 아니라 상황적 맥락에 따라 영향을 받는 조직 구성원이 리더를 카리스마적이라고 인정할 때 카리스마적 리더가 출현한다는 것으로 리더와 구성원 사이의 관계의 결과라는 것이다. 또한 카리스마적 리더는 비카리스마적 리더에 비해 자신의 이상이나 가치를 실현하기 위하여 기존의 질서와 틀을 변화시키려 하고 주위 환경요소들과 협조와 조화보다는 새로운 변혁을 이루기 위해 관계를 주도하려는 속성을 가지고 있다(Conger & Kanungo, 1998). 카리스마적 리더십이 나타나기 위해서는 [표 4-1]과 같은 리더 및 구성원(추종자, follower)의 특성과 상황이 중요하다고 알려져 있다.

[표 4-1] 카리스마 리더십의 리더, 구성원 및 상황적 특성

리더	구성원	상황
• 구성원에게 비전을 제시한다. • 비전을 전달할 수 있는 능력을 가지고 있다. • 구성원의 신뢰를 얻는다. • 개인적인 매력을 가지고 있다. • 눈을 맞추거나 몸짓, 억양, 표정 등 비언어적으로 자신의 감정을 표현한다.	• 리더에 대한 애정이 강하다. • 리더의 신념을 자신의 것으로 동일시한다. • 리더의 권위에 순종한다. • 리더의 비전에 따를 때 자신이 원하는 것을 얻을 것이라는 높은 기대를 나타낸다. • 리더의 개인적인 매력에 정신적으로 몰입된다.	• 현 상황에 불만이 많거나 어려운 상황에 처해 위기의식을 느낄 때 카리스마적 리더를 원한다. • 업무처리를 함에 있어 소속집단 구성원 간 상호의존도가 높을 경우 그 집단의 리더는 카리스마적 리더가 될 가능성이 높다.

출처: Conger J.A. & Kanungo R.N. (1998)

Conger와 Kanungo(1998)에 의하면 카리스마적 리더가 가진 행동적 특징은 다음과 같이 요약될 수 있다.

▶ **현재 상황 부정 및 미래 비전 제시**

비카리스마적 리더는 본질적으로 현재 상황(status quo)에 동의하며 유지하려고 노력하며 현 상황과 그다지 다르지 않은 목표를 세우는 데 비해, 카리스마적 리더는 본질적으로 현재 상황을 반대하며 변화시키려고 노력하며 이상적인 비전을 제시한다.

▶ **정확한 상황 판단**

카리스마적 리더는 조직을 둘러싸고 있는 상황을 정확히 평가하고 비전을 성취함으로써 구성원으로부터 카리스마적 리더로 인정받는다.

▶ **기존 관념에 얽매이지 않는 행위**

카리스마적 리더는 이상적 목표 달성을 위해 전통적인 기존 규범에 얽매이지 않고 오히려 타파하려고 함으로써 구성원으로 하여금 리더가 높은 수준의 전문성을 갖추고 있다고 느끼도록 한다.

▶ **분명한 표현과 전달**

카리스마적 리더는 자신이 제시한 미래의 비전이 가장 매력적이고 달성 가능한 대안이라는 것을 언어와 전문지식, 행위로써 분명하게 전달한다. 또한 카리스마적 리더는 자신의 관점을 구성원과 공유함으로써 구성원이 리더를 인정하고 모방 가치가 있는 존경스런 영웅으로 인정하게 한다.

▶ **개인적 권력의 이용**

비카리스마적 리더가 직위에서 부여받은 권력과 개인적 권력(보상, 전문성, 친구 정도의 선호에 기반을 둠)을 활용하는 데 비하여 카리스마적 리더는 개인적 권력(전문성, 존경, 유일한 영웅을 향한 찬양에 기반을 둠)을 활용한다.

② 변혁적 리더십(transformational leadership)

급변하는 기업환경의 변화 속에서 기업은 생존을 위해서 구성원의 적극적 참여와 조직을 향한 강한 일체감 및 성과 달성을 위한 동기 유발이 가능한 새로운 리더십이 요구되었다. 이에 번스(J. M. Burns, 1978)가 기존의 모든 리더십을 거래적 리더십(transactional leadership)으로 규정하면서 "리더와 구성원은 서로가 더 높은 수준의 도덕성과 동기로 진보하도록 해야 한다."는 변혁적 리더십을 제안하였다.

거래적 리더란 리더가 구성원에게 리더가 원하는 결과가 무엇인지 주지시키고 결과에 따른 보상을 명확히 보여주는 것이 특징이며 리더가 원하는 결과를 구성원이 원하는 보상과 거래하는 리더이다. 이와 달리 변혁적 리더란 구성원에게 장기적 비전의 제시와 성취 자신감을 고취하고 구성원의 조직에 대한 몰입을 강조하며 비전 달성을 위해 함께 매진할 것을 호소하는 리더이다. 이를 위해서는 구성원 전체의 가치관과 태도가 변화되지 않으면 안 되며, 전 구성원의 변혁의지를 통해서만 미래의 비전을 공유하고 달성할 수 있으며 리더적 자질로서 높은 수준의 신뢰와 존경을 구성원에게서 이끌어 낼 수 있다.

변혁적 리더십은 바스(Bass, 1985)에 의해 널리 발전하였다. 바스는 변혁적 리더는 자신이 가지고 있는 카리스마적인 특성과 구성원 개개인에 대한 개별적 관심, 그리고 구성원에 대한 끊임없는 지적 자극과 격려를 통해서 구성원의 의식과 가치관, 태도의 혁신을 추구하는 리더라고 하였다. 그리고 거래적 리더와 달리 개인적인 이해관계와 감정에 의존하는 것이 아니라 분명한 가치로서 구성원을 설득한다고 하였다.

[표 4-2]는 바스가 제시한 변혁적 리더와 거래적 리더의 특성이다. 변혁적 리더는 비전, 사명감, 긍지, 존경, 신뢰 등의 속성으로 대표되는 카리스마를 가지고 있으며 영감을 발휘하여 구성원을 높은 기대수준으로 끌어올리고자 다양한 노력을 기울인다. 또한 구성원을 지적으로 자극함으로써 지능과 합리성을 높이고 문제해결능력을 고취하고자 한다. 끝으로 변혁적 리더는 종업원 개개인에 대한 관심이 높고 코칭하고 조언하며 개별적으로 대우하고자 노력한다. 반면에 거래적 리더는 성공에 대하여 보상을 제시하며 종업원이 기준에서 이탈하는지에 관하여 적극적 또는 소극적으로 대처하며 리더로서의 책임이나 의사결정을 거부하는 자유방임적 태도를 취하기도 한다.

종합적으로 볼 때, 좋은 리더란 먼저 변혁적 리더십을 체계적이고 적극적으로 발휘하여야 하며 이와 더불어 구성원에게 적절한 목표와 보상을 주는 거래적 리더십을 적절하게 사용할 줄 알아야 할 것이다.

[표 4-2] 변혁적 리더와 거래적 리더의 특성

변혁적 리더	
카리스마	• 비전과 사명감 제공 • 긍지를 불어넣음 • 존경과 신뢰를 얻음
영감	• 높은 기대수준으로 소통 • 노력을 집중할 수 있는 상징물 활용 • 간단한 방법으로 중요한 목적 표현
지적 자극	• 지능, 합리성, 신중한 문제해결력을 촉진함
개별적 배려	• 개인적 관심 표현 • 각 종업원을 개별적으로 대우 • 코칭 • 조언
거래적 리더	
성공보상	• 노력에 대한 보상 거래 체결 • 좋은 성과에 대한 보상 약속 • 업적 인정
예외 관리(적극적)	• 규칙과 기준에서 이탈하는지 살피고 조사 • 행동 수정
예외 관리(소극적)	• 기준을 만족하지 못할 때에만 간섭
자유방임주의 (laissez-faire)	• 책임 거부 • 의사결정 거부

출처: Bass, B.M.(1990)

쉬어가는 페이지

리더의 유형을 업무지향적 리더와 관계지향적 리더의 조합으로 설명하여 업무지향적인 성향과 관계지향적 성향이 모두 높은 리더를 최상의 리더로 주장하는 이론이 있으나 이는 그저 학자의 담론이고 실제 현실에서는 다음의 리더 유형이 많이 회자되고 있다. 여기서 머리가 좋다는 것은 법과 상식에 기초한 사고를 전제로 하는 것임을 미리 강조한다.

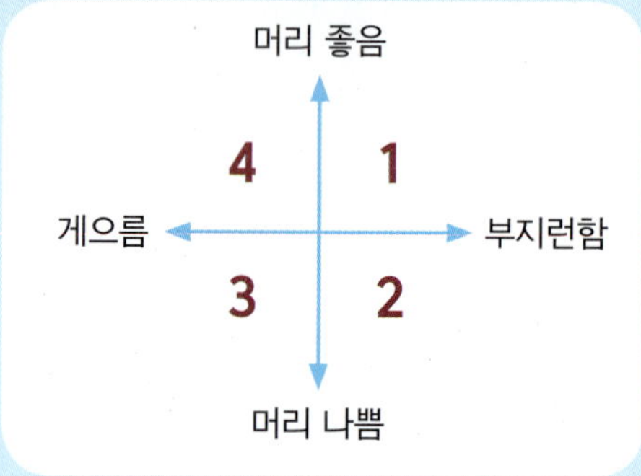

위의 네 가지 타입 중 어떤 리더가 최상의 리더인가?

우리 사회에서 흔히 얘기하는 바로는 **4번 리더**, 즉 머리 좋고 게으른 리더이다. 상황판단이 빠르고 정확하니 스탭들이 일하기가 쉽고, 일일이 챙기지 않으니 자율적으로 창의성을 발휘할 여건을 제공한다. 물론 잘못 가고 있는 것은 정확히 지적함으로써 수정할 수 있도록 한다.

2번 리더는 최악의 리더다. 즉 머리가 나쁘고 부지런한 리더다. 리더가 상황판단을 제대로 못해서 잘못된 방향을 제시하고 지시사항도 수시로 바뀌는데, 그것도 모자라 쉴 새 없이 돌아다니면서 업무를 체크한다면 스탭은 덩달아 우왕좌왕하고 숨 쉴 여지가 없을 것이다.

1번 리더는 머리 좋고 부지런한 리더이다. 물론 좋은 점도 있지만 스탭이 리더의 생각을 좇아가기 바쁘므로 창의적 업무를 진행하기는 어렵다. 또한, 깨알같이 지시하고 확인하니 리더의 템포에 맞춰서 죽도록 일해야 하는 상황이 종종 벌어질 것이다.

3번 리더는 머리 나쁘고 게으른 리더이다. 이러한 리더가 덕이 높으면 스탭이 적극적이고 창의적으로 일하려 들 것이고, 덕이 없으면 소위 사고를 낼 것이니, 믿을 수 있는 측근을 인근에 두어야 하는 리더라 할 수 있다.

4) 리더십 실천 사례

다음은 모 제빵업체에서 HACCP 팀장을 하는 어느 영양사와의 면담을 통해 그녀의 리더십과 그 실천 전략에 대해 나눈 대화의 일부이다. HACCP은 업무를 보다 체계적으로 할 수 있도록 도와주는 도구이며 모든 업무 중 모니터링이 가장 어렵다고 얘기하고 있다.

〈HACCP 팀장 인터뷰〉

- **팀장님은 HACCP 업무를 몇 년이나 하셨나요?**

김치공장에서 2년, 빵공장에서 1년, 총 3년을 했습니다.

- **혹시 영양사로서 근무하며 HACCP을 적용해 본 적이 있나요?**

병원과 병원영양사로 일한 적이 있지만, 정식으로 HACCP 적용을 안할 때이고 저 역시 HACCP이 익숙치 못해서 그냥 그곳의 업무방식을 따랐어요. 만약 지금 그 일을 한다면 HACCP 방식을 적용해 좀 더 체계적으로 할 것 같아요.

- **팀장님은 HACCP이 결국 무엇이라고 생각하세요?**

어차피 해야 할 일을 체계적으로 하는 것이지요. 처음엔 어렵게 보여도 HACCP 방식이 결국 우리가 해야 할 일의 길잡이 같아요.

- **HACCP을 해 보니 무엇이 가장 중요한가요?**

직원들하고 소통하는 것이지요. 결국 실천은 전 직원이 해야 하니까요. 그래서 직원들 눈높이에서 설명하고 코치하는 일이 중요하고 또 어려워요.

- **HACCP 업무 중 가장 어려운 일은 무엇이죠?**

모니터링이 아닐까 해요. 청소나 개인 위생 등은 금방 눈에 띄고, 또 직원들도 깨끗하면 좋으니까 잘 따라하는 편이죠. 그런데 모니터링은 사실 편차를 벗어나는 일이 거의 없으니 자칫하면 등한시할 수 있죠. 그래서 모니터링의 중요성을 강조하는 일이 어려워요.

[그림 4-4]는 앞서 인터뷰한 HACCP 팀장의 일과를 보여 주는데 사진에서 무엇이 보이는지 토론해 보자.

<table>
<tr><td colspan="2"></td><td>HACCP 팀장이 작업자들에게 작업할 제빵 공정에 대하여 각각 주간 업무 및 일일 업무로 나누어 설명하고 작업자는 궁금한 점을 질문하고 있다. 특히 유의할 사항을 강조하고 있다.</td><td>P</td></tr>
<tr><td></td><td></td><td>작업자가 반죽 공정을 마친 후 작업 일지에 기록하고 있으며(좌), 오븐에서 구워진 빵을 대차에 차곡차곡 싣고 있다. HACCP 팀장은 작업자의 업무 수행 방법을 감독하고 있다(우).</td><td>D</td></tr>
<tr><td></td><td></td><td>HACCP 팀장이 제빵 공정 중 굽기 공정이 제대로 되고 있는지 확인하고 있으며 온도 세팅 버튼을 체크하고 있다(좌). 또 발효실의 온도가 정상적인지 확인하기 위하여 적외선온도측정기를 이용하여 발효실 내부 온도를 체크하고 있다(우).</td><td>C</td></tr>
<tr><td colspan="2"></td><td>HACCP 팀장이 종업원을 대상으로 일일위생점검과 CCP 모니터링 결과 문제점과 그 이유 및 개선방법을 설명하고 있다. 또한 개선조치에 대한 종업원의 질문을 듣고 답하고 있다.</td><td>A</td></tr>
</table>

[그림 4-4] A제빵회사 HACCP 팀장의 일일업무

▶▶ 만약 위 사진 속에서 PDCA 사이클이 보인다면 리더십의 기본이 체계적 관리에 있음을 잘 이해하였다고 본다. 그녀가 실제 하고 있는 일의 특성을 한마디로 요약하면 "체계적 관리"이며 그 속에서 HACCP 팀장의 권위가 나오고 경영진과 종업원의 신뢰를 끌어낼 수 있는 것이다.

2. 체계적 관리 방법

앞에서 살펴본 리더십에 관한 이론, 성공적인 리더의 유형 및 리더십 실천 사례에서 공통적으로 나타난 것은 리더십의 근본은 조직 구성원을 체계적으로 관리해야 한다는 것이다. 다음은 체계적 관리 방법에 대하여 구체적으로 알아보자.

1) 계획(Plan)

(1) 계획의 작성

계획은 크게 두 가지 분야로 구분할 수 있다. 첫째, 앞으로 할 일을 미리 구상하는 것으로 육하원칙(5W1H)에 의해 생각하고 문서화한다. 둘째, 특정 업무에 대한 수행 계획을 작성한 후 그 업무를 어떻게 수행하는지에 대한 공식적이거나 정형화된 업무수행 방법인 절차를 작성한다. 모든 업무의 절차는 PDCA라는 과정을 거치므로 각 절차는 PDCA의 시작인 계획으로 시작된다. 계획은 육하원칙으로 작성하고 이 중 "어떻게"에 해당되는 내용을 자세히 언급하는 것이 구체적 절차가 된다. 따라서 계획과 절차는 별개의 것으로 설명하기보다는 한 몸으로 이해하면서 상황에 맞게 설명되는 것이 타당하다.

계획에 관한 문서(예: HACCP 관리기준서, 선행요건프로그램 관리기준서)는 계획과 절차로 구성된다. 만약 HACCP 심사원이 HACCP 수행 당사자에게 어떤 일을 어떻게 할 것인가 묻는다면 "계획에 의해 한다."고 하면 답이 된다. [표 4-3]에 몇 가지 예시를 제시하였다.

[표 4-3] HACCP 실천에서 계획의 중요성

HACCP 심사원의 질문	HACCP 팀장 또는 팀원의 답변
교육·훈련을 어떻게 합니까?	교육·훈련 계획에 의해서 합니다.
검·교정을 어떻게 합니까?	검·교정 계획에 의해서 합니다.
검사를 어떻게 합니까?	검사 계획에 의해서 합니다.
검증을 어떻게 합니다?	검증 계획에 의해서 합니다.
청소 및 소독을 어떻게 합니까?	청소 및 소독 계획에 의해서 합니다.

(2) 계획의 종류

계획은 그 실행 기간에 따라 크게 장기계획과 단기계획으로 나누어 작성할 수 있다. 물론 중기 또는 중장기계획을 포함하여 좀 더 세분화하기도 한다. 국가의 계획이라면 10년 후의 일을 구상한 장기계획, 3~5년 후의 일을 구상한 중기계획 그리고 내년의 업무에 대한 단기계획을 작성할 수 있을 것이다. HACCP 업무의 경우 연간계획, 월간계획 혹은 특정 프로젝트를 위한 세부계획을 작성할 수 있다. 이때 장기계획일수록 그 계획은 모호할 것이고 단기계획이나 세부계획일수록 구체적이고 세부적인 내용들로 채워진다. [그림 4-5] 및 [그림 4-6]은 각각 HACCP 업무 교육 훈련에 관한 연간 교육·훈련계획, 월간 교육·훈련계획을 예시로 제시하였다.

2017년 연간 교육·훈련 계획서	결제	작성	승인

작성일	2017년 월 일	작성자	

구분	대상	교육내용	1월	2월	3월	4월	5월	6월	7월	8월	9월	10월	11월	12월
의무교육	대표	HACCP 최고 경영자(영업자) 과정				○								
	팀장	HACCP 팀장과정		○										
	탐원	HACCP 팀원과정							○					
	대표	위생교육			○									
사내위생/HACCP 교육	HACCP 팀원	HACCP 이해	○						○					
	종업원	위해요소				○					○			
		HACCP 7원칙 12절차		○						○				
		주요 세균성 식중독균			○			○						
		작업장 출입절차					○				○			
		손씻기 방법		○			○				○			
		작업장 복장착용 방법		○			○				○			
		작업장 청소 및 소독 방법			○				○			○		
		작업 중 관리 방법		○						○			○	
		종사자 준수사항		○	○	○								○
		이물관리			○						○			
		보관관리 방법						○					○	
		신입사원 교육: 입사 후 10일 이내 위생 절차 교육(세척/소독 방법 등)	○	○	○									
	모니터링 담당자	한계 기준, 모니터링 방법, 개선조치 방법 * 모니터링 담당자 변경 시 즉시 교육		○		○								
신입사원		기초 위생 교육	출근 시 교육 및 현장 투입											
		HACCP 전반 교육	현장 투입 후 15일 이내											
강사기준		내부: HACCP 팀장 교육 이수 및 입사 1년 이상인 자 외부: HACCP 팀장 교육 이수 및 HACCP 전문 기관 근무자												

[그림 4-5] A김치공장 연간 교육훈련계획표 예시

20 년 월 교육 계획

검토	관리 팀장	HACCP 팀장

작성자:

구분	교육 예상 일지	시간	교육내용	세부내용	대상	강사	비고	식사 여부 (O, X)
HACCP 교육	02.02	1시간	HACCP 7원칙 12절차	준비 5단계 적용 7단계	전 종업원	HACCP 팀장		
HACCP 교육	02.02	1시간	손씻기 방법 복장착용 방법	손세척 방법 손세척 시기 손세척 중요성 복장착용 기준 구역별 복장착용 방법	전 종업원	HACCP 팀장		
HACCP 교육	02.15	1시간	작업중 관리 방법	작업 중 복장 관리 방법 작업 중 작업도구 관리 방법 작업 중 위생 관리 방법	전 종업원	HACCP 팀장		
위생 교육	02.20	1시간	모니터링 방법	CCP 한계기준 이해 모니터링 방법, 시기 모니터링 일지 작성 방법 이탈 시 개선조치 방법	모니터링 담당자	HACCP 팀장		

[그림 4-6] A김치공장 월간 교육훈련 계획표 예시

다음은 특정 업무를 수행하는 계획을 작성하고 나서 그 업무를 어떻게 수행하는지에 대한 공식적이거나 정형화된 업무수행 방법인 절차를 작성한다. 예를 들면 교육·훈련의 절차 또는 검증 절차에 관한 문서를 작성하는 것으로 육하원칙의 "how"를 "how to"로 발전하는 것이다. 쉽게 말해서 어떤 조직의 특정 업무는 조직원 중 누가 수행하더라도 같은 방식으로 이루어져야 한다. 가령, 행정기관에서 민원인의 요구사항을 처리하는 방식이 방문 때마다 달라지고 처리하는 직원마다 다르다면 불편과 혼란을 초래할 수 있듯이 식품공정을 관리하는 방법이 개인에 따라 다르다면 그 제품은 실패할 확률이 매우 높아질 것이다. 따라서 공식화되거나 정형화된 방식으로 절차가 작성되어야만 누가 실행하더라도 원하는 같은 결과를 얻을 수 있게 된다. 다음은 HACCP 업무를 위해 보편적으로 작성하는 계획과 절차의 종류를 제시하였다.

- 교육·훈련 계획과 절차
- 검·교정 계획과 절차
- 검사 계획과 절차
- 검증 계획과 절차
- 청소 및 소독 계획과 절차

(3) 절차의 작성 방법

절차를 작성하기 위해서는 절차를 요구하는 특정 업무를 식별해야 한다. 가령 식품안전관리인증기준에 나타나 있는 관리의 대상들이 그 특정 업무에 해당되는 것이다.

특정 업무를 식별한 후에는 해당 업무에 대한 기준을 식별해야 한다. 기준이란 말 그대로 '식품안전관리인증기준'에 제시되어 있는 개별요건에 '무엇을 해야 한다', '하지 말아야 한다'는 내용이 기준이 된다. 어떤 경우에는 기준을 '요건'이라고 하는데 기준이든 요건이든 어떤 업무 수행에 있어 적합과 부적합을 가르는 범주이다. 절차는 이 기준에 부합하게 현재의 작업장에서 작업자가 '수행하고 있는 것' 혹은 '수행하여야 할 것'을 육하원칙에 의해 작성하면 된다.

다음은 ○○단체급식소에서 조리공정의 공식적 업무 방법인 조리 절차에 관한 예시이다.

OO 단체급식

〈조리 절차〉

1. 영양사는 평일 제공할 메뉴에 대한 작업지시를 할 때 해당 메뉴의 레시피(작업지시서)를 제공하여야 한다.
2. 조리실장은 레시피를 검토한 후 필요시 해당 작업자에게 지시 및 교육하여야 한다.
3. 만약 레시피에 의한 조리에 문제가 있다면 조리실장은 영양사와 상의하여야 한다.
4. 조리실장은 조리원이 레시피를 준수하는지 확인하여야 한다.

2) 실시(Do)

실시의 핵심은 교육 · 훈련(training), 즉 반복 및 숙달이다. 충분히 교육 · 훈련이 된 종업원은 일일업무 지시를 간단히 해도 잘 이행할 수 있다. 교육 · 훈련이 되지 않은 종업원은 업무 때 구구절절 설명을 하고 일일이 확인해야 할 것이다. 물론 지시는 명확하고 세부적으로 하고 구두로 하기보다는 문서(메모 포함)로 하는 것이 정확하다. 가령, 도시락 업체에서 작업자에게 A Type 도시락 500개, B Type 도시락 300개를 준비하라고 구두로 지시하면 조리사는 도중에 헷갈려서 A Type 800개만 기억하고, 포장반에서는 B Type 포장용기를 300개만 준비하는 일이 발생할 수 있다. 또한, 도시락을 제공받을 고객이 나이가 많은 노인들이므로 염분을 감소하라는 구체적인 요구가 무시되고 평소대로 조리를 하는 실수도 발생할 수 있다. 따라서 지시는 명확하고 세부적이며 문서를 포함한 지시가 바람직하며 지시의 맨 마지막에는 질문을 받음으로써 종업원의 의문이 없도록 해야 한다.

3) 확인(Check)

확인 또는 점검이 모두 같은 용어이다. 식품제조가공 공정이 이루어지는 현장을 오래 경험해 본 사람에 의하면 관리자가 종업원에게 지시만 하고 확인하지 않는다면 그 일의 10%만 실시한 것에 불과하다. 관리자 월급의 10%는 지시한 몫이고, 90%는 확인 혹은 점검하고 개선조치한 몫이라고 한다. 확인과 관련하여 기억할 점은 관리자가 지시한 업무를 확인하고 점검하는 것은 그 업무를 수행하는 종업원을 못 믿어서가 아니라 오히려 그 종업원을 신뢰하기 위함이고, 또는 종업원이 일을 바르게 하고 있다는 것을 보장하기 위해서라는 것이다. 한편, 지시받고 업무를 수행하는 종업원의 입장에서도 감독자 혹은 관리자가 적절히 자신이 하고 있는 일이 바른 방법이라는 것을 확인 혹은 점검해 줄 때 자신의 일이 가치 있는 것이라는 인식을 가지게 된다. 이것이 상호소통하고 신뢰를 쌓아가는 과정인 셈이다.

4) 개선(Act)

확인 혹은 점검의 목적은 개선이다. 이 세상에 100% 완벽한 사람도 무결점의 업무 수행도 없기 때문이다. 만약 어떤 감독자가 공정 점검과 위생 점검을 한 결과, 모든 항목을 만족 또는 양호한 것으로 평가하였다면 심사원으로서의 자질이 충분치 못하거나 해당 업무에 관심이 없다는 말과 다를 바 없으므로 세심히 관찰한다면 보완할 사항을 발견하게 될 것이다. 개선을 위해 지적해야 하는 경우, 주의할 점은 사람은 누구나 자존심을 중히 여기므로 상대방을 배려하는 예의가 언행에 배어 있어야 한다. 개선조치의 자세한 사항은 제5절에서 살펴보기로 한다.

3. 권한이양(Empowerment)

HACCP의 적용은 TQM(Total Quality Management, 종합적 품질경영)의 개념에 부합한 식품안전성을 위한 생산 관리기법이다. TQM은 고객 중심, 공정 개선, 전사적 참여의 세 가지 원칙하에 지속적인 품질개선을 달성하고자 하는 경영전략이다([그림 4-7] 참조). 세상 모든 일이 그러하듯 성공적인 기업 경영활동을 위해서는 종업원이 자기 일을 잘하는 것이다. 그러기 위해서는 프로세스 관리와 종업원의 교육 · 훈련이 요구되며, 각자가 자기 일을 잘해냄으로써 종업원 상호 간, 종업원과 관리자 그리고 경영진 간의 신뢰가 형성되는 것이다. 신뢰가 형성되면 경영진은 관리자를 믿고, 관리자는 종업원을 믿을 수 있으니 자연스럽게 권한이양(Empowerment)이 이루어질 수밖에 없다. 권한이 이양된 조직에서는 종업원의 사기와 군기가 충만하니 자연히 종업원이 "고객만족"이라는 전투의 최전방에 서게 되고, 경영진은 종업원이 이 전투에서 이길 수 있도록 도와주는 역할을 하게 된다. 바로 기존의 조직 체계가 "Top-down"으로 바뀌는 것으로서 TQM이 탄생하며 이러한 대변화에는 권한이양이라고 하는 중요한 과정을 거치게 된다는 것을 알아야 한다([그림 4-8] 참조). 군대 용어인 군기와 사기를 경영에 적용한다면 다음과 같이 정의할 수 있을 것이다.

쉬어가는 페이지

군대는 트레이닝(훈련, training)의 좋은 예로서 언급할 수 있다. 군의 생명(生命)은 군기와 사기인데 군기는 규정을 준수하고 명령에 복종하는 것이고, 사기는 싸워서 이길 수 있다는 자신감을 말한다. 그런데 군기와 사기를 각각으로 보지 않는다. 그 이유는 트레이닝을 통해 규정을 준수하게 만들고 또한 싸워서 이길 수 있다는 자신감도 고취시킬 수 있기 때문이다. 전투하는 조직인 군대와 프로선수는 트레이닝이 시합의 승패를 가르는 요인은 아니지만, 트레이닝 없이 이길 수 없다는 것을 너무나 잘 알고 있다. 흔히 하는 말로 근성 있는 선수는 트레이닝을 열심히 하는 선수이며, 근성은 대성하고자 하는 프로에게 가장 요구되는 덕목이다.

이처럼 군기와 사기는 트레이닝을 통해서 형성되고 지휘관과 부대원의 신뢰를 기반으로 발전한다. 따라서 군기와 사기는 분리된 개념이 아니라 상세히 보면 조직문화라고 할 수 있다. 군대 용어인 '군기'와 '사기'를 경영에 적용한다면 다음과 같이 정의할 수 있다.

- 군기: 프로세스 관리를 위한 절차와 업무 방법을 숙달하여 실패하지 않을 자신감
- 사기: 고객을 만족시킬 수 있는 최고 품질의 제품을 만들 수 있다는 자신감

출처: 해군장교 출신 HACCP 전문가 인터뷰

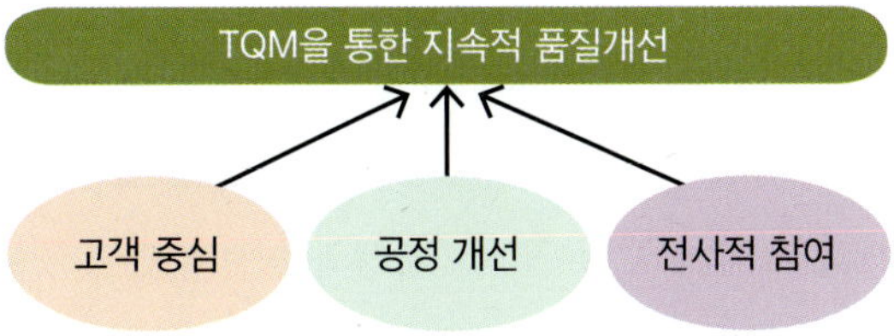

[그림 4-7] TQM의 3대 중심요소

출처: 권영식 외(2017)

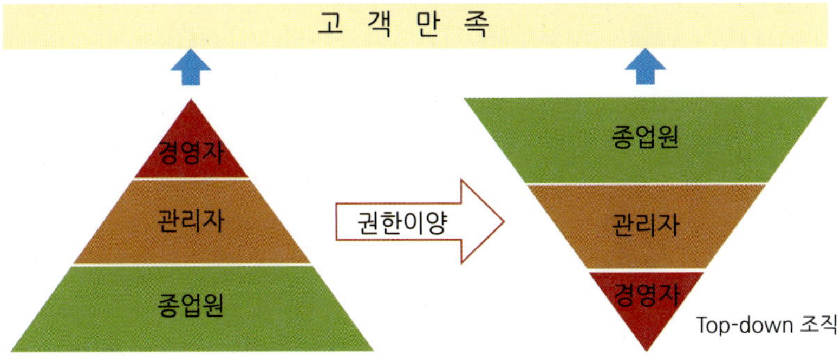

[그림 4-8] 권한이양을 통한 TQM의 실현

출처: 김광수(2003, 2013)

쉬어가는 페이지

TQM의 탄생 배경

1980년대는 일본의 제품이 세계를 석권하던 시절이었다. 미국인들이 미국 자동차를 외면하고 일제차를 선택하는 분위기 속에 미국의 경영자 집단은 일본 제품의 품질에 위협을 느꼈을 것임은 충분히 짐작할 수 있다. 미국의 한 방송이 일본 기업을 탐방하는 특집방송을 하였는데 이를 본 미국의 기업인들은 다시 한번 크게 놀랄 수밖에 없었다. 그 이유는 일본 제품의 비결은 미국인 데밍 박사의 가르침을 최고 경영자를 포함한 모든 일본의 경영진이 실천한 결과라는 것에 있었다. 당시 미국은 경영진은 대정부 관계, 주가 관리 등에 관심을 갖고, 품질 따위는 중간 관리자나 실무자의 업무로 치부하였던 것이다. 그런데 일본은 품질이 곧 경영전략이었고 최고 경영자의 관심사항이며, 나아가 조직의 모든 부서가 품질을 중심으로 작동되고 있었으며 그 결과 일본 제품의 세계 석권이라는 대성과를 이루었던 것이다. 즉 품질경영 활동의 결과로 이루어낸 일본 기업의 성과는 미국의 경영자들에게 커다란 충격을 안겨 주었고, 이것이 계기가 되어 미국의 경영자도 일본을 벤치마킹하였으며, 종합적 품질경영(TQM)이라는 개념이 탄생하게 된 것이다.

* TQM에 관한 ○○대학 경영학과 교수 강연 내용의 일부(2016)

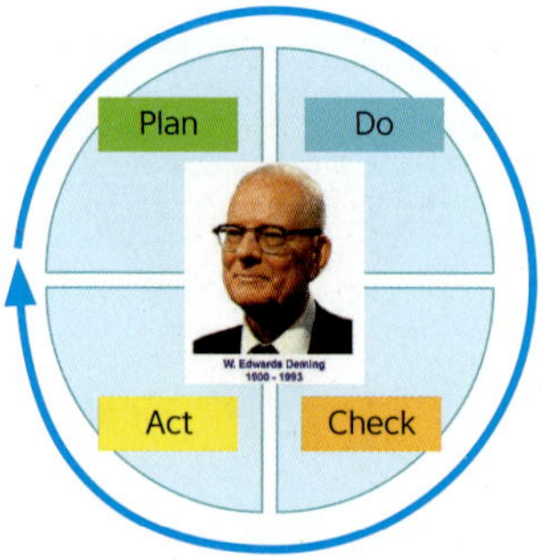

데밍 사이클(PDCA)은 지속적인 개선과 학습을 위한 'Plan-Do-Check-Act'라고 하는 반복적인 4단계의 논리적인 과정으로 이루어진 품질개선 방법이다.

출처: http://ssacstat.com/

KEY POINT

- 관리는 사람에게 일을 시키는 기술이고, 리더십이 필요하며 그 기술은 체계적으로 관리하는 것을 바탕으로 한다.
- 체계적 관리는 'Plan-Do-Check-Act' 사이클에 의해 업무를 수행하는 것이며, HACCP 관리자는 PDCA 사이클의 유용함을 잘 알아야 한다.
- 계획은 장차 진행할 업무를 육하원칙에 의해 문서화한 것이다.
- 육하원칙을 활용하면 계획의 작성을 쉽고 체계적으로 할 수 있다.
- 절차는 계획 단계에서 식별된 각 업무에 대한 공식적이고 정형화된 업무 수행 방법이 PDCA 과정을 거치도록 작성한다.
- 체계적 관리가 상호신뢰를 형성하여 권한이양(Empowerment)을 가능하게 한다. 권한이양이 되지 않으면 관리자는 동일 업무를 벗어나지 못하므로 더 나은 발전을 기대하기 어렵다.

제 2 절 동기 부여

리더의 리더십은 종업원의 동기 부여를 위해 가장 요구되는 자질이다. 종업원의 동기 부여는 성공적인 리더십의 목적이자 결과이므로 리더십과 동기 부여는 밀접하게 연관되어 있는 개념이다. 이 절에서는 동기 부여에 관하여 중요하게 거론되는 이론들을 살펴보겠다.

1. 욕구 5단계 이론

욕구 5단계 이론은 임상심리학자 매슬로우(A.H. Maslow)가 1943년에 발표한 이론으로서 경영학 분야에서 가장 널리 활용되며 또한 반론이 거의 없는 아주 좋은 모델이다. [그림 4-9]에 나타낸 바와 같이 사람은 1단계가 충족되면 2단계에 대한 욕구가 생기고 그리하여 5단계까지 욕구가 올라간다는 것이다.

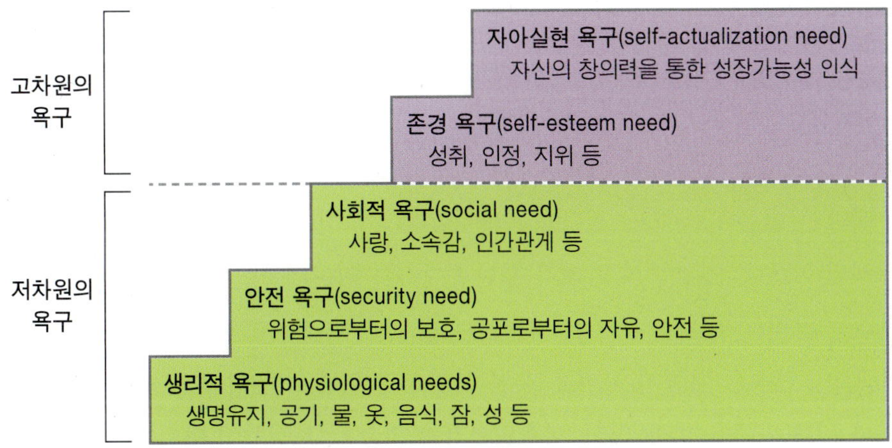

[그림 4-9] 매슬로우의 욕구 5단계

출처: 양일선 외(2013)

쉬어가는 페이지

우중충한 환경에서 기계의 부속 같이 같은 동작을 되풀이하던 식품 공장 종업원이 공장 환경과 종업원에 대한 처우가 개선되고, 자신 또한 업무 행동과 태도를 바꾸고 스스로 공정 관리자의 일부가 되어 참여하는가 하면 거기에 더하여 스스로 제품을 더욱 위생적으로 취급하는 과정에서, 자신이 생산하는 제품에 대한 인식 자체에 대 변화가 생기게 되었다. 이전에는 내 아이들에게 먹이지 않겠다고 선을 그었던 우리 회사 제품을 이제는 자신 있게 내 아이들에게 먹이겠다고 한다면 이 종업원의 욕구는 매슬로우의 5단계 중 어느 단계까지 충족이 되었다고 보아야 할까? 아마도 저차원의 욕구인 3단계는 이미 넘어서 고차원의 욕구 단계에 있다고 볼 수 있다.

* HACCP 인증받은 ○○농산의 경력 10년차 종업원 인터뷰

2. 이요인 이론

이요인 이론(Two-Factor Theory)은 심리학가 허즈버그(F. Herzberg)에 의해 제시된 이론이다. 만족의 반대가 불만족이라는 기존의 학설을 수정하여 "만족의 반대는 만족하지 않는 것이다."라는 결론을 제시하였다. [그림 4-10]에 나타낸 바와 같이, 만족요인(동기 부여요인)과 불만요인(위생요인)이 각각 존재하며 종업원이 직무 만족을 함에 있어 만족요인과 불만요인의 영향이 다르게 나타난다고 하였다. 동기요인은 직무에 대한 동기를 부여하기 위해 직무에 대한 만족을 증가시키는 요인을 말하고, 위생요인은 불만족을 감소시킬 수 있는 요인이다. 즉, 불만요인을 아무리 개선한다고 하더라도 직무 만족을 가져오지 못하며 만족요인은

충족되면 될수록 직무에 대한 만족도가 증가한다는 것이다. 이를 식품 산업체에 적용해 본다면 동기요인은 환경의 개선, 업무의 정형화, 식품의 위생적 취급과 안정성 중시 등이 종업원의 직무만족을 높여 동기유발을 할 수 있는 요인들일 것이고, 적절한 휴식환경과 좋은 식사, 출퇴근 시 차량지원, 깨끗한 화장실 등이 위생요인, 즉 불만족을 감소시킬 수 있는 요인이 될 것이다. HACCP이 업무의 재설계를 통해 직무만족을 높이는 동기요인이 될 수도 있고, 위생요인을 향상시켜 종업원의 직무 불만족을 감소시킬 수도 있다. 기업이 HACCP이라는 투자를 결정함에 있어 허즈버그의 이요인 이론을 적용하여 직무만족도는 높이고 직무 불만족을 감소시킴으로써 종합적인 직무 만족을 향상시킬 수 있는 기업문화를 만드는 것 역시 경영자의 역량일 것이다.

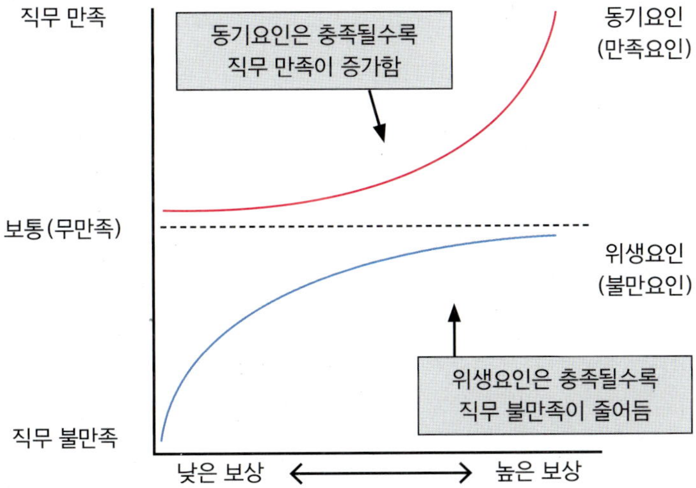

[그림 4-10] 허즈버그의 이요인 이론

출처: 양일선 외(2013), 내용 일부 편집

3. XY 이론

XY 이론을 제시한 맥그리거(D. McGregor) 역시 심리학자이다. 역사적으로 볼 때, 생산 관리의 초기 단계에서는 주로 동작 연구 등 종업원의 노동력을 최대화시키는데 집중하였다. 종업원과 기계를 거의 동일한 개념으로 보고 사람은 근본적으로 게으르고 수동적이므로 통제하고 감시하고 처벌해야 된다는 사고가 깔려 있었는데 이것이 X 이론이라고 명명된 것이다. 그런데 생산 관리를 위한 여러 가지 연구들을 거치면서 역시 종업원도 사람이며 사람은 매슬로우의 욕구 5단계처럼 자기 존중과 자아실현을 위해 노력한다는 것을 알게 되면서 X 이론에 대항하여 Y 이론이 나오게 된 것이다. 현대의 경영은 조직원 관리를 Y 이론의 측면에서 접근하므로 권한이양(Empowerment)과 목표관리 등이 강조되고 또한 적극 활용하고 있는 것이다. [표 4-4]에 XY 이론의 특성을 요약하였다.

[표 4-4] 맥그리거 XY 이론의 특성

X 이론		Y 이론	
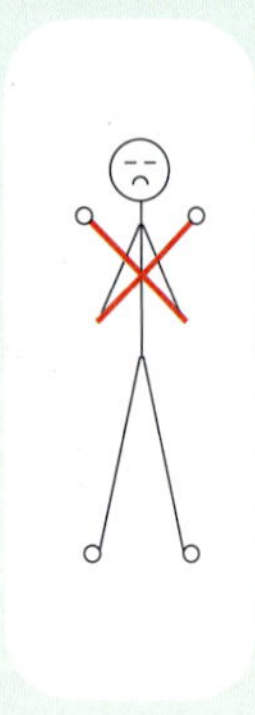	• 철저한 감독이 필요하다. • 가능하다면 일을 피하려고 한다. • 책임지지 않으려고 한다. • 오직 돈 버는 것만 바란다. • 일을 수행하도록 강요해야 한다. • 조직의 문제를 해결할 수 있는 창의력을 갖고 있지 않다.	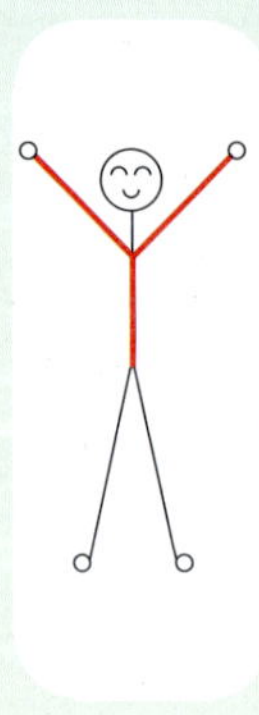	• 독립적으로 일하기를 원한다. • 원래 일하기 좋아한다. • 책임감 있게 일한다. • 자기만족에 의해 스스로 동기를 부여한다. • 자기 지시적으로 일을 수행한다. • 조직의 문제를 해결할 수 있는 창의력을 갖고 있다.

출처: 곽동경 외(2014), 김혜영 외(2011), 양일선 외(2013), 종합적 편집

*XY 이론은 대치되는 이론이 아니고 Y 이론을 적용해야 한다는 주장이다.

4. 인간관계론

호오손 실험이란 생산 관리를 연구하던 초창기에 실험대상 제조업체인 호오손 공장에서 진행된 일련의 실험과 도출된 결론에 관한 것이다. 노동자를 기계와 같이 최대한 효율적으로 다루기 위한 기법에 주로 관심을 기울이던 당시에 교수, 연구원, 박사 등 전문가 팀이 직접 공장에 와서 동작연구를 하여 작업 동선이나 형태도 변경해 보고, 조명도 높이는 등 여러 가지 시도를 해 본 결과 호손 공장의 생산성이 향상되었다. 그런데 그 방법을 다른 업체에 적용한 결과 효과가 저조하자, 심리학자 등이 참여하여 노동자 면접 등을 통해 얻어낸 결론은 작업 능률은 공정개선 등의 물리적 요인보다 관심, 격려, 자존감 고취와 같은 인간적 요인에 의해 더 크게 영향을 받는다는 것이었다. 또한 조직 내에 자생하는 비공식 조직의 역할과 중요성을 확인하는 계기가 되었으며 호오손 실험을 계기로 생산 관리에 심리학자가 참가하고 과학적 관리기법의 한계를 지적하는 이론이 등장하는 계기가 되었다. 결국 칭찬은 고래도 춤추게 한다는 말이 적용되는 것이다.

KEY POINT

- 리더십의 핵심은 동기 부여이다.
- 동기 부여에 관한 이론 중 많이 인용되는 것에는 욕구 5단계 이론, 이요인 이론, XY 이론 및 호오손 실험에 근거한 인간관계론 등이 있다. 이들의 공통된 가르침은 사람은 존중받는 만큼 동기 부여가 되며 인적자원으로서의 그 가치를 높게 발휘한다는 것으로 추론할 수 있다.

제 3 절 문서화

1. 문서화의 필요성

식품안전성은 식품 품질의 가장 기본이자 핵심사항이며, HACCP 적용은 그 업체가 '식품안전관리시스템'을 갖추었다는 것을 제삼자가 보증하는 것이다. 즉 HACCP은 "품질관리"라는 용어보다 "품질보증"이 더 정확한 표현이다.

먼저 품질관리와 품질보증의 관계를 살펴보자. 품질관리(Quality Control)는 최종제품의 규격에 적합한 제품은 다음 단계로 넘기고, 적합하지 못한 것은 부적합품으로 처리하는 개념으로 통상 품질관리는 최종제품의 검사가 핵심이다. 따라서 품질관리는 "품질통제"라는 표현이 더 정확하다고 할 수 있다. 검사란 적합, 부적합을 판단하는 활동으로 미생물 실험, 측정 혹은 관찰 등으로 수행되며, 검사를 위해서는 적합, 부적합을 가르는 범주인 기준 혹은 규격이 필요하다. 제2차 세계대전 후 통계적 기법에 의한 최종제품 검사 기법(SQC)에 한계를 느낀 미군에서 공정 관리를 시작한 것이 품질보증의 개념으로 발전되었고, 여기서 HACCP이 태동하였으므로 품질관리보다는 품질보증이 더 적절한 용어인 것이다([그림 4-11] 참조).

품질보증(Quality Assurance)이란?
품질시스템에서 실시되는 계획적이고 체계적인 활동으로서 품질에 대한 요구를 충족한다는 것을 실제로 나타내는 것

출처: ISO 8402 - 1994

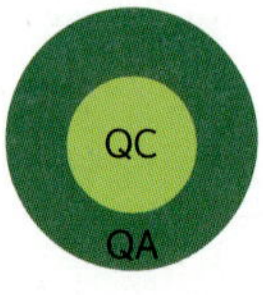

- QC와 QA는 서로 대립되는 개념이 아니라 QA가 QC를 포함하는 것임
- QC: Quality Control(품질통제 혹은 품질관리)
- QA: Quality Assurance(품질보증)

[그림 4-11] QC와 QA의 관계

출처: 이병철 외(2014)

위에서 언급한 "품질보증"이라는 용어를 우리나라 HACCP의 측면에서 다시 해석하면 "HACCP 시스템에서 실시되는 제반 활동이 계획적이고 체계적으로 수행되고, 식품안전관리인증기준의 요구가 충족된다는 것을 실제로 입증하는 것"이 될 것이다. HACCP을 적용하면 품질보증시스템이 적용되는 것이다. 품질보증이란 규정된 방법을 통해 제품을 구현하면 제품의 품질(안전성 포함)을 보장할 수 있다는 것이고, 이것을 제삼자가 인증하면 객관적이고 권위 있는 기관의 보증이 되는 것이다. 품질보증시스템은 다음과 같은 사항을 요구하므로 관리자(감독자 포함)의 중요한 자질은 문서화하는 기술이라 하겠다.

(1) 경영자 의지
(2) 명확히 규명된 목표
(3) 관리 및 절차: 프로세스 관리
(4) 문서화된 시스템
(5) 효과적인 검토: 검증
(6) 종업원의 태도, 교육 · 훈련, 자원

2. 문서화의 개념과 체계

문서란 사람의 행동을 규정하는 것으로서, 법령, HACCP 기준서, 업무 절차, 인사명령, 작업지시서 및 각종 양식이 모두 문서에 해당한다. 양식 그 자체는 문서이지만 업무수행 결과를 양식에 기록한다면 업무수행의 증거이자 '기록'이 되는 것이다. 문서의 중요한 특징은 개정될 수 있다는 것이므로 「헌법」도 「식품위생법」도 개정이 가능하다. 그러나 기록은 증거이므로 수정될 수 없으며, 설사 수정한다 하더라도 원본을 알 수 있는 방법으로 구분하여야 한다. 수정액이나 수정테이프로 지우는 경우가 있는데 이는 잘못된 방법이다.

문서는 계층이 존재한다. 법에는 헌법이 있고 그 아래 정부 부서에서 제정한 「민법」, 「상법」, 「형법」 등 범주별로 다양한 법이 있다. 식품업체와 가장 관련 있는 법은 「식품위생법」과 「축산물 위생관리법」이며 그 외 「건축법」, 환경법 등의 영향을 받는다. 법에는 이 법의 구체적 시행방법인 시행령과 그 법을 위반할 시의 처벌 조항 등을 다루는 시행규칙이 있다. 그리고 필요하면 「식품위생법」을 지원하는 고시를 제정한다. 우리가 중요 기준으로 삼는 식품안전관리인증기준이 고시이다. 그리고 「식품위생법」의 하위 문서의 하나인 식품공전은 우리에게 식품의 규격을 제공해 주는 중요한 문서이다. 참고로 식품공전의 규격이 곧 위해요소의 기준이 된다.

[그림 4-12] 문서화된 법의 체계

출처: 이병철 외(2014)

품질시스템에서 문서는 [그림 4-12]의 법 체계와 같은 개념이다. 「대한민국 헌법」 제1조에서 제1항으로 "대한민국은 민주공화국이다.", 제2항은 "대한민국의 주권은 국민에게 있고, 모든 권력은 국민으로부터 나온다."라고 구성되어 있듯, 문서 시스템을 만들 때도 어떤 형태로 만들 것인지를 먼저 규정해야 한다. 식품에 관련한 국제 규격에는 ISO 9001, ISO 1400, ISO 1800, ISO 22000, SQF 2000, FSCC 등이 있다. 이런 규격들은 "…을 하시오.", 혹은 "…을 하지 마시오."식의 요건으로 구성되어 있다. 이 요건을 해당 기업이 실천하겠다는 의지를 밝히는 '매뉴얼'이 최상위 문서가 된다. 비유하자면 헌법인 것이다. 이 최상위 문서에 따라 각 부서가 해당 업무를 수행하는 공식적이고 정형화된 방법을 규정하는 것을 절차라고 하고, 그것을 문서화하면 '절차서'가 된다. 절차(서)는 기업 전 부서의 공통된 업무에 대한 것과 각 부서의 고유한 업무에 대한 것으로 구분되어 작성되기도 한다. 절차(서)는 가급적 단순하면서도 육하원칙에 의거해 명확하고 체계적으로 작성해야 한다. '세부 업무 방법'이나 '작업지시서'가 절차를 지원하는 하위 문서이다. 때로는 규격, 계획서, 도면 등도 포함될 수 있다. 끝으로 문서의 가장 하위 체계는 이러한 업무를 수행한 증거를 기록하는 각종 '양식'이다([그림 4-13] 참조).

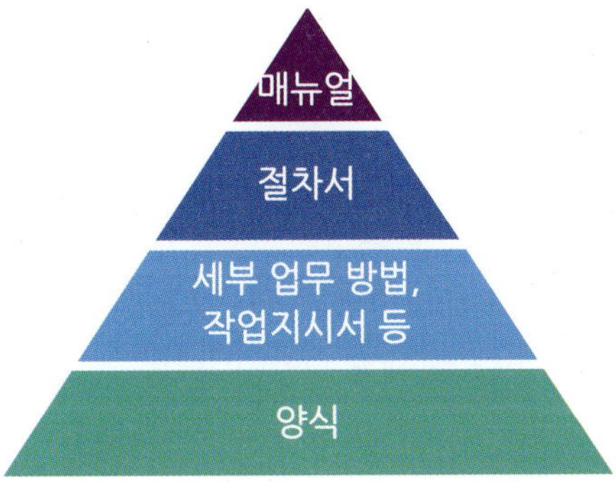

[그림 4-13] 품질 시스템의 문서체계

출처: 이병철 외(2014)

3. 문서의 개정 및 관리

문서는 잘 관리됨으로써 관계자가 정확한 문서를 보고 업무를 수행할 수 있도록 보장하여야 한다. 또한 종업원이 쉽게 문서를 찾아볼 수 있도록 문서의 이름과 문서번호를 부여하여야 한다. 문서는 반드시 권한자가 승인을 하여야 하고 해당 문서가 승인된 것임을 나타내는 권한자의 서명이 있어야 한다. 문서는 업무를 규명하는 것이고 업무나 업무의 방법은 변화할 수 있다. 따라서 문서는 필요시에 적절히 개정되어야 하며, 최신 문서임을 알 수 있는 개정번호를 부여하여야 한다. [그림 4-14]에 일반적 문서의 구성 예시를 제시하였다.

문서는 아래와 같이 개정 필요가 식별될 경우 개정할 수 있다.

- 검증 활동 등으로 식별된 개선 요구 사항의 원인이 부적절한 절차에 의한 것이라고 판단되었을 경우
- 조직의 변화나 공정의 변화 혹은 제품의 추가 등 변화가 있을 경우
- 종업원으로부터 절차가 부적절하거나 개선 및 보완이 필요하다는 요구가 있을 경우

이때 태스크포스팀은 HACCP팀의 토의와 검토를 거쳐 개정할 문서의 초안을 작성한다. 작성된 초안(검정안)을 업무와 관련된 담당자(혹은 HACCP 팀원)에게 회람하도록 하여 의견을 요청한다. 만약 특별한 요구가 있고 그 요구가 타당하다면 담당자와 협의하여 2차 초안을 작성하며, 같은 방법으로 관련 담당자의 의견을 수렴한다. 기준서를 완결한 후에는 개정번호 및 개정일자를 변경하고 관련된 담당자의 서명을 받아서 목차와 개정은 약본을 수정 후 개정된 문서는 발간하고 배부표에 의해 배부한다. 이때 기존의 문서는 회수하여 그중 원본만 보관하고 나머지는 모두 폐기한다.

쉬어가는 페이지

문서 개정 및 문서번호 부여의 중요성

HACCP을 적용하는 단계에서 작업장 리모델링을 위해 도면을 작성하는 경우가 있는데, 이때 도면은 개정될 수 있다. 그런데 도면에 작성일자나 개정번호가 없으면 현장에서는 구(舊)도면을 가지고 공사를 할 수도 있고, 실무자 간 업무 협의 통화를 할 때 서로 다른 도면을 보고 협의를 하다가 상대방이 내용을 잘못 이해했다고 언쟁을 하기도 한다. 따라서 문서를 개정할 때마다 개정번호를 부여하여야 이런 사고를 예방할 수 있는 것이다.

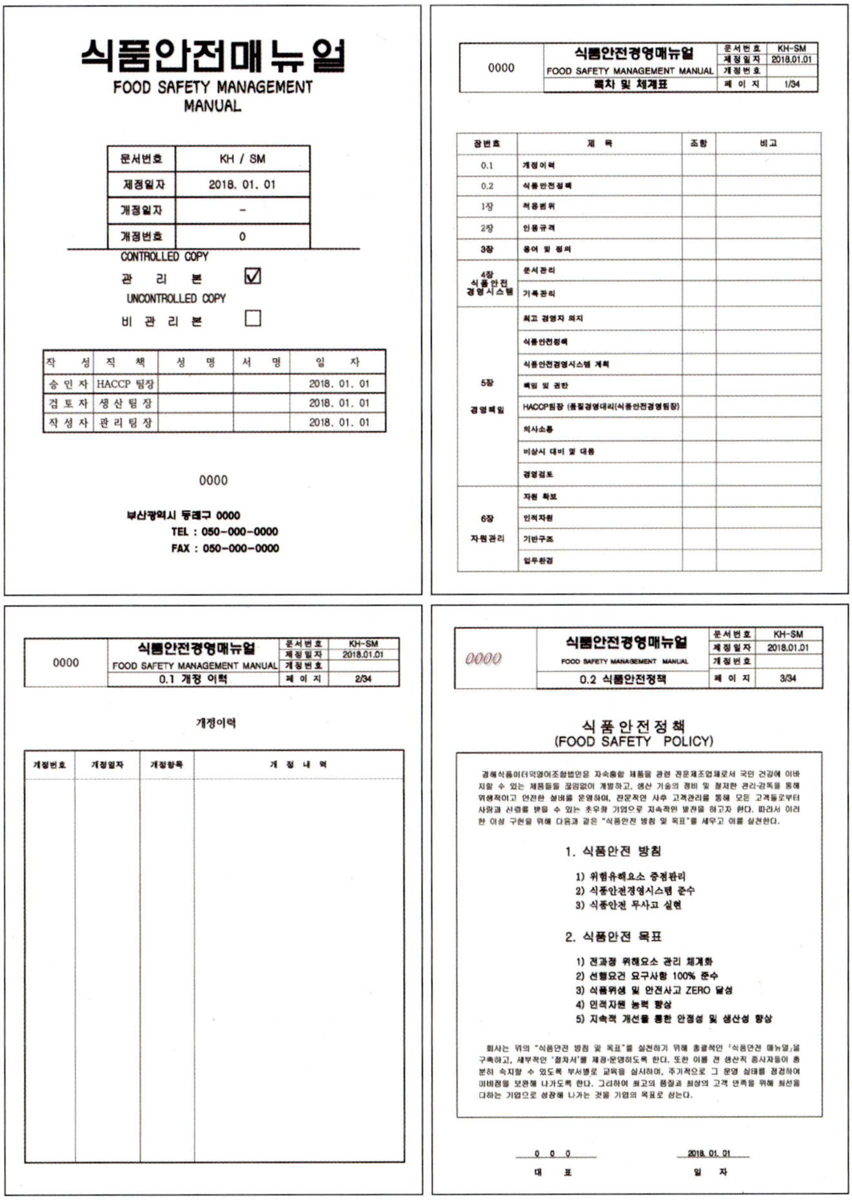

식품안전매뉴얼
FOOD SAFETY MANAGEMENT MANUAL

문서번호	KH / SM
제정일자	2018. 01. 01
개정일자	-
개정번호	0

CONTROLLED COPY
관 리 본 ☑
UNCONTROLLED COPY
비 관 리 본 ☐

작 성	직 책	성 명	서 명	일 자
승 인 자	HACCP 팀장			2018. 01. 01
검 토 자	생 산 팀 장			2018. 01. 01
작 성 자	관 리 팀 장			2018. 01. 01

0000

부산광역시 동래구 0000
TEL : 050-000-0000
FAX : 050-000-0000

0000	식품안전경영매뉴얼 FOOD SAFETY MANAGEMENT MANUAL	문서번호	KH-SM
		제정일자	2018.01.01
		개정번호	
	목차 및 체계표	페 이 지	1/34

장번호	제 목	조항	비고
0.1	개정이력		
0.2	식품안전정책		
1장	적용범위		
2장	인용규격		
3장	용어 및 정의		
4장 식품안전 경영시스템	문서관리		
	기록관리		
5장 경영책임	최고 경영자 의지		
	식품안전정책		
	식품안전경영시스템 계획		
	책임 및 권한		
	HACCP팀장 (품질경영대리(식품안전경영팀장)		
	의사소통		
	비상시 대비 및 대응		
	경영검토		
6장 자원관리	자원 확보		
	인적자원		
	기반구조		
	업무환경		

0000	식품안전경영매뉴얼 FOOD SAFETY MANAGEMENT MANUAL	문서번호	KH-SM
		제정일자	2018.01.01
		개정번호	
	0.1 개정 이력	페 이 지	2/34

개정이력

개정번호	개정일자	개정항목	개 정 내 역

0000	식품안전경영매뉴얼 FOOD SAFETY MANAGEMENT MANUAL	문서번호	KH-SM
		제정일자	2018.01.01
		개정번호	
	0.2 식품안전정책	페 이 지	3/34

식 품 안 전 정 책
(FOOD SAFETY POLICY)

경해식품이더덕영어조합법인은 자숙홍합 제품을 관련 전문제조업체로서 국민 건강에 이바지할 수 있는 제품들을 끊임없이 개발하고, 생산 기술의 정비 및 철저한 관리·감독을 통해 위생적이고 안전한 설비를 운영하며, 전문적인 사후 고객관리를 통해 모든 고객들로부터 사랑과 신뢰를 받을 수 있는 초우량 기업으로 지속적인 발전을 하고자 한다. 따라서 이러한 이상 구현을 위해 다음과 같은 "식품안전 방침 및 목표"를 세우고 이를 실천한다.

1. 식품안전 방침

1) 위험유해요소 중점관리
2) 식품안전경영시스템 준수
3) 식품안전 무사고 실현

2. 식품안전 목표

1) 전과정 위해요소 관리 체계화
2) 선행요건 요구사항 100% 준수
3) 식품위생 및 안전사고 ZERO 달성
4) 인적자원 능력 향상
5) 지속적 개선을 통한 안정성 및 생산성 향상

회사는 위의 "식품안전 방침 및 목표"를 실천하기 위해 총괄적인 「식품안전 매뉴얼」을 구축하고, 세부적인 '절차서'를 제정·운영하도록 한다. 또한 이를 전 생산직 종사자들이 충분히 숙지할 수 있도록 부서별로 교육을 실시하며, 주기적으로 그 운영 실태를 점검하여 미비점을 보완해 나가도록 한다. 그리하여 최고의 품질과 최상의 고객 만족을 위해 최선을 다하는 기업으로 성장해 나가는 것을 기업의 목표로 삼는다.

0 0 0 — 대 표
2018. 01. 01 — 일 자

[그림 4-14] 국제 규격에 따른 일반적 구성

출처: 식품안전매뉴얼 등 자료

4. HACCP 시스템의 문서화

1) HACCP 시스템의 문서체계

HACCP 관리기준서: HACCP 관리계획 + 운영절차	Codex 12 절차에 따라 HACCP 관리계획을 작성하고 운용하는 공식적 방법과 그 결과 작성된 HACCP 관리계획
선행요건 관리기준서: 선행요건프로그램에 의해 8종 기준서 작성	영업장 관리, 제조·가공시설·설비 관리, 냉장·냉동시설·설비 관리, 위생 관리, 용수 관리, 입고·보관·운송 관리, 검사 관리, 회수 관리
각종 양식 작성	기준서에 의해 업무를 실천했다는 증거이자 기록

① 기준서를 구성하는 주요 요소는 다음과 같다.

- 기준: 업무의 적합/부적합을 가르는 범주이며 식품안전관리인증기준의 각 요건이 업무의 기준이 된다.
- 절차: 기준의 요구에 따라 해당 영업장에서 해당 업무를 수행하는 공식적이거나 정형화된 방법으로 해당 영업장에 적합하게 작성한다.
- 업무 수칙/업무 지시/세부 업무 방법: 특정한 업무를 수행하는 세부적인 방법을 제시한다.
- 계획: 앞으로 수행할 특정 업무의 의도를 체계적으로 규정한 것이다.
- 규격: 원·부자재, 반제품, 완제품 등의 생물학적, 화학적, 물리적 특성 등 적합과 부적합을 가르는 범주이다.

2) 선행요건 관리기준서의 작성

선행요건 관리기준서의 구성은 〈표지 - 목차 - 개정 요약표 - 본문〉의 순서로 작성한다. 아래에 선행요건 관리기준서의 하나인 "위생 관리기준서"의 본문 작성 방법을 요약하였다.

위생 관리기준서 작성 방법

1. 목적

작업장에서 제품 취급 중 제품의 오염을 방지하는 절차를 제공한다.

2. 범위

환경 관리, 개인 위생 관리, 세척 및 소독과 폐기물 관리

3. 용어의 정의:

기준서에 사용되는 용어의 의미를 사전에 규명한다. 고시에 명시되거나 식품의약안전처의 자료에 명시된 것을 우선 사용하고, 참고자료가 없는 것은 자사에 적합하면서 객관적인 것으로 설명한다.

4. 책임과 권한

- HACCP 관리기준서에 있는 조직도상의 소속과 권한이 일치해야 함
- 해당 범위의 업무에 대한 책임자 지정과 관련 업무를 기술
- 아래의 ⑤항 관리절차 내의 각 책임자와도 일치해야 함

5. 관리절차

위생 관리의 기준과 기준을 충족하는 절차를 누가, 언제, 어떻게의 순서로 기술

6. 점검방법

- 해당 업무를 누가, 언제, 어떻게(사용양식) 점검할 것인지를 기술
- 점검주기는 매일, 매주, 매달, 매분기, 매년 중에서 업무의 특성과 중요성을 고려하여 결정

7. 이탈 시 조치 방법

- If. 이탈사항(문제점 혹은 지적사항)
- Then. 개선조치: 즉시적 조치, 예방적 조치

8. 기록 유지(양식)

9. 별첨(세부 업무 방법)

#1. 동선 관리, #2. 방충·방서 관리, #3. 위생복장 관리, #4. 손세척 방법
#5. 작업장 출입절차, #6. 작업 중 유의사항, #7. 청소 및 소독 기준 등

1-4: Plan	5: Do	6: Check	7: Act	8: Do(실행)의 증거	9: Do에 대한 세부사항

3) HACCP 관리기준서의 작성

HACCP 관리기준서의 구성 순서는 위에서 언급한 선행요건 관리기준서와 동일하게 〈표지- 목차 - 개정 요약표 - 본문〉의 순서를 따르며 본문은 아래 예시를 참조하기 바란다.

HACCP 관리기준서 작성 방법

1. 목적

Codex 12절차에 따라 위해요소를 차단하기 위한 HACCP 관리계획을 작성하고 그것을 운영하는 방법을 제공하는 것이다.

2. 범위

HACCP 관리기준서를 적용하는 작업장과 제품을 규명하는 것이다.

3. 용어의 정의

일부는 위생 관리기준서의 용어와 정의가 반복된 것이고, HACCP 관리에 대한 용어는 식품안전관리인증기준의 내용을 우선적으로 하여 적절히 규정한다.

4. 책임과 권한

모든 실패(식품안전사고 포함)의 원인 중 공통된 것은 업무의 책임자가 명확히 규정되지 않아서 발생한다. 체계적 관리란 처음부터 일을 잘해서 실패를 최소화하는 것이고, 이때 '처음'이란 해야 할 업무에 대한 책임자를 명확히 규정하는 것이다, 책임과 권한은 동전의 양면 같으므로 책임이 곧 그 사람의 권한이 된다.

5. 관리절차

관련 고시에서 요구하는 것은 Codex 12절차에 따라 HACCP 관리계획을 작성하고 운영하라는 것이다. 따라서 Codex 12절차의 사전 5단계와 7원칙을 적용하는 공식적 방법을 육하원칙에 따라 기술하면 된다.

① HACCP팀 구성
- 조직도
- HACCP팀 구성과 팀원의 소속과 권한(해당업무)
- 부재 시 인계·인수 방법

② 제품설명서 작성
- 통상 실무자가 작성하고 HACCP 팀원이 검토하거나 HACCP 팀원이 토론으로 작성한다.
- 제품설명서 양식

③ 제품사용 의도 및 소비자
- 제품설명서 작성시와 같은 방법으로 한다.

④ 공정흐름도 작성
- 실무자가 현장을 확인 후 작성하고 HACCP 팀원이 검토하거나 HACCP 팀원이 토론으로 작성한다.
- 평면도, 인원 및 물류동선도, 생산량비 배치도, 일반구역과 청결구역의 표시, 흡·배기 계통도, 급·배수 계통도, 위생장비 배치도 등

⑤공정흐름도의 현장검증
- HACCP 팀원이 공정도를 지참하고 원료반입부터 출하까지 실제 공정의 흐름과 공정흐름도를 비교한다.
- 필요시 각 공정의 담당자와 면담을 한다.

⑥ 위해요소 분석
- 위해요소 분석도표를 사용한다.
- 원·부재료 공정별로 한다.
- 식품공전 등에서 위해요소를 식별한다.
- 위해요소를 평가하고 관리 방법을 식별한다.

⑦ CCP 식별
- CCP 결정도와 CCP 결정표를 사용하여 CCP를 식별한다.

⑧ CL 설정
- 과거 방식, 벤치마킹 등 활용
- 밸리데이션(validation)을 포함한 유효성 평가를 한다.

⑨ **모니터링 시스템 수립**

- What(무엇을: 모니터링 대상)
- How(어떻게: 모니터링 방법)
- When(언제: 모니터링 시각)
- Who(누가: 모니터링 담당자)
- Why(왜: 모니터링 이유)
- Where(장소: 모니터링 장소)

(Why, Where: 생략 가능)

⑩ **개선조치**

- If가 발생하면: 공정의 이탈
- Then: 개선조치

예: 제품 처리는?
공정 정상화는?
재발을 방지하는 예방책 수립은?

⑪ **검증**

- 계획
- 절차

⑫ **문서화 및 기록 유지**

- 문서의 종류
- 작성방법
- 관리 및 개정방법

6. 교육·훈련

HACCP 시스템은 문서화를 함으로써 수립되는 것이고 그 다음은 이 시스템을 실제운영 하는 것인데 이를 위해서는 종업원이 업무를 잘 할 수 있도록 숙달시키는 교육·훈련을 제공해야 한다.

7. 양식

1-4: Plan	5: Codex 12절차: PDCA	6: 시스템 수립 후 숙달	7: Do(실행)의 증거

4) 양식의 디자인

양식에는 [그림 4-15]의 내용이 포함되어야 한다.

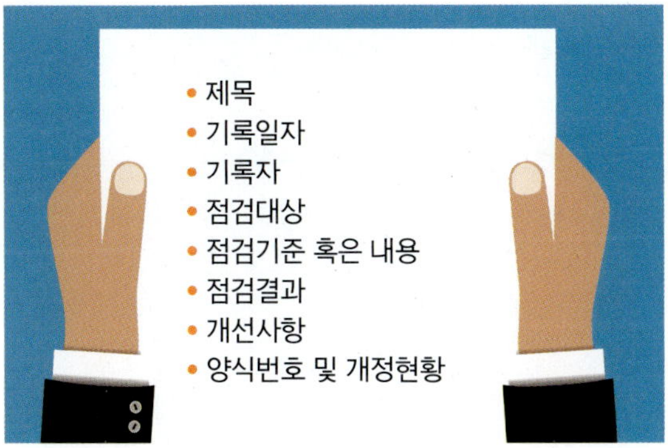

[그림 4-15] 양식 예시

KEY POINT

〈문서의 구성〉

▶ 시스템은 문서화되어야 하며, 지시사항은 구두로 남기지 말고 문서로 만들어야 한다.

▶ 문서는 업무를 규정하는 것이며 개정될 수 있고, 기록은 문서에 입각하여 해야 할 바를 하였다는 증거이며 수정될 수 없다.

▶ 체계적 업무수행을 위해서는 문서 자체가 PDCA 사이클로 작성되어야 하며 문서화 및 기록관리는 PDCA를 시스템화하는 최종 과정이다.

▶ 식품안전관리시스템의 문서화는 HACCP 관리기준서와 선행요건 관리기준서로 구성된다.

▶ 문서화 과정을 PDCA 사이클에 적용하면 다음과 같다.

문서의 구성	PDCA 적용
목적과 범위, 용어의 정의, 책임과 권한	P
업무절차	D
점검방법	C
개선조치방법	A
기록관리	D의 증거
세부업무 방법	D의 보완

쉬어가는 페이지

문서를 편하게 이해하기 위한 작업자 간 문답을 들어 봅시다.

신입사원: 저는 온갖 문서가 너무 지루하고 어려워요.

선임: 그럴 수 있어. 먼저 문서가 무엇인지 생각해 보자. 문서가 뭐지?

신입사원: 문서는 해야 할 여러 가지 내용이 빼곡히 적혀 있지요.

선임: 그렇지! 그런데 우리는 어떤 일을 할 때 정해진 방식(절차)으로 체계적으로 해야 하지 않을까?

신입사원: 아~ 그렇다면 결국 문서란 정해진 방식인 절차에 따라 일할 수 있도록 체계적으로 기술한 것이라고 하면 되나요?

선임: 그래 맞아! 그런데 체계적으로 하는 것은 PDCA 사이클이라고 했잖아. 1단계 계획 단계에서는 이 문서의 목적과 범위, 사용하는 용어를 통일하기 위해 용어의 정의를 내리고 각각의 일에 관여된 사람들이 해야 할 일(책임과 권한)을 규정하는 것이야.

신입사원: 책임과 권한을 규명하는 게 그렇게 중요한가요?

선임: 그래 좋은 지적이야! 식중독 사고 등 모든 사고의 공통된 원인은 그 일에 대한 책임이 명확하지 않다는 것이거든. 그래서 "계획" 단계에서 일에 대한 책임과 권한을 명확히 하는 것이야.

신입사원: 아~ 그래서 모든 문서는 일정한 틀이 있는 것이었구나! 그 이유를 잘 몰라서 문서가 지루하다고 느꼈던 것이었네요.

선임: 그렇지. 2단계 "실시" 단계에서는 해야 할 일을 규정하고 그 일을 하는 전형적인 방법과 절차를 규정해야 해.

신입사원: 그럼 3단계는요?

선임: 3단계 "점검" 단계에서는 2단계에서 한 일들을 어떻게 확인하는지에 관한 방법을 규정하는 것이야.

신입사원: 4단계에 대해서 마저 얘기해 주세요.

선임: 4단계 "개선" 단계에서는 발생한 문제를 개선하는 방법을 규정하는 것이야.

신입사원: 그렇게 하면 문서는 완성되나요?

선임: 아니! 끝으로 첨부 자료를 붙여야 해.

신입사원: 첨부 자료가 왜 필요하죠?
첨부 자료에는 무엇이 들어가야 하나요?

선임: 첨부 자료를 붙이는 이유는 1단계부터 4단계에서 언급한 내용에 대한 세부적인 내용을 한꺼번에 제시하는 거야.
그 이유는 모든 문서는 간결하게 적혀야 하므로 뼈대가 되는 내용은 위에서 알려주고 첨부 자료로 살을 붙이는 것이지.

신입사원: 아~ 그렇게 설명을 듣고 나니까 첨부 자료가 필요한 이유를 알겠어요. 만약 첨부 자료로 붙을 내용을 위의 문서 뼈대 부분에 다 집어 넣는다면 휴~ 생각만 해도 복잡하네요.
이제 문서가 왜 필요하고 어떻게 구성되는지 잘 알겠어요. 감사합니다!

제 4 절 교육·훈련

1. 교육·훈련의 개요

HACCP 시스템이 수립되면, HACCP 적용은 트레이닝(Training, 교육·훈련)으로 시작된다. 여러 차례 언급한 바와 같이 HACCP을 포함한 모든 시스템의 목적은 결국은 종업원이 자기 일을 잘 하는 것이다. 기업은 학교가 아니므로 교육보다는 종업원이 가진 지식을 활용하도록 반복하여 숙달시키는 것이 트레이닝의 주된 목적이다. 물론 종업원의 지식과 인성의 교육·훈련에도 관심을 가지지만, 이러한 교육·훈련 프로그램의 효율성을 높이기 위해 대부분 사원 교육 파트를 외부 전문기관이나 대학 또는 자체 연수원 등에 위탁 운영하는 사례가 일반적이다.

한편, 현대 사회는 사회적 위협이 되는 많은 문제가 그 원인이 인재(人災)인 경우가 많다. 천재지변에 의한 손실도 그 원인의 많은 부분은 인재에서 기인하는 경우가 대부분이다. 따라서 교육·훈련은 종업원에게 그 기업이 원하는 귀중한 인적 자산이 될 기회를 제공할 뿐만 아니라, 사람에 의한 실패를 최소화하는 통제 역할도 한다. 적절한 교육·훈련을 제공했음에도 불구하고 제대로 업무를 해내지 못하는 경우라면 학습 능력의 부족으로 인해 몰라서 못했거나 인성의 부족으로 인해 알고도 하지 않았거나 둘 중 하나로 판단해 볼 일이다.

2. 교육·훈련 요구의 식별

교육·훈련은 어떻게 하는가? 당연히 "교육·훈련계획에 의해 실행된다."가 답이며, 교육·훈련 계획의 작성은 육하원칙(5W1H)을 바탕으로 이루어진다. 무엇보다 교육·훈련할 내용을 결정하는 것에 관한 "What(필요)"을 먼저 식별해야 한다. 교육·훈련의 필요는 통상적으로 해당 종업원의 현 보유기술과 직무기술서 상의 기술을 비교함으로써 밝혀진다. 종업원을 체계적으로 관리하기 위해서는 먼저 각 직무에 대한 직무기술서와 직무명세서를 작성하여야 한다. 직무는 현 종사자 중심이 아닌 직무 중심으로 작성되어야 한다. 예를 들어, HACCP 팀장의 직무기술서를 작성해 본다면 그의 직무는 대부분 HACCP 관리기준서와 선행요건프로그램 기준서에 나타나 있는 책임과 권한이며, 또한 업체의 사정에 따라 추가적인 업무를 할 수도 있다는 것이다([그림 4-16] 및 [그림 4-17] 참조).

직무기술서

가. 직무명: 점장

나. 직무 요약
점장은 식자재의 관리, 메뉴 계획, 음식 제공, 직원 관리 등 업장 운영에 관한 전반적인 사항을 파악하고 관리한다.

다. 직무 내용
1. 작업 표준을 설정, 유지 관리한다.
2. 직원들의 직무와 영업 준비를 지시한다.
3. 슈퍼바이저, 웨이터, 웨이트리스, 버스보이의 교육 · 훈련과 감독을 한다.
4. 직원의 근무시간표를 작성한다.
5. 업소의 조리기술에 대해 어느 정도의 지식을 갖춘다.
6. 예약 접수 현황과 준비 상태를 점검한다.
7. 영업 준비물이 제대로 갖추어져 있는지 점검한다.
8. 테이블 세팅이 제대로 되었는지 확인한다.
9. 서비스 직원과 주방 직원 상호 간의 협동체제를 유도 · 관리한다.
10. 직원들의 채용과 교육 훈련을 담당한다.
11. 직원들의 불만요인, 고민 등에 관한 상담을 한다.
12. 경영자에게 업무에 관한 사항을 보고하고 명령받은 사항을 실행한다.
13. 손상된 객장 내의 가구, 기기 등의 신속한 보수 조치 및 교환을 한다.

[그림 4-16] 직무기술서 예시

출처: 양일선 외(2013)

직무명세서

가. 직무명: 영양사

나. 직무 수행 요건

1. 성별: 여
2. 학력: 대학 졸업자 이상
3. 전공: 식품영양학
4. 자격/면허: 영양사
5. 최적 연령: 25세 이상
6. 숙련 도달 기간: 1년
7. 실습 필요 기간: 1~3개월
8. 필요한 연수 교육 및 직장교육: 정기 보수교육, 급식경영 과정 단기 연수, 직장 내 훈련(OJT)

다. 필요 지식

1. 학술적 지식: 영양학, 식품학, 조리원리, 단체급식, 식품구매, 식품위생, 영양교육, 급식경영학, 식사요법 등
2. 실무적 지식: 급식 관련 실무 위생, 단체급식 관련 법규, 급식 전산 실무 등

라. 직무 특성

1. 정신적 요건: 작업을 계획하고 수행하기 위한 일정 수준 이상의 창의력과 의사결정 및 작업 방법 선택을 위한 판단 능력이 요구됨
2. 신체적 요건: 신체 사용이나 기기 조작에 있어서 다소의 정확성과 민첩성을 갖추어야 함
3. 직무 고유 책임: 직무상의 실수가 있을 때에는 다소의 손실을 초래할 수 있음
4. 기밀 보전 책임: 주요 기밀 문제를 취급하며 누설될 경우 회사에 불이익이 초래됨
5. 관리 감독

   받는 정도: 주로 업무를 지시 받아 계획 수행함

   행하는 정도: 부서를 감독하거나 같은 일을 하는 동료 감독

   직무상 대인 접촉: 부서 내 · 외부의 사람들과 빈번히 접촉하며, 외부인과도 접촉함
6. 직무 환경

- 위험도: 약간의 위험 정도가 있음
- 쾌적도: 약간의 불쾌 요소가 있음

[그림 4-17] 직무명세서 예시

출처: 양일선 외(2013)

직무기술서는 해당 직무의 할 일(책임과 권한)을 기술하고, 직무명세서는 해당 직무에 필요한 기술과 자질을 밝히는 것이다.

여기에서 이 직무를 수행하는데 필요한 자격 요건(Qualification)과 현 직무 종사자가 가진 기술을 비교하여 보완해야 할 부분을 찾는 것이 바로 교육 · 훈련의 필요가 된다. 만약 외부 매장의 위생 점검을 수행하기 위해 운전을 해야 하는데 지금 운전면허가 없다면 운전을 배우는 기회를 제공하고, 외부검증 수검 경험이 없으면 선험자와 함께 외부검증을 받아 보도록 하거나 다른 업체에 파견 보내서 외부검증을 받을 기회를 제공하는 것이다.

교육 · 훈련의 필요를 종업원을 평가해 보고 찾을 수도 있다. 컴퓨터를 잘 다루지 못해 업무가 더딘 직원은 그것에 대한 교육 · 훈련이 필요하고, 베이커리 업체에서 제빵사 자격을 막 따고 입사한 직원에게는 해당 작업장에서 필요한 기술을 숙달하기 위해 선험자의 조수가 되어 경험하는 OJT(On-the-Job Training, 사내교육훈련프로그램)를 제공해야 한다.

또한 점검이나 검증 등을 통한 발견 사항 중 종업원에게 어떤 기술을 제공하는 것이 개선의 기회가 된다고 판단되거나, 클레임이나 자가 검사 결과의 실패 등에서 종업원의 기술향상이 필요할 때에도 교육 · 훈련의 필요를 식별할 수 있다. 위생 점검 결과 작업장의 청결도가 떨어지고 잘 개선이 되지 않는다면 종업원에게 정리 정돈, 개인 위생, 동선계획, 청소 및 소독 방법 등에 대한 재교육을 계획하여야할 것이다.

물론 전략적 계획에 의해서나 종업원이나 부서장 등의 요청에 의해서도 필요를 식별할 수 있다. 새로 그 공장을 건축할 계획이면 미리 HACCP 팀장을 양성하여 건축 단계부터 관여하도록 할 수도 있고, 지금 HACCP 팀장이 생산 팀장으로 자리이동을 할 수도 있으니 미리 HACCP 팀장 준비를 하는 것도 현명한 판단이다.

3. 교육 · 훈련 계획 수립

교육 · 훈련의 필요가 식별되었으면 그 계획을 수립한다. 식별된 교육 · 훈련을 정리해 보면 대체로 다음과 같은 종류로 요약된다.

- HACCP 교육: 자체 교육, 외부기관 교육
- 위생 교육: 자체 교육, 외부기관 교육
- OJT(On-the-Job Training): 신입이나 새로 보직된 종업원이 선험자의 지도하에 직무를 숙달하는 것
- 모니터링 교육

교육 유형	교육 방법
직장 내 훈련 (OJT: On-the-Job Training)	• 상사나 지도원에 의한 훈련 • 교육 스탭에 의한 훈련 • 전문가나 외부 강사에 의한 훈련
직장 외 훈련 (Off-the-Job Training)	• 파견 교육 훈련 • 외부 교육기관 및 연수기관 훈련 • 해외 연수

- 검증 교육
- 보관 관리 교육, 실험실 교육, 안전 교육

교육 · 훈련의 계획은 연간계획과 월간계획으로 나누어 수립할 수 있다. 규모에 따라서는 연간계획만으로도 충분할 수도 있고, 어떤 경우에는 해당 교육에 대한 세부 교육 계획을 수립할 필요도 있다. 계획의 작성 방법은 육하원칙에 의해 아래와 같이 이루어진다.

- 왜: 목적
- 누가: 강의자, 청중
- 언제: 일시
- 어디서: 장소
- 무엇을: 교육 내용
- 어떻게: 교육 방법, 교재 등을 활용한 강의, 시범, 실습 혹은 이를 혼합한 방법

〈강의〉

〈시범〉

〈실습〉

4. 교육·훈련의 준비 및 실시

1) 준비

TV에 나오는 강사들은 대개 명강사이다. 그 비결은 미리 강의자와 청중 사이의 의사소통 장벽을 제거하고, 동원된 청중은 그 강의에 공감하는 준프로이기 때문이다. 방송이기 때문에 편집도 하지만, 교육·훈련은 강의자와 청중 간의 상호 의사소통이 가장 중요하므로 먼저 의사소통의 장벽을 제거한 분위기를 조성해야 좋은 교육·훈련을 제공할 수 있다. 그 요령을 정리해 보면 다음과 같다.

- 신분 효과: 강의자가 청중들보다 높은 자리에 위치하는 것은 의사소통을 방해한다.
- 어휘상의 문제: 법적으로는 냉동을 업체에서는 냉장으로 쓰기도 한다. HACCP의 법적 용어는 식품종사자에게는 생소한 개념이 될 수 있다.
- 상대방에 대한 이해부족: 종업원의 실수를 예를 들어 교육할 때 그 종업원의 입장에서는 나름대로 고충이 있을 수 있다. 인지의 왜곡이 오히려 역효과를 부를 수도 있는 것이다.
- 다른 부서와의 문화적 차이: HACCP 팀장은 '정확히'를 원하고, 생산팀은 '빨리빨리'를 원하므로 부서 간의 차이가 소통을 저해할 수 있다.
- 산만: 좋은 사회자, 좋은 강사는 먼저 산만한 분위기를 없애고 그 이벤트를 시작한다.

- 소통 관련 장비 문제: 마이크의 잡음이 있거나 청중의 규모가 큼에도 불구하고 마이크를 사용할 수 없는 경우에는 소통을 저해한다.
- 무반응: 강의 시작은 청중이 솔깃할만한 내용으로 준비하고 반응을 유도하는 필살기는 몇 가지 준비하도록 한다.

교육 · 훈련을 위한 준비는 다음 단계로 진행해야 한다.

1. 목표를 전하라
   다수의 목표를 말하면 청중은 잘 기억하지 못하므로 가급적 하나의 목표가 좋다.
2. 발표(프레젠테이션)를 계획하라
   주어진 시간에 목표를 위해 무슨 내용을 말할지 생각해야 한다.
3. 도구를 준비하라
   화이트보드, 파워포인트, 그림 등을 활용하는 것이 좋다.
4. 연습하라
   명배우의 명연기는 대본 이해, 외우기, 리딩 연습, 개별 연습, 리허설 등을 거쳐 나오는 것처럼 연습이 명강사를 만든다.
5. 당일 사전 준비를 완료하라
6. 결과를 평가하라
   평가의 방법은 평가지에 의한 시험, 질의, 문답, 실습, 현장에서의 관찰 등 다양한 방법으로 평가하되 청중의 수준과 상황에 따라 적절히 하여야 한다. 가령, 종업원의 대부분이 연령이 높은 여성이라면 시험보다는 실습이 좋은 평가법이다.

출처: 박홍배 · 채규옥(2013)

2) 교육 · 훈련의 실시

먼저 종업원에게 교육할 내용과 그 이유를 설명하여야 한다. “오늘은 위생교육 중 손 씻기에 대해 말씀드리겠습니다. 손을 잘 씻어야 하는 이유는…" 즉, 육하원칙의 무엇(What)과 왜(Why)에 해당한다.

다음은 "how to"에 대한 설명이 뒤따라야 하는데 내용은 다양한 관련 교재를 참고하고 식품의약안전처의 홍보자료 등을 활용하는 것도 좋은 방법이다. 한편 설명은 충분한 사례를 들어 진행하는 것이 효과적이다.

가령, "손을 잘 씻지 않아… 이런 사고가 나고 식중독에 걸리고, 회사는 큰 손해를 입었다…." 등으로 스토리텔링을 진행하면서 중간 중간 질문하는 분위기를 조성하는 것이 좋다. 교육의 마지막에는 질문할 시간을 할애하여 그에 대한 답변을 스스로 함으로써 종업원의 의문도 해소해 주고, 애로 사항도 청취하면서 적극적인 소통을 유지하도록 한다. 종업원이 질문하면 그 질문의 내용이 무엇이든 강의자는 "훌륭한 질문입니다." 등의 긍정적 반응을 보여 주는 것이 좋다. 끝으로 교육 · 훈련 결과는 반드시 피드백과 사후지도(follow-up)가 따라야 한다. 만약 손 씻기를 교육 · 훈련했다면 그 후 현장에 가서 확인하고 그것을 종업원이 느끼게 하는 것까지가 강의라고 보는 태도가 필요하다.

5. 교육 · 훈련의 성과 측정과 기록 유지

1) 성과 측정

교육 · 훈련이 효과를 알기 위해서는 반드시 성과의 표준을 수립하여야 한다. 쉽게 말해 커트라인 점수를 정하라는 말이다. 단, 표준을 정하는 과정은 종업원과 의사소통하면서 진행하는 것이 좋다. 가령, 필기시험을 칠 경우 연세가 있는 종업원과 젊은 종업원의 점수만 가지고 논하는 것은 지나치게 경직된 사고일 수 있다. "경험이 많은 A는 90점, 경험이 적은 B는 85점하면 되겠어요?" 등으로 종업원과 상의해서 정하는 것이 좋은 요령이 된다.

성과 측정의 방법은 시험, 질의응답, 실습과 시현의 관찰 혹은 현장에서 이행상태를 확인하여 평가할 수 있다. 성과 측정 결과는 종업원에게 통보하고 표준을 벗어난 결과일 경우에는 가급적 해당 종업원과 결과에 대하여 상의해 보는 것이 좋으며, 성과가 표준에 못 미치는 종업원은 개선조치가 필요하다. 개선조치는 이 장의 5절에서 자세히 살펴보겠다.

2) 기록 유지

HACCP의 실천은 현재 하고 있는 업무와 해야 하는 업무를 입증하는 일이 매우 중요하다. 따라서 교육 · 훈련 역시 기록을 통해 실시하였음을 입증하여야 한다. 다음의 사례는 교육 · 훈련의 기록 유지가 얼마나 중요한지 알려준다.

사례 기록 유지의 중요성

십여 년 전 A항공사의 항공기가 G공항에 착륙하다 추락하여 대부분이 신혼부부인 승객과 승무원이 사망한 대형 참사가 있었다. 이런 사고가 발생하면 누가 사고의 책임을 질 것인가 하는 문제가 쟁점으로 떠오른다. A항공사는 G공항의 관제 미숙을, G공항은 A항공사 조종사의 영어 미숙을 원인으로 주장했다.

이렇듯 서로 사고 원인이 상대에 있다고 할 가능성이 높은데 상대방의 주장이 잘못임을 입증하지 못할 시에는 그 책임을 떠안아야 한다. A항공사는 조종사가 영어 구사 능력이 충분하다는 것을 어떻게 입증하였을까? 바로 교육 기록이다. 그 조종사는 국제표준의 2일간 조종 영어 과정을 수료하고 그 증명서(certificate)를 가지고 있었던 것이다. 그가 실제로 영어를 얼마나 할 수 있는 것과는 무관하게 그의 영어를 설명할 것은 교육 · 훈련에 참가한 기록뿐인 것이며 기록하지 않은 교육 · 훈련은 이행되지 않은 것이다.

출처: 위키백과

기록은 교육 · 훈련의 일시, 강의자, 제목, 내용, 성과 측정 결과 등을 포함한 기록부와 사진, 교수안, 참가자의 서명 등을 포함한다.

손 세척 방법

① 손에 물을 묻힌다.

② 손 세척용 물비누를 묻힌다.

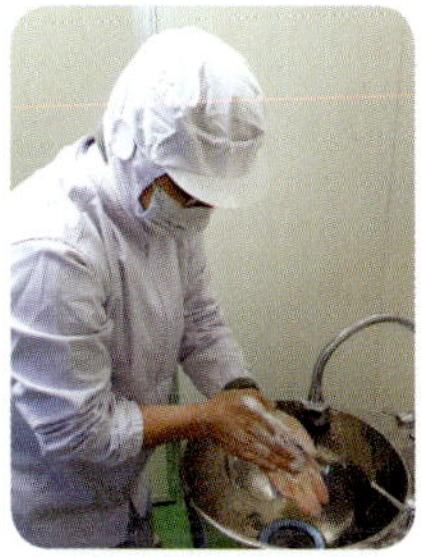

③ 15회 이상 잘 비벼 충분히 거품을 발생시킨다.

④ 깨끗한 물로 거품을 헹궈 낸다.

⑤ 종이타월을 사용하여 손을 건조한다.

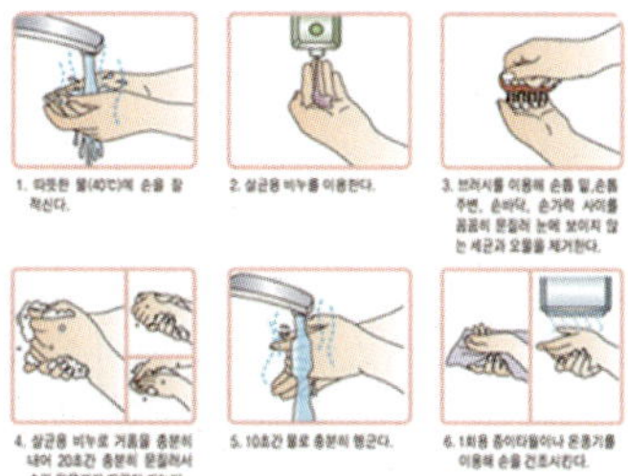

손 세척 방법 준수 교수안

| 교수안을 활용하여 교육 · 훈련을 실시

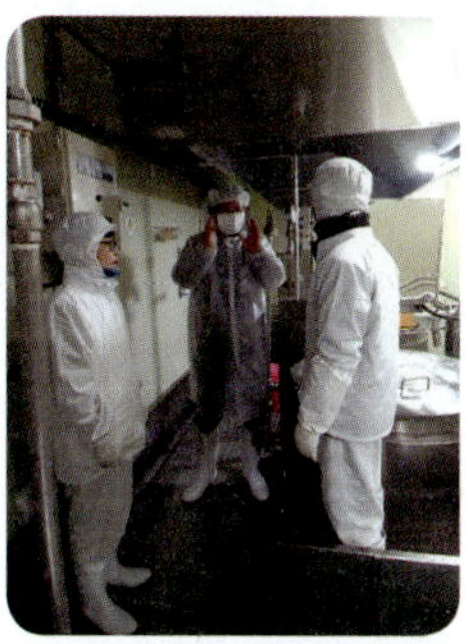

| 작업장에서 선임이 직접 교육 · 훈련하는 모습

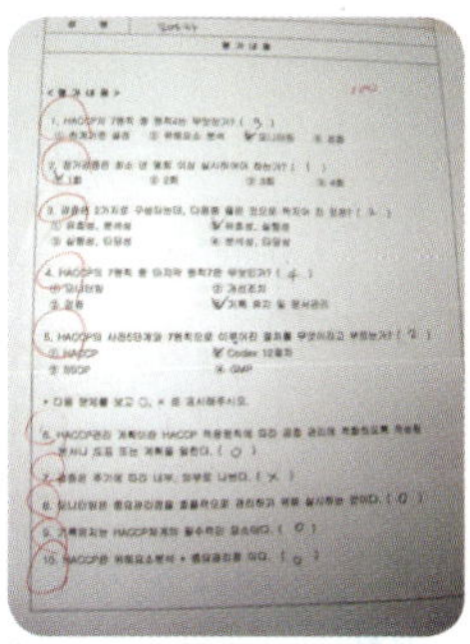

| 교육 · 훈련 결과를 시험을 통해 평가

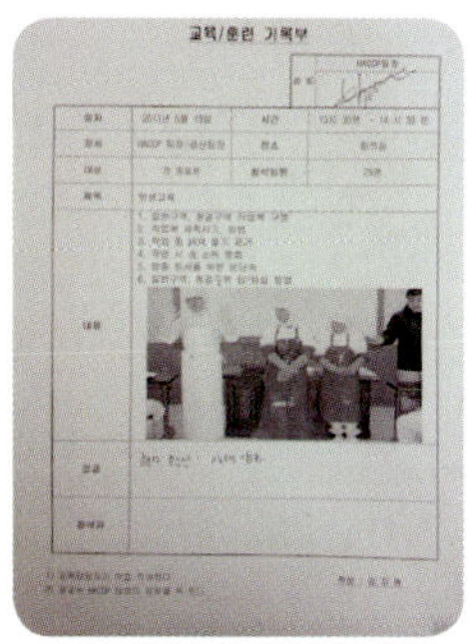

| 교육 · 훈련 기록부를 작성

KEY POINT

- 교육·훈련은 교육·훈련의 요구를 식별하고 계획을 수립하고 실시한 후 그 실시 결과를 평가하고 평가 결과에 따라 적절한 개선조치를 하여야 한다.
- 교육·훈련의 절차는 PDCA 사이클을 따라야 하며 P 단계에서 교육·훈련의 요구를 파악해야 한다.
- 교육·훈련의 결과는 반드시 기록으로 남겨야 한다.

쉬어가는 페이지

이대목동병원 신생아 사망사고
(부제: 병원위생시스템의 부재, 의료인의 절차 미준수와 훈련 부족이 낳은 참사)

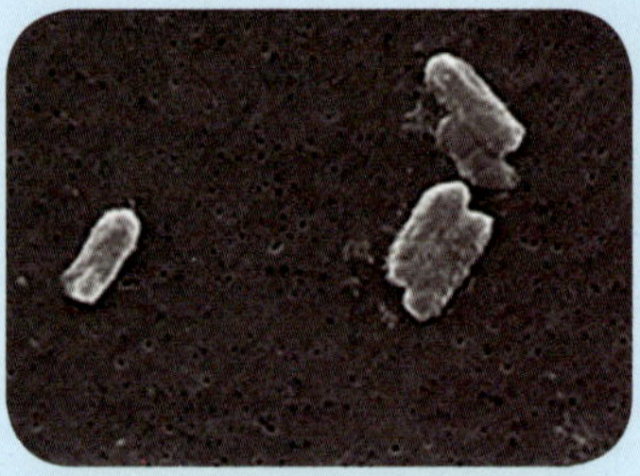

시트로박터 프룬디

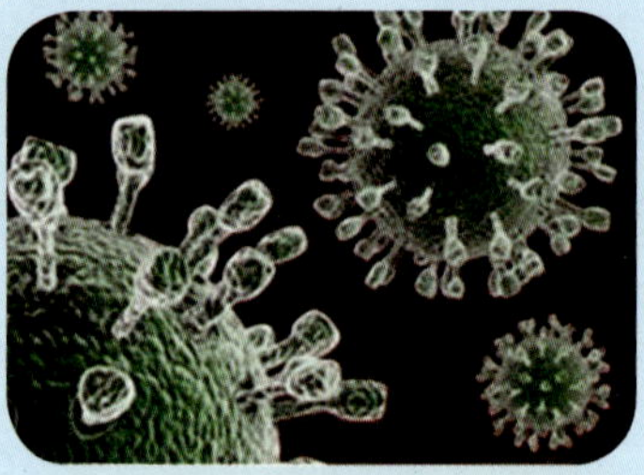

로타바이러스

2017년 이대목동병원에서 신생아 여러 명이 사망하여 전 국민이 충격과 슬픔에 빠졌다. 사망한 신생아 3명의 혈액에서 시트로박터 프룬디(*Citrobacter freundii*)라는 항생제 내성 바이러스가 공통적으로 발견되면서 항생제 오남용에 대한 의구심이 증폭되었고 나머지 한 명은 사망 5일 전에 로타바이러스(*Rotavirus*) 감염 사실이 추가로 확인되어 분변이나 구토물 등 위생 관리 부실이 지목되고 있다. 그런가 하면 이 병원은 영아가 맞은 수액통 속의 날벌레 사고, 결핵에 걸린 중환자실 간호사로 인한 영아 감염 사고, X선 필름 영상의 좌우가 바뀌는 해프닝으로 100여 명 이상이 축농증 증세가 없는 콧

구멍 치료를 받는 등 사실을 재차 확인하게 만들 정도의 충격적인 사건들이 몇 년 사이 발생하였다. 국민이 촉각을 곤두세우는 만큼 총력을 기울여 사망 원인을 밝혀내겠지만 병원의 전반적인 위생 관리 미흡과 의료진의 습관화되지 못한 의료 절차의 미준수가 감염을 불러왔을 것에 상당히 무게가 실리고 있다.

기술은 그것이 의료기술이든 식품가공기술이든 지식과 숙달로 구성된다. 이 숙달은 반복을 통해 좋은 습관을 몸에 익히는 것이다. 의료종사자의 정성이나 식품 종사자의 정성이나 모두 기본적인 절차를 습관화한 것으로 구현된다. 입으로든 혈관으로든 "내 아이들이 먹을 것을 만든다는 정성"이 결국 이 습관을 말한다. 그저 대한민국 의료 역사에 전무후무한 유일 기록으로 남기를 바라며, 사람을 살릴 수도 죽일 수도 있는 식품과 의료에 종사하는 사람들은 그 어떤 직업인보다 투철한 사명감을 가지고 본인의 업무에 정성을 다해야겠다는 생각이 더욱 절실해진다.

출처: JTBC뉴스, http://news.jtbc.joins.com/html/674/NB11566674.html

제 5 절 검증과 개선

1. 검증의 개요

앞에서 경영활동은 〈계획 - 조직 - 지시 - 통제〉의 기능을 수행하는 것이라고 하였다. 여기서 경영의 심장은 통제라 해도 과언이 아니다. 통제는 업무가 진행됨에 있어서 목표를 향해 가는지를 평가하고 목표에서 벗어났을 경우에는 개선하는 것을 말한다. 통제의 과정은 다음과 같이 나타낼 수 있다.

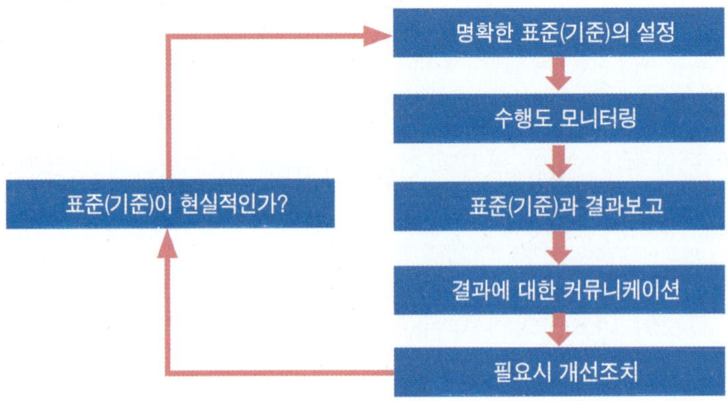

[그림 4-18] 통제의 과정

출처: 이병철 외(2014)

HACCP 시스템에서는 이 통제 기능을 '검증'이라고 부른다. 검증은 "HACCP 시스템이 적합한지 그리고 종업원이 준수하는지 평가하는 일련의 활동"으로 정의 내릴 수 있다. 여기서 적합 여부를 알아보는 것을 '유효성 평가'라고 하고 그 내용은 효과성(Effectiveness)을 입증하는 것이다. 그리고 준수 여부를 알아보는 것을 "실행성 평가"라고 하는데 효율성(Efficiency, output/input)을 평가하는 것이다. 일련의 활동이란 문서나 기록의 검토, 관찰, 종업원과의 면담, 측정, 미생물 검사 등의 여러 가지 방법으로 검증활동이 이루어진다.

일반적으로 국제표준이나 기업에서는 내부감사라는 용어를 많이 쓴다. 외부감사는 제삼자가 회계법인 등에서 회사의 체계 상태를 평가하여 주주에게 그에 대한 정보를 제공하는 기능을 한다. 반면에 내부감사는 조직의 규모가 커서 경영진의 통제가 어려울 경우에 경영자의 대리인이 회사의 방침, 규정, 절차 등의 준수 여부를 평가하여 경영진의 눈과 귀 역할을 하는 것으로서, 대기업이 출현하면서 이러한 내부감사 기능이 중요한 경영의 통제 기법으로 자리 잡았다. 한편, ISO 9001:1994가 만들어질 때 이 용어가 통제기능으로 차용되었고, 그 후 HACCP이 태동할 때 검증이란 용어로 변신하였다.

2. 검증의 계획과 절차

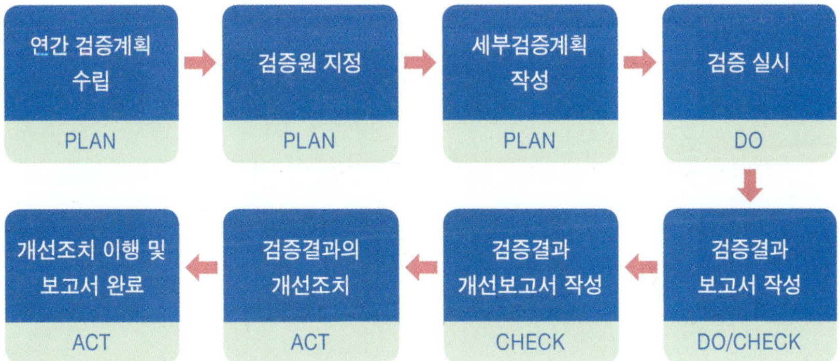

[그림 4-19] 검증절차

출처: 식품의약품안전처(2015), PDCA 사이클 적용 추가

검증의 절차는 당연히 PDCA 사이클의 계획 수립으로부터 시작된다. 계획은 일상검증, 최초검증, 정기검증 그리고 특별검증을 포함하는 연간계획을 수립하고, 내부검증인 최초검증 혹은 정기검증 시에는 그에 관한 세부검증 계획을 작성하여 검증을 원활히 수행할 수 있도록 한다.

그런데 계획 단계에서 "Who"를 결정할 때 검증할 내용이 특수공정(그 일을 수행한 후 검사를 통해 진행과정을 알 수 없는 공정)이므로 자격 있는 사람을 검증원으로 지정해야 한다. 특수공정이란 가령, 용접을 다 마친 후 그 결과가 잘 되었는지 잘못 되었는지를 외관으로 판단할 수 없으므로 용접자격이 있는 사람이 용접을 실시해야 하는 것이다. 다음은 검증원이 갖추어야 할 최소한의 요건을 나타낸다.

- 회사와 공정에 대한 이해
- HACCP에 대한 이해
- 검증절차에 대한 이해

HACCP 시스템의 개선은 검증의 질에 달렸고, 검증의 질은 검증원의 자질에 달렸다. 따라서 검증의 수준은 높을수록 좋으며 수준 높은 검증을 위한 검증원의 자질은 다음과 같다.

- 독립성
  - 피검증원의 협조를 얻을 수 있고, 간섭 없이 업무 수행이 가능할 것
  - 검증 업무와 직접적인 관련이 없어서 검증원의 객관성이 보장될 것
- 전문성
  - 외모: 적합하고 깨끗한 복장
  - 시간 엄수: 계획된 검증 시간의 준수
  - 준비성: 적절한 검증 도구, 체크리스트 및 정보 구비
  - 태도: 정중하고 공손하며, 필요없이 의심하지 말 것
  - 공정성: 사소한 내용은 지적하지 말고 사적 의견을 피력하지 말 것
  - 직설적이고 간결함: 명확한 질문을 제시할 것
  - 노력의 인지: 칭찬할 사안에 대해 칭찬할 것

3. 검증의 실시

1) 검증원의 책임

검증원은 검증 수행에 있어 다음과 같은 책임이 있다.

- 세부검증 계획에 대한 동의 획득
- 세부검증 계획의 작성
- 검증점검표의 작성
- 검증과 관련된 회의 주관
- 현장검증의 시행

- 이해상충의 회피
- 검증결과의 문서화 및 보고
- 지난 검증 지적사항의 확인
- 검증 대상자가 검증의 범주를 이해할 수 있도록 노력
- 독립성과 객관성의 유지
- 비밀유지

2) 검증의 실시 순서

검증원은 다음과 같이 〈검증 준비 → 시작 회의 및 검증 실시 → 보고서 작성〉의 순서로 검증을 실시한다.

1단계: 검증 준비

- 피검증 부서에 대한 파악
- 지난 검증 보고서의 검토
- 관련 문서 및 체크리스트 확인
- 필요한 장비 확인

2단계: 시작 회의 및 검증 실시

- 문서 및 기록 검토 / 면접 / 관찰 및 증거의 수집
- 종료회의 및 지난 개선조치 요구서 확인

*** 실험실 검사**

- 샘플 및 면봉(swab) 채취
- 분석

3단계: 보고서 작성

- 검증결과 보고서 준비
- 미생물 검사결과 분석
- 보고서 제출 및 유지

3) 현장검증 방법

현장검증은 질문과 관찰로 수행한다. 질문은 육하원칙으로 체계적이고 간결하게 진행하여야 한다. 물론 답변을 잘하는 요령도 육하원칙이다. 비효율적으로 질문하면 원하는 평가를 못하고 대화가 중단된다. 예를 들면, "리콜 시 연락할 업체 명단이 있습니까?"하고 질문하면 '예' 혹은 '아니오'로 답해 대화가 중단될 수도 있다. 이럴 경우엔 "리콜 시 연락업체 명단이 어디에 있지요?"라고 물음으로써 대답을 유도하고 명단의 유무와 함께 그것이 어디에 있는지 알 수 있는 것이다. 따라서 효율적인 질문은 다음의 3단계로 하는 것이 좋다.

① ~을 어떻게 하십니까?
② 그것이 어디에 명시되어 있습니까?
③ 그것을 보여 주십시오.

예를 들어, 사용하는 위생장갑의 관리 상태에 대해 알고 싶다면

① 그 장갑은 주기적으로 소독합니까?
② 어떻게 소독합니까?
③ 그렇게 소독하라는 규정이 어디에 명시되어 있습니까?
④ 그 규정(절차)과 관련 기록을 보여 주십시오.

그리고 검증 후에는 다음의 내용을 포함하는 검증보고서를 작성하여 제출하여야 한다.

- 검증 종류
- 검증 일시
- 검증 내용
- 검증 활동의 증거(checklist 및 check 결과)
- 검증 결과(적합 혹은 부적합)
- 식별된 개선의 기회(보완 사항)
- 관찰·측정한 데이터 및 실험실 검사 분석 결과

4. 개선조치

검증의 지향점은 개선조치이다. 지속적 개선은 기업이 내부 및 외부의 환경변화에 적응해 가는 과정을 의미하며 적응하지 못하면 도태되는 것은 자연계나 사회나 똑같은 이치이다.

가령, 검증원이 위생 점검 시 바닥에 물기가 고여 있는 것을 지적하였다고 가정할 경우 청소해서 물기를 제거하면 될 것으로 여기고 심각하게 받아들이지 않을 수도 있다. 그런데 다음에 또 같은 일을 지적하고 물기 제거를 반복해야 한다면 그것은 말 그대로 '불 나면 불끄기식'과 다르지 않은 것이다. 다른 말로 하자면 진흙탕 싸움을 하는 격이다. 즉 재발되는 지적은 시스템 붕괴의 징후임을 알아야 한다. 위의 상황에서 물이 왜 고이는가에 대한 고민을 하면서 아래와 같은 질문들을 던져 보아야 한다.

- 작업대에서 떨어진 물인가?
- 세척한 물을 바닥에 버려서 고인 물인가?
- 옆 작업실에서 침투한 물인가?
- 확인해 보니 세척한 물을 바닥에 그냥 쏟으니 물이 고여 있는 것이다. 그렇다면 왜 그 물을 트렌치(배수구)로 흘리지 않고 바닥에 쏟아 내는가?

물론 세척통의 물을 배수로로 흘려보내는 것이 번거로우므로 바닥에 부어 버리면 작업이 빠르다. 그러나 바닥에 고인 물이 사고를 일으키고 작업장 구석구석을 썩게 할 것이다. 따라서 다음과 같은 질문을 해 보아야 한다.

- 그 종업원이 왜 그런 행동을 했는가?
- 생산 팀장은 왜 그 행동을 방치하고 있었는가?

만약 그 작업자는 그렇게 하는 것이 옳지 않다는 것을 알고 있었지만 아무도 지적을 안 하였기에 그런 행동을 하였다면 다음과 같이 질문해 보자.

- 근본적인 문제는 누구에게 있는 것인가?
- 그 설비로는 바닥에 물을 쏟을 수밖에 없다면 무엇이 문제이고 어떤 조치를 해야 하는가? 등….

예방조치는 그 문제의 근본적 원인을 파악하는 것이 요구되며 "5Times Why(근본적인 원인 파악)"를 실시할 것을 권장한다. 물론 "5Times"는 그냥 상징적 숫자이니 계속 "Why"를 해 보라는 것이다. 그런데 5번 정도 "Why"를 하면 대개 그 문제의 근본원인이 파악될 수 있다.

예를 들어 소방서는 화재진압에서 예방으로 그 활동을 넓혀가고 있다. 소방법 저촉을 받지 않고 건축한 단독주택을 방문해 화재경보기와 소화기를 보급하고 있다. 이것이 바로 예방적 개선조치이다. 의료보험공단은 정기적 건강검진을 권하고 운동을 장려하고 있다. 이 역시 개선조치이다. 개선조치가 곧 예방이며 이러한 예방적 활동이 전체 비용면에서 효과적이다.

소방서에서 달아준 화재경보기

운동

다음은 개선조치의 실천을 위한 "5Times Why"의 연습 예시이다.

◆ 문제: 제품 보관통이 깨끗하지 않다.

Why 1: 왜 깨끗하지 않은가?

→ 청소하지 않았기 때문이다.

Why 2: 왜 청소하지 않았는가?

→ 세척할 때 물로만 했기 때문이다.

Why 3: 왜 세척제를 사용하지 않았는가?

→ 사장님이 세제를 쓰지 말라고 했기 때문이다.

Why 4: 왜 사장님이 세제 사용을 금지했는가?

→ 폐수 문제 때문이다.

Why 5: 그럼 세제를 전혀 쓸 수 없는가?

→ 그것이 아니고 오·남용을 해서 사용금지한 것이지 전혀 쓸 수 없는 것은 아니다.

▶ 일주일에 한 번 보관통을 세척하고, 세척할 때 사용하는 세척제 양을 포함하여 온수 사용 등의 세부적인 세척 소독기준을 만들고 종업원을 교육·훈련하여 이 문제를 개선함

모든 부적합이나 이상 발생의 근본적 원인과 그 예방책은 통상 다음과 같다.

근본 원인	예방책
지식 부족	교육·훈련
태만	동기 유발
기준/절차 부적절	현실적 개정
자원부족	경영자 의지

부적합 보고서에는 통상 다음 사항이 포함된다.

- 발견사항 개요
- 부적합의 내용기술
- 객관적 증거 사례
- 기준(혹은 요건)의 개요
- 적용되는 기준서(매뉴얼)의 발행상태
- 지역/부서/기능
- 규격 및 조항 번호

다음은 부적합 보고서의 좋은 예시이다.

기준: 식품안전관리인증기준, 선행요건프로그램 관리

절차: 위생 관리기준서 5항 3 및 별첨 5

구역: 전처리 작업장

부적합 내용

1. 5항 3에 의하면 바닥은 마른 상태를 유지해야 하나 작업장 바닥에 물기가 고여 있고 제거하지 않고 있었음
2. 별첨 5에 의하면 세척조 물을 트렌치로 흐르도록 해야 하나 작업자가 바닥에 쏟아 붓고 있음

KEY POINT

- 검증의 목적은 시스템을 신뢰하는 과정이고 개선의 기회를 찾기 위한 노력이다.
- 검증 절차는 PDCA 사이클에 따라서 계획, 실시, 평가, 및 문제점 확인, 개선조치로 이루어진다.
- 검증은 특수 공정이므로 자격있는 사람이 검증을 실시하여야 한다.
- 개선조치는 즉시적 개선조치와 예방적 개선조치로 구분된다. 예방적 개선조치는 근본적인 원인을 식별해서 그 원인을 제거하는 것이다.

쉬어가는 페이지

與一利 不若除一害

하나의 이익을 얻는 것이 하나의 해를 제거함만 못하고,

生一事 不若滅一事

하나의 일을 만드는 것이 하나의 일을 없애는 것만 못하다.

이 말은 대몽고제국을 건설할 때 칭기즈 칸의 재상이었던 야율초재가 한 말이다. 즉, 개선된다는 것은 특별한 것을 시도하는 것보다 잘못된 것을 고치는 것이 더 중요하다는 것이며 많은 품질학자와 경영학자도 공통된 의견을 제시하였다. 개선조치는 이미 HACCP 7원칙 중 원칙 5에서 설명한 대로 즉시적 조치와 예방적 조치로 구분된다. 우리 사회에 충격을 준 사고들의 원인을 살펴 보면 대부분 인재에서 기인하였음을 알 수 있다. 가령 충북 제천의 화재참사의 경우 일선 소방관들의 미숙도 있고 그들이 화재를 잘 진압할 수 있도록 지원해야 하는 관계 당국의 무관심에도 그 책임이 있다. 이런 화재의 참사가 되풀이되지 않도록 하기 위해서는 그 원인을 분석해서 개선하면 된다. 예를 들어, 소방차의 진입을 방해하는 불법 주차 차량을 치울 수 있는 권한, 불량한 무전기의 교체를 비롯한 소방 장비의 개선, 화재를 예방하는 소방감리 활동의 강화 등이다. 사고가 발생하면 당장이라도 조치할 듯이 하지만 곧 흐지부지해져 버리니 이러한 비극이 되풀이되고 국가시스템은 선진국 문턱에서 턱걸이만 하고 있다. 잘못을 개선하고 불필요한 것을 없애고자 하는 개선활동은 기업과 개인에게도 마찬가지로 높게 요구되는 것이다.

출처: 송염(2015)

제 4 장 요약

❶ 훌륭한 리더의 리더십은 체계적 관리를 통해서 그 권위가 드러나며, 조직원이 목적을 향해 나아가도록 영향을 미친다. 식품산업관리자는 식품안전성(품질)을 목적으로 하는 관리의 특성상 리더십이 특히 중요하다.

❷ 관리를 통해 전 종업원이 자기역할을 바르게 수행함으로써 상호 간에 신뢰가 형성되며, 더 나아가 권한이양이 이루어짐으로써 Top-down 조직으로 바뀌고 전사적 품질경영의 조직문화가 형성된다.

❸ 리더십에 관한 특성 이론은 리더가 가진 다양한 특성에 주목하고, 행동이론은 리더의 행동유형에 따른 리더십의 효과를 제시한다. 상황이론은 과업 구조, 직위 권력, 구성원과의 관계로 대표되는 상황변수와 리더의 성향에 따라 리더십의 효과가 다르게 나타날 수 있음을 알려준다.

❹ 체계적 관리는 <계획(Plan)-실시(Do)-확인(Check)-개선(Act)>의 사이클에 의해 업무를 수행하는 것이며, PDCA 사이클은 HACCP을 성공으로 이끄는 유용한 기법이다.

❺ 동기 부여에 관한 이론들은 동선 관리나 작업환경 개선 못지 않게 종업원에 대한 배려가 중요함을 알려 준다. 매슬로우의 욕구 5단계 이론과 맥그리거의 XY 이론은 종업원에 대한 존중과 신뢰의 중요성, 허즈버그의 이요인 이론은 직무만족의 중요성, 그리고 호오손 실험은 작업 능률에 있어 인간적 요인의 중요성을 제시한다.

❻ 문서화는 프로세스 관리와 함께 모든 품질 시스템에서 요구하는 사항이다. 문서화는 진행되는 업무를 체계적으로 작성하는 것이고, 업무수행에 관한 증거는 양식에 기록으로 남긴다.

❼ 문서 자체가 PDCA 사이클로 작성되어야 체계적 업무 수행이 가능하다. 체계적 업무 수행의 시작인 '계획(P)'은 육하원칙에 의해 작성한다. 매뉴얼, 기준서, SSOP, 절차서는 모두 공식적 업무 방법을 문서화한 것이다.

❽ 교육 · 훈련(Training)의 절차는 PDCA 사이클에 따라 진행되며 계획(P) 단계에서 교육·훈련의 요구를 식별하고 교육·훈련의 결과는 기록으로 남겨야 한다.

❾ 교육 · 훈련은 종업원에게 규정, 절차 및 업무 방법을 반복하여 숙달시키는 것이다. 훈련을 통하여 종업원은 규정을 지키면서 생산성을 올릴 수 있다는 자신감과 좋은 품질의 제품생산에 대한 자신감을 키운다.

❿ 검증은 체계적 관리의 핵심요소로서 해당 기업의 시스템이 적절한지와 기준에 맞게 준수되는지를 평가하는 일련의 활동이다. 검증을 통해 조직의 시스템과 구성원을 신뢰하고 개선의 기회를 식별함으로써 지속적 개선이 가능하고 환경의 변화에 대응할 수 있다. 발견된 문제의 근본적 원인을 파악하고 이를 개선하는 것이 곧 발전하는 것이다.

제 4 장 연습문제

1. 체계적 관리의 방법과 그 중요성에 대하여 설명하시오.
2. 기업이 발전하고 품질을 위한 전사적 역량을 집중하기 위해서는 Top-down 조직이 되어야 한다. HACCP을 도입한 후 기업이 Top-down 조직으로 변화하는 과정에 대하여 설명하시오.
3. 경영학 이론들이 HACCP 적용 과정에서 유용하게 활용될 수 있는 이유에 대하여 설명하시오.
4. 문서와 기록의 정의에 대하여 설명하시오.
5. 현대의 모든 품질 시스템은 프로세스 관리와 문서화를 요구하고 있다. 그 이유를 설명하고 프로세스 관리와 문서화의 관계를 설명하시오.
6. 시스템에서 교육·훈련이 차지하는 의미와 역할에 대하여 설명하시오.
7. 기준(혹은 표준), 계획, 절차의 개념과 차이점을 설명하시오.
8. 교육·훈련에서 성과 측정의 의미와 방법에 대하여 설명하시오.
9. 검증의 의미와 중요성을 설명하시오.
10. 시스템의 지속적 개선을 위한 검증의 역할과 개선 방법을 설명하시오.

부록 1. 식품안전관리인증기준 중 일반 HACCP용 선행요건 관리 및 HACCP 관리, 소규모 HACCP 관리

다음은 HACCP 심사를 할 때 사용하는 체크리스트(check list)로서 다음의 평가 내용이 HACCP을 적용할 때의 기준이 된다.

2. 선행요건 관리

2-1. 인증평가 및 사후관리용[식품(식품첨가물 포함)제조 · 가공업, 건강기능식품제조업, 집단급식소식품판매업, 축산물가공업]

평가 내용 (배점)	평가 결과 (0~3점)	비고
영업장 관리		
작업장		
1. 작업장은 독립된 건물이거나 식품(축산물을 포함한다. 이하 같다) 취급 외의 용도로 사용되는 시설과 분리(벽·층 등에 의하여 별도의 방 또는 공간으로 구별되는 경우를 말한다. 이하 같다)되어야 한다. (0~3점)		
2. 작업장(출입문, 창문, 벽, 천장 등)은 누수, 외부의 오염물질이나 해충·설치류 등의 유입을 차단할 수 있도록 밀폐 가능한 구조이어야 한다. (0~3점)		
3. 작업장은 청결구역(식품의 특성에 따라 청결구역은 청결구역과 준청결구역으로 구별할 수 있다)과 일반구역으로 분리하고, 제품의 특성과 공정에 따라 분리, 구획 또는 구분할 수 있다. (0~3점)		
건물 바닥, 벽, 천장		
4. 원료처리실, 제조·가공실 및 내포장실의 바닥, 벽, 천장, 출입문, 창문 등은 제조·가공하는 식품의 특성에 따라 내수성 또는 내열성 등의 재질을 사용하거나 이러한 처리를 하여야 하고, 바닥은 파여 있거나 갈라진 틈이 없어야 하며, 작업 특성상 필요한 경우를 제외하고는 마른 상태를 유지하여야 한다. 이 경우 바닥, 벽, 천장 등에 타일 등과 같이 홈이 있는 재질을 사용한 때에는 홈에 먼지, 곰팡이, 이물 등이 끼지 아니하도록 청결하게 관리하여야 한다. (0~3점)		
배수 및 배관		
5. 작업장은 배수가 잘 되어야 하고 배수로에 퇴적물이 쌓이지 아니하여야 하며, 배수구, 배수관 등은 역류가 되지 아니하도록 관리하여야 한다. (0~3점)		

평가 내용 (배점)	평가 결과 (0~3점)	비고
출입구		
6. 작업장의 출입구에는 구역별 복장 착용 방법을 게시하여야 하고, 개인 위생 관리를 위한 세척, 건조, 소독 설비 등을 구비하여야 하며, 작업자는 세척 또는 소독 등을 통해 오염가능성 물질 등을 제거한 후 작업에 임하여야 한다. (0~3점)		
통 로		
7. 작업장 내부에는 종업원의 이동경로를 표시하여야 하고 이동경로에는 물건을 적재하거나 다른 용도로 사용하지 아니하여야 한다. (0~1점)		
창		
8. 창의 유리는 파손 시 유리조각이 작업장 내로 흩어지거나 원·부자재 등으로 혼입되지 아니하도록 하여야 한다. (0~1점)		
채광 및 조명		
9. 작업실 안은 작업이 용이하도록 자연채광 또는 인공조명장치를 이용하여 밝기는 220룩스 이상을 유지하여야 하고, 특히 선별 및 검사구역 작업장 등은 육안확인이 필요한 조도(540룩스 이상)를 유지하여야 한다. (0~1점)		
10. 채광 및 조명시설은 내부식성 재질을 사용하여야 하며, 식품이 노출되거나 내포장 작업을 하는 작업장에는 파손이나 이물 낙하 등에 의한 오염을 방지하기 위한 보호장치를 하여야 한다. (0~1점)		
부대시설		
- 화장실, 탈의실 등		
11. 화장실, 탈의실 등은 내부 공기를 외부로 배출할 수 있는 별도의 환기시설을 갖추어야 하며, 화장실 등의 벽과 바닥, 천장, 문은 내수성, 내부식성의 재질을 사용하여야 한다. 또한 화장실의 출입구에는 세척, 건조, 소독설비 등을 구비하여야 한다. (0~2점)		
12. 탈의실은 외출복장(신발 포함)과 위생복장(신발 포함) 간의 교차 오염이 발생하지 아니하도록 분리 또는 구분·보관하여야 한다. (0~2점)		
위생 관리		
작업 환경 관리		
- 동선 계획 및 공정 간 오염방지		
13. 원·부자재의 입고에서부터 출고까지 물류 및 종업원의 이동 동선을 설정하고 이를 준수하여야 한다. (0~2점)		
14. 원료의 입고에서부터 제조·가공, 보관, 운송에 이르기까지 모든 단계에서 혼입될 수 있는 이물에 대한 관리계획을 수립하고 이를 준수하여야 하며, 필요한 경우 이를 관리할 수 있는 시설·장비를 설치하여야 한다. (0~3점)		

평가 내용 (배점)	평가 결과 (0~3점)	비고
15. 청결구역과 일반구역별로 각각 출입, 복장, 세척·소독 기준 등을 포함하는 위생 수칙을 설정하여 관리하여야 한다. (0~3점)		
- 온도·습도 관리		
16. 제조·가공·포장·보관 등 공정별로 온도 관리계획을 수립하고 이를 측정할 수 있는 온도계를 설치하여 관리하여야 한다. 필요한 경우, 제품의 안전성 및 적합성을 확보하기 위한 습도관리계획을 수립·운영하여야 한다. (0~1점)		
- 환기시설 관리		
17. 작업장 내에서 발생하는 악취나 이취, 유해가스, 매연, 증기 등을 배출할 수 있는 환기시설을 설치하여야 한다. (0~1점)		
- 방충·방서 관리		
18. 외부로 개방된 흡·배기구 등에는 여과망이나 방충망 등을 부착하여야 한다. (0~2점)		
19. 작업장은 방충·방서관리를 위하여 해충이나 설치류 등의 유입이나 번식을 방지할 수 있도록 관리하여야 하고, 유입 여부를 정기적으로 확인하여야 한다. (0~2점)		
20. 작업장 내에서 해충이나 설치류 등의 구제를 실시할 경우에는 정해진 위생 수칙에 따라 공정이나 식품의 안전성에 영향을 주지 아니하는 범위 내에서 적절한 보호 조치를 취한 후 실시하며, 작업 종료 후 식품취급시설 또는 식품에 직·간접적으로 접촉한 부분은 세척 등을 통해 오염물질을 제거하여야 한다. (0~1점)		
개인 위생 관리		
21. 작업장 내에서 작업 중인 종업원 등은 위생복·위생모·위생화 등을 항시 착용하여야 하며, 개인용 장신구 등을 착용하여서는 아니 된다. (0~2점)		
폐기물 관리		
22. 폐기물·폐수처리시설은 작업장과 격리된 일정장소에 설치·운영하며, 폐기물 등의 처리용기는 밀폐 가능한 구조로 침출수 및 냄새가 누출되지 아니하여야 하고, 관리계획에 따라 폐기물 등을 처리·반출하고, 그 관리기록을 유지하여야 한다. (0~1점)		
세척 또는 소독		
23. 영업장에는 기계·설비, 기구·용기 등을 충분히 세척하거나 소독할 수 있는 시설이나 장비를 갖추어야 한다. (0~1점)		
24. 세척·소독 시설에는 종업원에게 잘 보이는 곳에 올바른 손 세척 방법 등에 대한 지침이나 기준을 게시하여야 한다. (0~1점)		

평가 내용 (배점)	평가 결과 (0~3점)	비고
25. 영업자는 다음 각 호의 사항에 대한 세척 또는 소독 기준을 정하여야 한다. (0~3점) • 종업원 • 위생복, 위생모, 위생화 등 • 작업장 주변 • 작업실별 내부 • 식품제조시설(이송배관 포함) • 냉장·냉동 설비 • 용수저장시설 • 보관·운반시설 • 운송차량, 운반도구 및 용기 • 모니터링 및 검사 장비 • 환기시설(필터, 방충망 등 포함) • 폐기물 처리용기 • 세척, 소독도구 • 기타 필요사항		
26. 세척 또는 소독 기준은 다음의 사항을 포함하여야 한다. (0~3점) • 세척·소독 대상별 세척·소독 부위 • 세척·소독 방법 및 주기 • 세척·소독 책임자 • 세척·소독 기구의 올바른 사용 방법 • 세제 및 소독제(일반명칭 및 통용명칭)의 구체적인 사용 방법		
27. 소독용 기구나 용기는 정해진 장소에 보관·관리되어야 한다. (0~1점)		
28. 세척 및 소독의 효과를 확인하고, 정해진 관리계획에 따라 세척 또는 소독을 실시하여야 한다. (0~3점)		
제조·가공 시설·설비 관리		
제조시설 및 기계·기구류 등 설비 관리		
29. 식품취급시설·설비는 공정 간 또는 취급시설·설비 간 오염이 발생되지 아니하도록 공정의 흐름에 따라 적절히 배치되어야 하며, 위해요인에 의한 오염이 발생하지 아니하여야 한다. (0~3점)		
30. 식품과 접촉하는 취급시설·설비는 인체에 무해한 내수성·내부식성 재질로 열탕·증기·살균제 등으로 소독·살균이 가능하여야 하며, 기구 및 용기류는 용도별로 구분하여 사용·보관하여야 한다 (0~3점)		

평가 내용 (배점)	평가 결과 (0~3점)	비고
31. 온도를 높이거나 낮추는 처리시설에는 온도변화를 측정·기록하는 장치를 설치·구비하거나 일정한 주기를 정하여 온도를 측정하고, 그 기록을 유지하여야 하며, 관리계획에 따른 온도가 유지되어야 한다. (0~2점)		
32. 식품취급시설·설비는 정기적으로 점검·정비를 하여야 하고 그 결과를 보관하여야 한다. (0~1점)		
냉장·냉동시설·설비 관리		
33. 냉장시설은 내부의 온도를 10℃ 이하(다만 신선편의식품, 훈제연어, 가금육은 5℃ 이하 보관 등 보관온도 기준이 별도로 정해진 식품의 경우에는 그 기준을 따른다), 냉동시설은 -18℃ 이하로 유지하고, 외부에서 온도변화를 관찰할 수 있어야 하며, 온도 감응 장치의 센서는 온도가 가장 높게 측정되는 곳에 위치하도록 한다. (0~2점)		
용수 관리		
34. 식품 제조·가공에 사용되거나, 식품에 접촉할 수 있는 시설·설비, 기구·용기, 종업원 등의 세척에 사용되는 용수는 수돗물이나 「먹는물 관리법」 제5조의 규정에 의한 먹는물 수질기준에 적합한 지하수이어야 하며, 지하수를 사용하는 경우, 취수원은 화장실, 폐기물·폐수처리시설, 동물사육장 등 기타 지하수가 오염될 우려가 없도록 관리하여야 하며, 필요한 경우 살균 또는 소독장치를 갖추어야 한다. (0~3점)		
35. 식품 제조·가공에 사용되거나, 식품에 접촉할 수 있는 시설·설비, 기구·용기, 종업원 등의 세척에 사용되는 용수는 다음 각호에 따른 검사를 실시하여야 한다. 가. 지하수를 사용하는 경우에는 먹는물 수질기준 전 항목에 대하여 연 1회 이상(음료류 등 직접 마시는 용도의 경우는 반기 1회 이상) 검사를 실시하여야 한다. 나. 먹는물 수질기준에 정해진 미생물학적 항목에 대한 검사를 월 1회 이상(지하수를 사용하거나 상수도의 경우는 비가열식품의 원료 세척수 또는 제품 배합수로 사용하는 경우에 한한다) 실시하여야 하며, 미생물학적 항목에 대한 검사는 간이검사키트를 이용하여 자체적으로 실시할 수 있다. (0~3점)		
36. 저수조, 배관 등은 인체에 유해하지 아니한 재질을 사용하여야 하며, 외부로부터의 오염물질 유입을 방지하는 잠금장치를 설치하여야 하고, 누수 및 오염 여부를 정기적으로 점검하여야 한다. (0~1점)		
37. 저수조는 반기별 1회 이상 「수도법」에 따라 청소와 소독을 자체적으로 실시하거나, 「수도법」에 따른 저수조청소업자에게 대행하여 실시하여야 하며 그 결과를 기록·유지하여야 한다. (0~3점)		

평가 내용 (배점)	평가 결과 (0~3점)	비고
38. 비음용수 배관은 음용수 배관과 구별되도록 표시하고 교차되거나 합류되지 아니하여야 한다. (0~1점)		
보관·운송 관리		
구입 및 입고		
39. 검사성적서로 확인하거나 자체적으로 정한 입고기준 및 규격에 적합한 원·부자재만을 구입하여야 한다. (0~2점)		
협력업소 관리		
40. 영업자는 원·부자재 공급업소 등 협력업소의 위생 관리 상태 등을 점검하고 그 결과를 기록하여야 한다. 다만, 공급업소가 「식품위생법」이나 「축산물 위생관리법」에 따른 HACCP 적용업소일 경우에는 이를 생략할 수 있다. (0~1점)		
운송		
41. 운반 중인 식품·축산물은 비식품·축산물 등과 구분하여 교차 오염을 방지하여야 하며, 운송차량(지게차 등 포함)으로 인하여 운송제품이 오염되어서는 아니 된다. (0~1점)		
42. 운송차량은 냉장의 경우 10℃ 이하(단, 가금육 -2~5℃ 운반과 같이 별도로 정해진 경우에는 그 기준을 따른다), 냉동의 경우 -18℃ 이하를 유지할 수 있어야 하며, 외부에서 온도변화를 확인할 수 있도록 온도 기록 장치를 부착하여야 한다. (0~1점)		
보관		
43. 원료 및 완제품은 선입선출 원칙에 따라 입고·출고상황을 관리·기록하여야 한다. (0~1점)		
44. 원·부자재, 반제품 및 완제품은 구분·관리하고, 바닥이나 벽에 밀착되지 아니하도록 적재·관리하여야 한다. (0~1점)		
45. 부적합한 원·부자재, 반제품 및 완제품은 별도의 지정된 장소에 보관하고 명확하게 식별되는 표식을 하여 반송, 폐기 등의 조치를 취한 후 그 결과를 기록·유지하여야 한다. (0~1점)		
46. 유독성 물질, 인화성 물질 및 비식용 화학물질은 식품 취급 구역으로부터 격리되고, 환기가 잘되는 지정 장소에서 구분하여 보관·취급하여야 한다. (0~1점)		
검사 관리		
제품검사		
47. 제품검사는 자체 실험실에서 검사계획에 따라 실시하거나 검사기관과의 협약에 의하여 실시하여야 한다. (0~2점)		

<table>
<tr><th colspan="3">평가 내용 (배점)</th><th>평가 결과
(0~3점)</th><th>비
고</th></tr>
<tr><td colspan="3">48. 검사결과에는 다음 내용이 구체적으로 기록되어야 한다. (0~2점)
• 검체명
• 제조년월일 또는 유통기한(품질유지기한)
• 검사년월일
• 검사항목, 검사기준 및 검사결과
• 판정결과 및 판정년월일
• 검사자 및 판정자의 서명날인
• 기타 필요한 사항</td><td></td><td></td></tr>
<tr><td colspan="5">시설 설비 기구 등 검사</td></tr>
<tr><td colspan="3">49. 냉장·냉동 및 가열처리 시설 등의 온도측정 장치는 연 1회 이상, 검사용 장비 및 기구는 정기적으로 교정하여야 한다. 이 경우 자체적으로 교정검사를 하는 때에는 그 결과를 기록·유지하여야 하고, 외부 공인 국가교정기관에 의뢰하여 교정하는 경우에는 그 결과를 보관하여야 한다. (0~2점)</td><td></td><td></td></tr>
<tr><td colspan="3">50. 작업장의 청정도 유지를 위하여 공중낙하세균 등을 관리계획에 따라 측정·관리하여야 한다. 다만, 제조공정의 자동화, 시설·제품의 특수성, 식품이 노출되지 아니하거나, 식품을 포장된 상태로 취급하는 등 작업장의 청정도가 제품에 영향을 줄 가능성이 없는 작업장은 그러하지 아니할 수 있다. (0~3점)</td><td></td><td></td></tr>
<tr><td colspan="5">회수프로그램 관리</td></tr>
<tr><td colspan="3">51. 부적합품이나 반품된 제품의 회수를 위한 구체적인 회수절차나 방법을 기술한 회수프로그램을 수립·운영하여야 한다. (0~2점)</td><td></td><td></td></tr>
<tr><td colspan="3">52. 부적합품의 원인규명이나 확인을 위한 제품별 생산장소, 일시, 제조라인 등 해당시설 내의 필요한 정보를 기록·보관하고 제품추적을 위한 코드표시 또는 로트관리 등의 적절한 확인 방법을 강구하여야 한다. (0~2점)</td><td></td><td></td></tr>
<tr><td rowspan="2">종합
평가</td><td>점수
합계</td><td colspan="3" rowspan="2">〈판정기준〉
인증평가: 각 항목에 대한 취득점수의 합계가 85점 이상일 경우에는 적합, 70점 이상에서 85점 미만은 보완, 70점 미만이면 부적합으로 판정한다. 다만, 평가 제외 항목이 있을 경우 평가 제외 항목을 제외한 총 점수 대비 취득점수를 백분율로 환산하여 85%(소수첫째자리 반올림 처리) 이상일 경우에는 적합, 70%에서 85% 미만은 보완, 70% 미만이면 부적합으로 판정한다.
정기 조사·평가: 각 항목에 대한 취득점수의 합계가 85점 이상일 경우에는 수정·보완하도록 조치하되, 85점 미만이면 부적합으로 판정한다. 다만, 평가 제외 항목이 있을 경우 평가 제외 항목을 제외한 총 점수 대비 취득점수를 백분율로 환산하여 85%(소수첫째자리 반올림 처리) 이상일 경우에는 적합, 85% 미만이면 부적합으로 판정한다.</td></tr>
<tr><td>점
(%)</td></tr>
</table>

3. HACCP 관리

1) 인증평가용[식품(식품첨가물 포함)제조 · 가공업, 건강기능식품제조업, 집단급식소, 집단급식소식품판매업, 식품접객업(위탁급식영업), 운반급식(개별 또는 벌크 포장), 축산물가공업]

평가 항목	평가 내용(배점)	평가 결과 (0~10점)	비고
1. HACCP팀	1. HACCP팀을 구성하고 팀원별 책임과 권한 및 인수인계 방법을 부여하고 있는가?(0~5점) 2. 팀구성원이 HACCP의 개념과 원칙, 절차 등과 각자의 역할에 대하여 충분히 이해하고 있는가?(0~5점) 3. 팀장은 HACCP팀에 주도적으로 참여하고 있으며, 각 팀원은 적극적으로 참여하여 활동하고 있는가?(0~5점)		
	소 계(0~15점)		
2. 제품설명서 및 공정흐름도	1. 제품설명서가 구체적으로 기술되어 있는가?(0~5점) 2. 공정흐름도를 작성하고 있는가?(0~5점) 3. 공정흐름도가 현장과 일치하는가?(0~5점)		
	소 계(0~15점)		
3. 위해요소분석	1. 발생 가능한 위해요소를 충분히 도출하고, 발생 원인을 구체적으로 기술하고 있는가?(0~10점) 2. 도출된 위해요소에 대한 위해평가기준(심각성, 발생가능성 등) 및 평가 결과의 활용원칙이 제시되어 있는가?(0~10점) 3. 개별 위해요소에 대한 위해평가가 적절하게 이루어졌는가?(0~5점) 4. 도출된 위해요소를 관리하기 위한 현실성 있는 예방조치 및 관리 방법을 도출하였는가?(0~10점) 5. 위해요소분석을 위한 과학적인 근거자료를 제시하고 있는가?(0~5점) 6. 위해요소분석에 대한 개념과 절차를 잘 이해하고 있는가?(0~5점)		
	소 계(0~45점)		

평가 항목	평가 내용(배점)	평가 결과 (0~10점)	비고
4. 중요관리점의 결정 및 한계기준의 설정	1. CCP 결정도(CCP decision tree)에 따라 CCP가 적절하게 결정되었는가?(0~10점) 2. 팀원은 제시된 CCP 결정도의 개념을 잘 숙지하고 있는가?(0~5점) 3. 한계기준의 관리항목과 기준이 구체적으로 설정되어 있으며, 설정된 한계기준은 도출된 위해요소를 관리하기에 충분한가?(0~10점) 4. CCP 모니터링 담당자가 설정된 한계기준을 숙지하고 있는가?(0~10점) 5. 한계기준 설정을 위해 활용한 유효성 평가자료는 현장의 특성을 반영하고 있는가?(0~10점)		
	소 계(0~45점)		
5. CCP의 모니터링 및 개선조치	1. 모니터링 방법은 한계기준을 충분히 관리할 수 있도록 설정되어 있는가?(0~10점) 2. 모니터링 담당자는 모니터링 절차에 따라 지정 위치에서 모니터링하고 있는가?(0~10점) 3. 모니터링 담당자는 훈련을 통하여 자신의 역할을 잘 숙지하고 있는가?(0~5점) 4. 모니터링에 사용되는 장비는 적절히 교정하여 관리하고 있는가?(0~5점) 5. 개선조치 절차 및 방법은 수립되어 있으며 책임과 권한에 따라 자신의 역할을 잘 숙지하고 있는가?(0~5점) 6. 개선조치를 신속하고 구체적으로 실시하고 있으며 그 결과를 적절히 기록·유지하고 있는가?(0~10점)		
	소 계(0~45점)		
6. HACCP 시스템 검증	1. 검증업무 절차 및 검증계획이 적절히 수립되어 있는가?(0~10점) 2. 검증계획에 따라 HACCP 관리계획 수립 후 최초 검증을 적절히 실시하였는가?(0~5점) 3. 검증결과, 부적합 사항에 대한 개선조치 등 사후관리가 수행되었는가?(0~5점)		
	소 계(0~20점)		

평가 항목	평가 내용(배점)	평가 결과 (0~10점)	비고
7. 교육·훈련	1. HACCP 시스템의 효율적 운영을 위한 교육·훈련 절차 및 계획이 확립되어 있는가?(0~10점) 2. 교육·훈련은 교육·훈련계획 및 절차에 따라 실시되고 그 기록이 유지되고 있는가?(0~5점)		
	소 계(0~15점)		
	종합 평가(0~200점)		

※ 판정기준

① 평가항목의 배점에 대한 점수는 아래 평가점수표에 따라 부여한다.

〈평가점수표〉

구분	배점	
	0~5	0~10
평가점수	0	0
	1	2
	2	4
	3	6
	4	8
	5	10

② 총 점수 200점 중 170점 이상을 적합, 140점 이상 170점 미만은 보완, 140점 미만이면 부적합으로 판정한다.

4. 소규모 업소 등

1) 인증평가용[식품(식품첨가물 포함)제조 · 가공업, 건강기능식품제조업, 축산물가공업, 집단급식소식품판매업, 즉석판매제조가공업, 축산물작업장 · 업소]

평가 항목	평가 결과 (해당 □에 V 표시)
선행요건 관리	
1. 작업장은 외부의 오염물질이나, 해충·설치류 등의 유입을 차단할 수 있도록 밀폐 또는 위생적으로 관리하여야 한다.	적합 □ 부적합 □
2. 포충등, 쥐덫, 바퀴벌레 포획 도구 등에 포획된 개체수를 정해진 주기에 따라 확인하여야 한다.	적합 □ 부적합 □
3. 종업원은 작업장 출입 시 이물제거 도구 등을 이용하여 이물을 제거하여야 하고, 개인장신구 등 휴대품을 소지하여서는 아니된다.	적합 □ 부적합 □
4. 종업원은 작업장 출입 시 손·위생화 등을 세척·소독하여야 하며, 청결한 위생복장을 착용하고 입실하여야 한다.	적합 □ 부적합 □
5. 종업원을 대상으로 정해진 주기에 따라 위생교육을 실시하여야 한다.	적합 □ 부적합 □
6. 작업장 내부는 정해진 주기에 따라 청소하여야 한다.	적합 □ 부적합 □
7. 배수로, 제조설비의 식품(축산물을 포함한다. 이하 같다)과 직접 닿는 부분, 식품과 직접 접촉되는 작업도구 등은 정해진 주기에 따라 청소·소독을 실시하여야 한다.	적합 □ 부적합 □
8. 파손되거나 정상적으로 작동하지 아니하는 제조설비를 사용하여서는 아니되며 「식품위생법」에서 정한 시설기준에 적합하게 관리하여야 한다.	적합 □ 부적합 □
9. 냉장·냉동 창고의 온도를 적절히 관리하여야 한다.	적합 □ 부적합 □
10. 가열기 및 냉장·냉동창고의 온도계는 정해진 주기에 따라 검·교정을 실시하여야 한다.	적합 □ 부적합 □
11. 저수조는 정해진 주기에 따라 청소·소독을 철저히 하고 화장실은 제조시설에 영향을 주지 아니하도록 위생적으로 관리하여야 한다.	적합 □ 부적합 □
12. 식품과 직접 접촉되는 모니터링 도구(온도계 등)는 사용 전·후 세척·소독을 실시하여야 한다.	적합 □ 부적합 □

<table>
<tr><th>평가 항목</th><th colspan="2">평가 결과
(해당 □에 V 표시)</th></tr>
<tr><td>13. 원·부재료 입고 시 시험성적서를 수령하거나, 육안검사를 실시하여야 한다.</td><td colspan="2">적합 □ 부적합 □</td></tr>
<tr><td>14. 완제품에 대한 검사를 정해진 주기에 따라 실시하여야 하며, 기준 및 규격에 적합한 제품을 제조·판매하고 부적합 제품에 대한 회수 관리를 하여야 한다.</td><td colspan="2">적합 □ 부적합 □</td></tr>
<tr><td>15. 식품안전과 관련된 소비자 불만, 이물 혼입 등 발생 시 개선조치를 실시하고, 그 결과를 기록·유지하는 등 「식품위생법」에서 정하는 준수사항을 지켜야 한다.</td><td colspan="2">적합 □ 부적합 □</td></tr>
<tr><td colspan="3">HACCP 관리</td></tr>
<tr><td>16. 중요관리점(CCP)을 결정하고, 한계기준을 설정하여 관리하여야 한다.</td><td colspan="2">적합 □ 부적합 □</td></tr>
<tr><td>17. 모니터링을 정해진 주기에 따라 실시하고, 그 결과를 기록·유지하여야 한다.</td><td colspan="2">적합 □ 부적합 □</td></tr>
<tr><td>18. 모니터링 기구·장비 등은 매년 유지·보수하거나 검·교정을 실시하여야 한다.</td><td colspan="2">적합 □ 부적합 □</td></tr>
<tr><td>19. 한계기준 이탈 시 개선조치를 실시하고, 그 결과를 기록·유지하여야 한다.</td><td colspan="2">적합 □ 부적합 □</td></tr>
<tr><td>20. 중요관리점(CCP)에 대한 관리상황을 정해진 주기에 따라 검증하고, 그 결과를 기록·유지하여야 한다.</td><td colspan="2">적합 □ 부적합 □</td></tr>
<tr><td rowspan="3">〈판정기준〉
지정평가: 각 항목에 대한 적합 항목의 개수가 17개 이상일 경우에는 적합, 14개에서 17개 미만이면 보완, 14개 미만이면 부적합으로 판정한다. 다만, 평가 제외 항목이 있을 경우 평가 제외 항목을 제외한 총 항목 대비 적합항목을 백분율로 환산하여 85%(소수첫째자리 반올림 처리) 이상일 경우에는 적합, 70%에서 85% 미만은 보완, 70% 미만이면 부적합으로 판정한다.</td><td>적합
항목수</td><td>적합
항목
비율(%)</td></tr>
<tr><td></td><td></td></tr>
<tr><td colspan="2">적합/보완/부적합</td></tr>
</table>

부록 2.
식품일반, 절임류 또는 조림류에 관한 식품공전 내용

아래는 식품의약품안전처고시 2016-154호의 최신 식품공전의 내용 중 본 교재에서 HACCP 관리계획의 예시로서 다룬 볶음김치와 관련된 내용을 소개한다. 편의상 식품일반의 기준 및 규격과 절임류 또는 조림류의 기준 및 규격을 나타내었다. 이 기준 및 규격은 제품설명서를 작성할 때의 법적 규격, 자체 규격 및 위해요소 분석의 근거가 된다.

3. 식품일반의 기준 및 규격

1) 성상

제품은 고유의 형태, 색택을 가지고 이미·이취가 없어야 한다.

2) 이물

(1) 식품은 원료의 처리과정에서 ① 그 이상 제거되지 아니하는 정도 이상의 이물, ② 오염된 비위생적인 이물, ③ 인체에 위해를 끼치는 단단하거나 날카로운 이물을 함유하여서는 아니 된다. 다만, 다른 식물이나 원료식물의 표피 또는 토사, 원료육의 털, 뼈 등과 같이 실제에 있어 정상적인 제조·가공상 완전히 제거되지 아니하고 잔존하는 경우의 이물로서 그 양이 적고 위해 가능성이 낮은 경우는 제외한다.

(2) 금속성 이물로서 쇳가루는 제7. 1.2.1 마. 금속성 이물(쇳가루)에 따라 시험하였을 때 식품 중 10.0mg/kg 이상 검출되어서는 아니 되며, 또한 금속성 이물은 2mm 이상인 금속성 이물이 검출되어서는 아니 된다.

3) 식품첨가물

(1) 식품 중 식품첨가물의 사용은 식품첨가물의 기준 및 규격에 따른다.

(2) 어떤 식품에 사용할 수 없는 식품첨가물이 그 식품첨가물을 사용할 수 있는

원료로부터 유래된 것이라면 원료로부터 이행된 범위 안에서 식품첨가물 사용기준의 제한을 받지 아니할 수 있다.

4) 위생지표균 및 식중독균

(1) 위생지표균

가. 식품일반

항목＼규격	제품 특성		n	c	m	M
세균수	6개월 미만의 영유아를 대상으로 하는 가공식품	액상제품	5	1	10	100
		액상제품 제외	5	2	1,000	10,000
대장균군	6개월 미만의 영유아를 대상으로 하는 가공식품		5	0	0	-

나. 식품자동판매기 음료류에 대한 미생물 기준(밀봉제품 제외)

가) 세균수: n=5, c=2, m=1,000, M=10,000(다만, 유가공품, 유산균, 발효제품 및 가열하지 아니한 과일·채소류 음료가 함유된 경우는 제외한다.)

나) 대장균: n=5, c=2, m=0, M=10

다. 수산물

가) 세균수: 최종소비자가 그대로 섭취할 수 있도록 유통판매를 목적으로 위생처리하여 용기·포장에 넣은 동물성 냉동수산물: n=5, c=2, m=100,000, M=500,000

나) 대장균

① 최종소비자가 그대로 섭취할 수 있도록 유통판매를 목적으로 위생처리하여 용기·포장에 넣은 동물성 냉동수산물: n=5, c=2, m=0, M=10

② 냉동식용어류머리 또는 냉동식용어류내장: n=5, c=2, m=0, M=10

③ 생식용 굴: n=5, c=1, m=230, M=700 MPN/100g

(2) 식중독균

가. 식육(제조, 가공용 원료는 제외한다), 살균 또는 멸균처리하였거나 더 이상의 가공, 가열 조리를 하지 않고 그대로 섭취하는 가공식품에서는 특성에 따라 살모넬라(*Salmonella* spp.), 장염비브리오(*Vibrio parahaemolyticus*), 리스테리아 모노사이토제네스(*Listeria monocytogenes*), 장출혈성대장균(Enterohemorrhagic *Escherichia coli*), 캠필로박터 제주니/콜리(*Campylobacter jejuni/coli*), 여시니아 엔테로콜리티카(*Yersinia enterocolitica*) 등 식중독균이 n=5, c=0, m=0/25g이어야 하며, 또한 식육 및 식육제품에 있어서는 결핵균, 탄저균, 브루셀라균이 음성이어야 한다.

다만, '제4. 식품별 기준 및 규격'에서 식중독균에 대한 규격이 정하여진 식품에는 해당 식품의 규격을 적용하며, 그 외의 가공식품 중 바실러스 세레우스(*Bacillus cereus*), 클로스트리디움 퍼프린젠스(*Clostridium perfringens*), 황색포도상구균(*Staphylococcus aureus*)은 다음과 같이 적용한다.

가) 바실러스 세레우스

① 장류(메주 제외) 및 소스, 복합조미식품, 김치류, 젓갈류, 절임류, 조림류 : g당 10,000 이하(멸균제품은 음성이어야 한다)

② 위 ① 이외의 식육(제조, 가공용 원료 제외), 살균하였거나 더 이상의 가공, 가열조리를 하지 않고 그대로 섭취하는 가공식품: g당 1,000 이하(멸균제품은 음성이어야 한다)

나) 클로스트리디움 퍼프린젠스

① 장류(메주 제외), 고춧가루 또는 실고추, 김치류, 젓갈류, 절임류, 조림류, 복합조미식품, 향신료가공품, 식초, 카레분 및 카레(액상제품 제외) : g당 100 이하(멸균제품은 음성이어야 한다)

② 햄류, 소시지류, 식육추출가공품: n=5, c=1, m=10, M=100

③ 생햄, 발효소시지, 자연치즈, 가공치즈 : n=5, c=2, m=10, M=100

④ 위 ①, ②, ③ 이외의 식육(제조, 가공용 원료 제외), 살균 또는 멸균처리하였거나 더 이상의 가공, 가열조리를 하지 않고 그대로 섭취하는 가공식품: n=5, c=0, m=0/25g

다) 황색포도상구균

① 햄류, 소시지류, 식육추출가공품 : n=5, c=1, m=10, M=100

② 생햄, 발효소시지, 자연치즈, 가공치즈 : n=5, c=2, m=10, M=100

③ 위 ①, ② 이외의 식육(제조, 가공용 원료 제외), 살균 또는 멸균처리 하였거나 더 이상의 가공, 가열조리를 하지 않고 그대로 섭취하는 가공식품 : n=5, c=0, m=0/25g

나. 최종소비자가 그대로 섭취할 수 있도록 유통판매를 목적으로 위생처리하여 용기 · 포장에 넣은 수산물은 살모넬라(*Salmonella* spp.) 및 리스테리아 모노사이토제네스(*Listeria monocytogenes*)가 n=5, c=0, m=0/25g, 장염비브리오(*Vibrio parahaemolyticus*) 및 황색포도상구균(*Staphylococcus aureus*)은 g당 100 이하이어야 한다.

다. 가공 · 가열처리하지 아니하고 그대로 사람이 섭취하는 용도의 식용란에서는 살모넬라균(*Salmonella* Enteritidis)이 검출되어서는 아니 된다.

라. 식육(분쇄육에 한함) 및 판매를 목적으로 식육을 절단(세절 또는 분쇄를 포함)하여 포장한 상태로 냉장 또는 냉동한 것으로서 화학적 합성품 등 첨가물 또는 다른 식품을 첨가하지 아니한 포장육(육함량 100%, 다만, 분쇄에 한함)에서는 장출혈성대장균이 n=5, c=0, m=0/25g 이어야 한다.

마. 6개월 미만의 영·유아가 섭취할 수 있도록 제조 · 판매하는 식품

가) 크로노박터(*Cronobacter* spp.) : n=5, c=0, m=0

바. 식품접객업소 등의 노로 바이러스 기준

식품접객업소, 집단급식소, 식품제조 · 가공업소 등에서 식재료 및 식기 등의 세척, 식품의 조리 및 제조 · 가공, 먹는 물 등으로 사용하는 물: 불검출(다만, 식품접객업소, 집단급식소 등에서 먹는 물로 제공되는 수돗물은 「먹는물관리법」에서 규정하고 있는 먹는물 수질기준에 의한다.)

5) 오염물질

(1) 중금속 기준

① 농산물

대상식품		납(mg/kg)	카드뮴(mg/kg)	무기비소(mg/kg)
곡류(현미 제외)		0.2 이하	0.1 이하 (밀, 쌀은 0.2 이하)	0.2 이하 (쌀에 한한다)*
서류		0.1 이하	0.1 이하	
콩류		0.2 이하	0.1 이하 (대두는 0.2 이하)	
견과 종실류	땅콩 또는 견과류	0.1 이하	0.3 이하	
	유지 종실류	0.3 이하 (참깨에 한한다)	0.2 이하 (참깨에 한한다)	
과일류		0.1 이하 (사과, 귤, 장과류는 0.2 이하)	0.05 이하	
엽채류(결구 엽채류 포함)		0.3 이하	0.2 이하	
엽경채류		0.1 이하	0.05 이하	
근채류		0.1 이하 (인삼, 산양삼, 도라지, 더덕 2.0 이하)	0.1 이하 (양파 0.05 이하, 인삼, 산양삼, 도라지, 더덕 0.2 이하)	
과채류		0.1 이하 (고추, 호박은 0.2 이하)	0.05 이하 (고추, 호박은 0.1 이하)	
버섯류		0.3 이하 (양송이버섯, 느타리버섯, 새송이버섯, 표고버섯, 송이버섯, 팽이버섯, 목이버섯에 한한다)	0.3 이하 (양송이버섯, 느타리버섯, 새송이버섯, 표고버섯, 송이버섯, 팽이버섯, 목이버섯에 한한다)	
* 총비소 0.2 mg/kg 초과 검출 시에만, 무기비소로 시험하여 기준 적용				

13. 절임류 또는 조림류

절임류 또는 조림류라 함은 동·식물성 원료에 식염, 식초, 당류 또는 장류를 가하여 절이거나 가열한 것으로 김치류, 절임류, 조림류를 말한다.

13-1 김치류

1) 정의

김치류라 함은 배추 등 채소류를 주원료로 하여 절임, 양념혼합공정을 거쳐 그대로 또는 발효시켜 가공한 김치와 김치를 제조하기 위해 사용하는 김칫소를 말한다.

2) 원료 등의 구비요건

3) 제조 · 가공기준

(1) 원료로 사용되는 채소류는 이물이 제거될 수 있도록 충분히 세척하여야 한다.

4) 식품유형

(1) 김칫소

식물성 원료에 고춧가루, 당류, 식염 등을 가하여 혼합한 것으로 채소류 등에 첨가, 혼합하여 김치를 만드는 데 사용하는 것을 말한다.

(2) 김치

배추 등 채소류를 주원료로 하여 절임, 양념혼합과정 등을 거쳐 그대로 또는 발효시킨 것이거나 이를 가공한 것을 말한다.

5) 규격

(1) 납(mg/kg): 0.3 이하

(2) 카드뮴(mg/kg): 0.2 이하

(3) 타르색소: 검출되어서는 아니 된다.

(4) 보존료: 검출되어서는 아니 된다.

(5) 대장균군: n=5, c=1, m=0, M=10(살균제품에 한한다)

부록 3. HACCP과 ISO 22000:2005 항목별 비교

HACCP의 국제 규격은 ISO 22000이다. 즉, 수출을 위해 HACCP을 입증하고자 하면 ISO 22000 인증을 받으면 된다. 다음 표는 HACCP을 ISO 22000:2005와 비교한 내용이다.

HACCP			ISO 22000:2005	
사전 5단계	HACCP팀 편성	1단계	7.3.2	식품안전팀
	제품 기술	2단계	7.3.3 7.3.5.2	제품특성 프로세스단계 및 관리수단 기술
	제품의 용도 확인	3단계	7.3.4	의도하는 용도
	공정흐름도 작성 공정흐름도 현장 확인	4단계 5단계	7.3.5.1	흐름도
원칙 1 위해요소 분석	모든 잠재적 위해요소 목록화 위해요소분석 실시 관리수단 고려	6단계	7.4 7.4.2 7.4.3 7.4.4	위해요소분석 위해요소파악 및 허용가능수준의 결정 위해요소평가 관리수단의 선택 및 평가
원칙 2 CCPs 결정	중요관리점(CCPs) 결정	7단계	7.6.2	중요관리점(CCPs) 파악
원칙 3 한계기준 수립	각 CCP에 대한 한계기준 수립	8단계	7.6.3	중요관리점의 한계기준 결정
원칙 4 CCP 모니터링 시스템 수립	각 CCP에 대한 모니터링 시스템 수립	9단계	7.6.4	중요관리점의 모니터링시스템
원칙 5 시정조치 설정	모니터링 결과 CCP가 관리에서 벗어났을 때 취할 시정조치 설정	10단계	7.6.5	모니터링 결과 한계기준이 초과되었을 경우의 조치
원칙 6 검증절차 수립	HACCP 시스템이 효과적으로 작용하는지 확인하기 위한 검증절차 수립	11단계	7.8	검증기획
원칙 7 기록 및 문서화	모든 절차 및 기록에 대한 문서화 및 기록관리 수립	12단계	4.2 7.7	문서화 요구사항 예비정보 및 PRP와 HACCP 계획을 규정한 문서의 갱신

출처: SGS사의 ISO 22000 교수안 발췌(2010)

에필로그

오누이 이야기라는 어딘가 좀 특별한 프롤로그로 이 책은 시작되었다. 물론 대학 교재라는 고정관념에서 볼 때 조금 그렇다는 것이지 그 내용은 전혀 특별할 것이 없는 평범한 두 자녀와 엄마의 이야기였다. 프롤로그에서 강조하고자 했던 키워드들- 가령 안전성, 통제, 관리, 신뢰, 소통, 습관, 태도, 조직문화, 핵심역량, 시스템 등- 의 사회인문학적 용어는 평범한 주부가 자녀를 돌보는 모습 속에 녹아있는 것들이다. 재미있는 사실은 HACCP을 접하는 과정에서도 우리는 이러한 용어들을 만났다. 이 책이 독자들에게 전달하고자 했던 메시지는 바로 기업이 HACCP이라는 도구를 활용하여 좋은 제품을 만들고자 하는 것과 주부가 자녀를 훌륭하게 키우고자 하는 것이 그 본질에서는 다를 바가 없다는 것이다. 서두에 HACCP은 이학, 공학 및 현대경영학이 융합된 인류지식과 과학의 산물이라고 적었다. HACCP을 제대로 다루어 본 이들이라면 아마도 공감할 것이라 믿는다. 그동안 한국에 HACCP이 정착되어 온 시간만 해도 20년 세월이 넘었고 HACCP을 알리는 훌륭한 교재와 유용한 자료들이 쏟아져 나왔다. 비교적 많은 서적들은 HACCP 기준서에 근거한 깨알 같은 수칙들을 꼼꼼히 제시하는데 각별한 공을 들였고 또 적지 않은 교재들은 식품위생과 HACCP을 묶어서 소개하였다. 이렇듯 이학을 바탕으로 한 HACCP은 이미 지식적으로 충분히 알려졌고 식품의약안전처를 중심으로 한 정부의 홍보 노력도 지속되고 있었기에 필자는 집필 동기를 찾기 위해 고민하지 않을 수 없었다. HACCP이라는 지식의 산에 나무 한 그루를 더 심는다는 것이 과연 얼마만큼 절실한 것인지를 스스로에게 물었고 필자가 찾은 답은 바로 HACCP을 풀어내는 기존의 패러다임을 극복해서 발상의 전환을 하자는 것이었다. 물론 HACCP을 수행하기 위해서는 식품영양과 위생 같은 이학적 지식도 필요하고 생산 공정을 이해하는 공학적 기술도 요구된다. 하지만 HACCP

을 직접 수행하는 사람(작업자)에 대한 깊은 이해가 없다면 결코 기업의 지속적인 성장을 위한 견인차로서의 HACCP을 기대할 수는 없을 것이다. 따라서 필자는 『영양학자가 풀어쓴 HACCP입문과 경영관리』라는 졸작을 빌어, HACCP은 세상에 없던 놀라운 어떤 것이 아니라 인류가 발전하는 과정에서 융복합된 지혜의 산물로서 등장한 지극히 보편적인 가치라는 것과 HACCP의 실천은 다름 아닌 체계적 관리임을 강조하고 싶었다.

이 세상에 존재하는 모든 학문의 궁극적인 지향점은 아마도 행복 추구일 것이다. 영양학, 식품학, 공학, 경영학 그 어떤 학문도 결국 사람의 행복을 염두에 두고 있고 이러한 학문이 융복합되어 탄생한 HACCP도 당연히 그 지향점은 행복인 것이다. 기업의 경영자와 관리자는 HACCP을 수행하는 근로자의 행복을 배려하고, 근로자는 자사의 제품을 이용할 소비자의 행복을 우선적으로 배려할 때 식품안전성은 자연히 보장될 것이고 행복한 시민과 기업 성장이 상생하는 건강한 사회로 나아갈 수 있을 것이다.

이 책은 HACCP의 정신과 기술(테크닉)을 풀어내기 위하여 식품위생과 경영관리를 적절히 혼합하였다. 융복합적 학문의 시도라는 긍정적인 면도 있겠으나 그 어떤 영역도 깊이 있게 다루지 못하였음에 대하여 독자의 양해를 구하고 싶다. 따라서 이 책은 HACCP의 입문서로서 만족하고 식품위생과 경영에 관한 깊이 있는 지식은 관련 전문서적을 참조하실 것을 부탁드린다. 서문에서 밝힌 바와 같이 이학적 사고에 훈련된 필자는 HACCP이라는 것이 결코 어려운 내용이 아님에도 불구하고 어딘가 그 맥을 시원하게 잡을 수 없어 늘 답답하였다. 그러던 차에 학생들에게 가르치려면 먼저 제대로 알아야겠다는 각성하에 시작된 식품제조가공 현장 방문과 실무자들과의 면담 등 발로 뛰고 몸으로 부딪치는 다분히 이학적이지 않은 노력이 이어졌다. 그러나 결과는 참으로 값진 것이었다고 자신 있게 말할 수 있는 것은 그동안 HACCP에 관해 품어왔던 의문이 상당 부분 해소되었고 사람을 사랑하는 사고에 기초한 융복합적 기술이 HACCP이라는 결론에 이를 수 있었기 때문이다. 이번에 필자가 낳은 첫째와도 같은 이 책은 그 여정에서 얻은 극히 일부만을 담고 있다. 따라서 HACCP의 깊은 맛과 기술의 상세한 이야기는 둘째, 셋째를 세상에 내놓으면서 보여줄 수 있을 것이라 기대한다.

인공 지능과 빅데이터, 사물인터넷 등 4차 산업혁명이라는 용어는 이제 일상어처럼 되었고 『사피엔스』와 『호모데우스』를 집필하여 세상을 놀라게 한 유발 하라리 교수는 인본주의를 부정하고 등장한 "데이터교"를 말하면서 데이터가 이끄는 현재의 인류를 통찰력 있게 제시하고 인류가 어디로 향할 것인가에 대한 진지한 질문을 던지고 있다. 세상은 이처럼 최첨단이라고 일컬어지는 곳을 향해 무한질주하고 있건만 HACCP이라는 것은 어쩌면 소통과 배려 및 사람을 사랑하는 조직과 사회를 지향하는 기술로 가득 차 있기에 그야말로 인본주의에 그 뿌리를 두고 있는 것이다. 21세기가 이끄는 과학혁명으로 현존하는 많은 직업이 사라질 것이라고들 한다. HACCP은 살아남을 수 있을까? 필자는 그러기를 바라고 또 믿는다. 왜냐하면 기계를 놀랍도록 진화시킨 현재의 인류가 3D 프린터를 이용하여 먹거리마저 온전히 기계로 대체할 날이 올지도 모를 일이지만 우주비행사마저도 알약이 아닌 어릴 적 먹던 향수 어린 음식을 우주선에 실어간 것을 보면 인류가 다른 것은 과감히 포기할지언정 먹는 즐거움은 끝내 포기할 것 같지는 않기 때문이다.

이 책을 읽어주신 모든 분께 깊은 감사를 드리며 전 세계에서 식품안전성이 가장 잘 보장되고 높은 식문화를 누릴 수 있는 곳이 바로 이곳, 대한민국이기를 소망한다.

참고 문헌

강남이, 김희섭, 신동주, 윤혜려, 조우균, 최경숙(2014). (NEW) 급식경영학. 파주: 지구문화사.

강영재(2003). HACCP실무(학교 급식 HACCP 실무와 시설. 설비 위생). 경상북도 교육연수원 공통전문(학교 급식 위생 전문) 과정.

곽동경, 류은순, 이혜상, 류경, 최성경, 홍완수, 장미라, 문혜경, 장혜자, 최은희, 이경은, 최정화, 이나영(2015). 단체 급식의 이해. 서울 : 신광출판사.

곽동경, 류은순, 이혜상, 홍완수, 장혜자, 최정화, 이나영(2014). 급식 경영학. 서울: 신광출판사.

교육과학기술부(2010). 학교급식 위생관리 지침서.

구재옥, 김정희, 변기원, 손정민, 이정원, 이종현, 최영선(2013). 생활주기영양학. 서울: 파워북.

권순자, 김미리, 손정민, 김종희, 이연경, 최경숙, 정현아(2016). 제3판 식생활관리. 서울: 파워북.

권영식, 김기평, 김세진, 박철주, 백운배, 서근하, 서대성, 신동진, 이광근, 이상윤, 이승은, 조경인, 황문영, 윤명길(2017). 경영학원론. 서울: 두남.

권훈정, 김정원, 유화춘, 정현정(2011). 식품위생학 개정판. 파주: 교문사.

김광수(2003). TQM 관점에서의 HACCP에 대한 연구: B식품 회사를 중심으로. 부경대학교 경영대학원 석사학위논문.

김광수(2013). 식품산업의 경영혁신도구로서 HACCP의 결정요인과 경영성과에 관한 연구. 경성대학교 박사학위논문.

김기홍, 조인환, 박도준, 변승혁(2015). 경영학개론. 서울: 한올.

김성국, 박정민, 조남기, 천면중, 최재화(2014). 최신 경영학의 이해. 서울: 비앤엠북스.

김옥선, 권수연, 김숙희, 김병숙(2017). (영양사 시험을 대비한) 급식경영학. 서울: 효일.

김정숙, 박경숙, 신동주, 유경혜, 윤옥현, 이윤정(2014). 에센스 단체급식관리. 파주: 지구문화사.

김지응, 정세훈, 어금희(2014). 꼭 알아야 할 식품위생 및 HACCP실무 개정판. 파주: 백산출판사.

김혜영, 고성희, 임양이(2011). 급식경영학. 서울: 효일.

김훈(2010). 칼의 노래. 서울: 생각의 나무.

대한영양사협회(2007). 급식관리지침서 I. 대한영양사협회.

문수재, 김혜경, 홍순명, 이경혜, 이명희, 이영미, 이경자, 안경미, 이민준, 김정연, 김정현 (2016). Nutrition 알기쉬운 영양학. 서울: 수학사.

박민생(2003). 경영학 원론. 부산: 동명대학 출판부.

박영현, 구난숙, 이경애, 김용호, 김미정, 정귀화(2013). 식품위생관리와 HACCP. 파주: 양서원.

박원종, 이승기, 강윤한, 김종국, 윤광섭, 이진만, 최성희, 허상선, 강복희(2015). 기초가 탄탄한 식품가공학. 서울: 수학사.

박일규(2011). HACCP 적용 확대를 위한 정책방향. HACCP 기술세미나 자료집. 한국보건산업진흥원 HACCP지원사업단.

박평원(2000). 명리대전. 서울: 창해.

박홍배, 채규옥(2013). 인사관리론. 서울: 두남.

배현주, 백재은, 주나미, 윤지영(2017). (급식·외식관리자를 위한) HACCP 이론 및 실무. 파주: 교문사.

베르나르 베르베르(2009). 지식의 백과사전. 파주: 열린책들.

송염(2015). 원사열전 33권. 서울: 슬기야단비야.

식품의약품안전처(2017). 식품 및 축산물 안전관리 인증기준(제2017-49호).

식품의약품안전처(2017). 식품위생법, 동법시행규칙, 시행령 및 식품공전.

식품의약품안전처, 한국식품안전관리인증원(2014). 집단급식소의 HACCP적용관리방안.

식품의약품안전처(2015). 알기쉬운 HACCP 관리(개정판).

식품의약품안전처(2014). 식품 등 기준설정 원칙 및 적용.

식품의약품안전청(2009). 학교 식중독 예방 특별 위생교육 자료집.

심우창(2011). HACCP 아카데미 교육자료집. 한국보건산업진흥원 HACCP지원사업단.

안영진(1999). TQM 품질경영. 서울: 박영사.

양일선, 이보숙, 차진아, 한경수, 채인숙, 이진미(2016). 단체급식 제3판. 파주: 교문사.

양일선, 차진아, 신서영, 박문경(2013). 급식경영학. 파주: 교문사.

영유통, 동방유통, 겐츠, 홍화원, 명문김치 등 식품가공업체 다수의 HACCP관리기준서와 선행요건관리기준서 참조.

오종석(1996). 인적자원관리. 서울: 삼영사.

오진곤 편(1993). 화학의 역사. 서울: 전파과학사.

유발 하라리(2017). 호모 데우스. 파주: 김영사.

유발 하라리(2015). 사피엔스. 파주: 김영사.

이권홍(2012). 재미있는 한자풀이. 파주: 백산출판사.

이병철, 양철영, 김영성, 박헌국, 김성호, 범봉수, 최향숙, 장재선(2014). HACCP의 이해와 적용. 파주: 광문각.

이상문(2010). (글로벌 시대의 초일류 기업을 위한) 생산관리. 서울: 형설출판사.

이정훈, 윤미숙, 차욱진, 유진현, 이희태, 김민경(2016). 식품위생학. 서울: 백산출판사.

이혜연(2011). 선행요건프로그램 해설. 대학생 HACCP아카데미 자료집.

재레드 다이아몬드(2005). 김진준 옮김. 총, 균, 쇠. 서울: 문학사상사.

전창선, 어윤형(2010). 음양이 뭐지?. 서울: 와이겔리.

전희정, 주나미, 백재은, 배현주, 정현아(2012). 단체급식관리 개정판. 서울: 파워북.

정담 편집부(2013). SIM 통합내과학 제2권 감염. 서울: 정담.

주난영, 이경미, 정현아, 나혜진, 송태희, 이상호(2013). 식품위생과 HACCP 실무 개정판. 서울: 파워북.

주난영, 이경미, 정현아, 나혜진, 송태희, 이상호(2008). 식품위생과 HACCP 실무. 서울: 파워북.

채희정(2014). HELLO HACCP. 서울: 문운당.

천명일(2007). 산성 할아버지의 이야기 천자문. 서울: 지혜의 나무.

천병렬(2004). 식중독예방의 원리 및 대책. 경상북도 학교급식위생전문과정 교육자료집. pp. 40-51.

최동주, 김희원 옮김(2008). Rajesh Kumar, Anand Kumar Sethi. 인도 비즈니스 문화의 이해. 서울: 삼성북스.

최재천, 고인석, 김은수, 박은진, 이영돈, 황수영, 황희숙 옮김(2016). 에른스트 마이어. 이것이 생물학이다. 서울: 바다출판사.

최정숙, 전혜경, 황대용, 남희정(2005). 주부의 식품안전에 대한 인식과 안전성우려의 관련 요인. 한국식품영양과학회지 제34권 제1호, pp. 66-74.

최중락 편(2012). 경영학개론. 파주: 법문사.

한국급식외식위생학회(2015). 급·외식업체 위생점검 데이터분석 및 대응관리방안.

한국급식외식위생학회(2015). 급·외식 식품안전관리 Global Trend.

한국식품안전관리인증원, 식품의약품안전처(2014). HACCP 관리 강화를 위한 정부의 역할.

한승원(2007). *추사*. 파주: 열림원.

홍완수, 윤지영, 최은희, 이경은, 배현주(2012). 알기쉬운 외식위생관리와 HACCP 개정판. 서울: 백산출판사.

Bass, B.M. (1990). From Transactional to Transformational Leadership: Learning to Share the Vision. *Organizational Dynamics*, *18*, pp. 19-31.

Blake, R. & Mouton, J. (1964). *The Managerial Grid: The Key to Leadership Excellence*. Houston: Gulf Publishing Co.

Blake, R. & Mouton, J. (1985). *The Managerial Grid III: The Key to Leadership Excellence*. Houston: Gulf Publishing Co.

Codex(1997). HACCP system and Guideline for its Application.

Conger, J.A. & Kanungo, R.N. (1987). Toward a Behavioral Theory of Charismatic Leadership in Organizational Settings. *The Academy of Management Review*, *12*(4), pp. 637-647.

Conger, J.A. & Kanungo, R.N. (1998). *Charismatic Leadership in Organizations*. SAGE Publications, Inc.

Devi, S.M., Balachander, V., Lee, S.I., & Kim I.H. (2014). An outline of meat consumption in the Indian population - A pilot review. *Korean J Food Sci Anim Resour*, *4*, pp. 507-515.

Drucker, P.F. (1954). *The Practice of management*. N.Y.: Harper & Row.

FDA. CFR Title 21: Food and Drugs. Chapter 1: Food and Drug, Administration Dept. of Health and Human Services. Subchapter B: Food for Human Consumption. Part 110: Current Good Manufacturing Practice in Manufacturing, Packing, or Holding Human Food. https://www.accessdata.fda.gov/scripts/cdrh/cfdocs/cfcfr/CFRSearch.cfm?CFRPart=110.

DHHS/FDA (1996). *Fish & fisheries products hazards & controls guide*(1st edition). Washington, D.C.: US Department of Health and Human Services/Food and Drug

Administration.

FDA. CFR Title 21. Chapter 1. Subchapter B. Part 123: Fish and Fishery Products. https://www.accessdata.fda.gov/scripts/cdrh/cfdocs/cfcfr/CFRSearch.cfm?CFRPart=123

FAO/WHO(1999). *Codex Alimentarius: food hygiene basic texts*.

HACCP Training Manual(미국 FDA 인정 HACCP 3일 교육과정 교재). NFI.

SGS (2010). *ISO 22000:2005 Food Safety Management Systems – Requirement*.

William G. Nickels, James M. McHugh, & Susan M. McHugh (2016). *Understanding Business*. McGraw Hill.

Yukl, G., & Van Fleet, D. D. (1992). Theory and research on leadership in organizations. In M. D. Dunnette & L. M. Hough(Eds.), *Handbook of industrial and organizational psychology* (pp. 147-197). Palo Alto, CA, US: Consulting Psychologists Press.

US FDA (1998) *Fish & fisheries products hazards & controls guide*: second edition(21 CFR 123).

참고 사이트

농촌진흥청, 농식품종합정보시스템, 국가표준식품성분표 분석 http://koreanfood.rda.go.kr/kfi/fct/fctFoodSrch/list

대반열반경 http://nikaya.kr/

Michael W. Davidson and The Florida State University https://micro.magnet.fsu.edu/cells/bacteriacell.html

https://courses.lumenlearning.com/microbiology/chapter/temperature-and-microbial-growth/

https://en.oxforddictionaries.com

https://en.wikipedia.org

http://ssacstat.com/

https://themuslimvoice.net

참고 기사

경북매일신문(2017). http://www.kbmaeil.com/news/articleViewhtml?idxno=406268.

베이비뉴스(2017). http://www.ibabynews.com/news/articleView.html?idxno=60192.

서울시민연대(2015). http://cafe.daum.net/615simin/RV2f/603?q=%C7%D1%BE%E7%C0%C7+%B0%C5%B8%AE.

울산노동자 집단 식중독 관련 글(2007). KBS, KNN 등 당시 방송 기사 요약.

위키백과. https://ko.wikipedia.org/wiki/%EB%8C%80%ED%95%9C%ED%95%AD%EA%B3%B5_801%ED%8E%B8_%EC%B6%94%EB%9D%BD_%EC%82%AC%EA%B3%A0.

제민일보(2009). http://cafe.daum.net/menettes/DKTV/164?q=%B5%BE%C5%EB%BD%C3%2C+%C1%A6%B9%CE%C0%CF%BA%B8.

제주의 소리(2017). http://www.jejusori.net/?mod=news&act=articleView&idxno=193380.

한강타임즈(2016). http://www.hg-times.com/news/articleView.html?idxno=125133.

BBC News(2015). http://www.bbc.com/news/world-asia-india-34409354.

Harvard university, The Graduate School of Arts and Sciences(2014). http://sitn.hms.harvard.edu/flash/2014/origins-of-eukaryotes-who-are-our-closest-relatives/

JTBC뉴스(2017). http://news.jtbc.joins.com/article/article.aspx?news_id=NB11566674.

Medical News Today(2017). https://www.medicalnewstoday.com/articles/318342.php.

National Geographic News(2010). https://news.nationalgeographic.com/news/2010/05/100513-science-evolution-darwin-single-ancestor/

National Geographic News(2016). https://news.nationalgeographic.com/2016/01/160111-microbiome-estimate-count-ratio-human-health-science/

YTN뉴스(2012). http://www.ytn.co.kr/_ln/0102_201201311427450138.

색인

ㅇ

저자 김 미 정

부산대학교 식품영양학과 학사
부산대학교 식품영양학과 석사
미국 Texas A&M University 박사(영양학 전공)
現) 신라대학교 식품영양학과 부교수

영양학자가 풀어쓴

HACCP입문과 경영관리

초판 1쇄 인쇄 2018년 2월 22일
초판 1쇄 발행 2018년 2월 27일

지 은 이 | 김미정
펴 낸 이 | 김기섭
편 집 인 | 강보영
펴 낸 곳 | 창지사 www.changjisa.com
08589 서울시 금천구 가산디지털 1로 83 파트너스타워 1차 9층
전화 (02)719-2211~3
팩스 (02)701-9386
등 록 | 1977년 4월 28일 · 제1-421호

ISBN 978-89-426-0992-5 (93590)

값 21,000원

이 도서의 국립중앙도서관 출판예정도서목록(CIP)은 서지정보유통지원시스템 홈페이지(http://seoji.nl.go.kr)와 국가자료공동목록시스템(http://www.nl.go.kr/kolisnet)에서 이용하실 수 있습니다.(CIP제어번호: CIP 2018005692)